中国科学技术大学研究生教育创新计划项目经费支持

U0158775

多媒体编码技术实用教程

A PRACTICAL TEXTBOOK OF
MULTIMEDIA CODING TECHNOLOGY

吴桂兴 郭 燕 李春杰 编著

中国科学技术大学出版社

内 容 简 介

本书全面地介绍了多媒体编码与解码技术,内容涉及文本、音频与视频的编解码,并描述了包装多媒体编码内容的容器.全书共9章,介绍了多媒体技术、数据压缩与多媒体容器的概念及相关应用;描述了压缩编码的技术原理,为后面的音视频编解码描述提供了理论基础;描述了音频编码的基本原理,包括人的听觉特性、音频信号的数字化表示与存储以及时域到频域的变换等内容;描述了 010 Editor 以及便于理解多媒体容器的模板的编写;描述了 ADPCM、CELP、MP3、AAC 音频编码;描述了图像与视频编码的基础技术,包括图像与视频信号的表示、视频帧格式以及图像与视频编码的基本原理;描述了图像编码,包括 JPEG 与 JPEG 2000 以及 BMP 与 GIF 两种图像容器;描述了视频编码,包括 H.264 与 H.265 编码;描述了多媒体容器,包括 AVI、MP4 与 RMVB.

本书可作为电子信息类专业本科高年级学生和研究生的教材,也可作为多媒体研究领域内的教师与工程师的参考书.

图书在版编目(CIP)数据

多媒体编码技术实用教程/吴桂兴,郭燕,李春杰编著. —合肥:中国科学技术大学出版社,2024.4

ISBN 978-7-312-05874-5

Ⅰ. 多⋯ Ⅱ. ①吴⋯ ②郭⋯ ③李⋯ Ⅲ. 多媒体技术—编码技术—高等学校—教材 Ⅳ. TP37

中国国家版本馆 CIP 数据核字(2024)第 043176 号

多媒体编码技术实用教程
DUOMEITI BIANMA JISHU SHIYONG JIAOCHENG

出版	中国科学技术大学出版社
	安徽省合肥市金寨路 96 号,230026
	http://press.ustc.edu.cn
	http://zgkxjsdxcbs.tmall.com
印刷	安徽省瑞隆印务有限公司
发行	中国科学技术大学出版社
开本	787 mm×1092 mm 1/16
印张	19.25
字数	502 千
版次	2024 年 4 月第 1 版
印次	2024 年 4 月第 1 次印刷
定价	66.00 元

前　　言

随着信息技术的发展,多媒体编码技术得到了广泛的应用,比较常用的编码方式有 JPEG 图像编码、MP3 音频编码与 MPEG 视频编码等.因为多媒体编码与我们的生活密切相关,所以国内许多高校现在都开设了与多媒体编码相关的多媒体信号处理或多媒体技术课程.中国科学技术大学软件学院为了顺应工业界对于多媒体信号处理或编解码人才的需求,开设了与多媒体编解码相关的专业课程"多媒体信号处理".

现有的"多媒体技术"或"多媒体信号处理"课程教学采用传统的授课模式,以常规课堂教学与相关的实验课程为主.由于多媒体编解码标准众多,内容比较繁杂,尤其对经过编码后的数据流如何存储这一环节(专业术语叫"文件容器"或"多媒体容器")讲解较少,或授课内容以课堂讲解标准与阅读 C 代码的实验为主,学生学习时感觉内容比较抽象,因此上课时会有畏难情绪,学习效果不佳.针对这一问题,笔者将 010 Editor 这一十六进制编辑器引入课堂与实验教学,让学生通过其独特的模板技术来学习与理解文件格式或多媒体容器.学生发现通过 010 Editor 模板来学习多媒体容器简单易懂,进而提高了学习积极性.另外,现有的教材全面描述音频、图像与视频编码和多媒体容器内容的较少,通常只侧重某一方面或几方面内容.

为了解决以上问题,笔者基于多年的工作与教学经验,并结合多媒体编码的发展动向,编写了本教材.本教材编写时兼顾了本科生教学和研究生教学两方面的需要,在使用本教材时,可根据学生特点,选择书中的不同章节进行教学.

本教材参考了众多文献,笔者在此对这些文献与成果的创作者表示诚挚的敬意与感谢,同时也请读者对书中的不足之处提出批评与建议.

吴桂兴

2023 年 2 月

目　　录

第1章 绪 论

1.1 多媒体的概念与定义

多媒体(Multimedia)是多种媒体的综合,通常包含文本、声音和图像等多种媒体形式.在计算机系统中,多媒体指组合两种或两种以上媒体的一种人机交互式信息交流和传播媒体,它使得用户得到的信息更加直观生动.使用的媒体包括文字、图片、声音、动画和影片等.

多媒体技术则是利用计算机把文字材料、影像资料、音频及视频等媒体信息数字化,并将其整合到交互式界面上,使计算机具有了交互展示不同媒体形态的能力.

最初多媒体技术是在军事领域发展起来的,通过多媒体联合展示实现军事的目的.之后这种技术以其优异的信息处理和传递的功能特性而迅速发展,受到了科研机构的高度重视,经过研究运用,逐步形成了一种进行信息交流的关键方式.进入21世纪,多媒体技术发展更加快速,这一技术极大地改变了人们获取信息的传统方法,迎合了人们读取信息方式的需求.多媒体技术的发展促进了计算机使用领域的改变,使计算机搬出了办公室、实验室,进入了人类社会活动的诸多领域,包括工业生产管理、学校教育、公共信息咨询、商业广告、军事指挥与训练,甚至家庭生活与娱乐等领域,成为信息社会的通用技术.

多媒体技术有以下几个主要特点:

(1) 集成性.

能够对信息进行多通道统一获取、存储、组织与合成.

(2) 控制性.

多媒体技术以计算机为中心,综合处理和控制多媒体信息,并按人的要求以多种媒体形式表现出来,同时作用于人的多种感官.

(3) 交互性.

交互性是多媒体应用有别于传统信息交流媒体的主要特点之一.传统信息交流媒体只能单向地、被动地传播信息,而多媒体技术则可以实现人对信息的主动选择和控制.

(4) 非线性.

多媒体技术的非线性特点将改变人们传统循序性的读写模式.以往人们读写方式大多采用章、节、页的框架,循序渐进地获取知识,而多媒体技术将借助超文本链接(Hyper Text Link)的方法,将内容以一种更灵活、更具变化的方式呈现给读者.

（5）实时性.

当用户发出操作命令时,相应的多媒体信息都能够得到实时控制.

（6）互动性.

它可以形成人与机器、人与人及机器间的互动、互相交流的操作环境及身临其境的场景,人们根据需要进行控制.人机相互交流是多媒体最大的特点.

（7）信息使用的方便性.

用户可以按照自己的需要、兴趣、任务要求、偏爱和认知特点来使用信息,任意选择图、文、声等信息表现形式.

（8）信息结构的动态性.

"多媒体是一部永远读不完的书."用户可以按照自己的目的和认知特征重新组织信息,增加、删除或修改节点,重新建立链接.

多媒体信息包括以下类型：

（1）文本.

文本是以文字和各种专用符号表达信息的形式,它是现实生活中使用最多的一种信息存储和传递方式.用文本表达信息给人充分的想象空间,它主要用于对知识的描述性表示,如阐述概念、定义、原理和问题以及显示标题、菜单等内容.

（2）图像.

图像是多媒体软件中重要的信息表现形式之一,是决定一个多媒体软件视觉效果的关键因素.

（3）动画.

动画利用人的视觉暂留特性,快速播放一系列连续运动变化的图形图像,包括画面的缩放、旋转、变换、淡入淡出等特殊效果.通过动画可以把抽象的内容形象化,使许多难以理解的教学内容变得生动有趣.合理使用动画可以达到事半功倍的效果.

（4）声音.

声音是人们用来传递信息、交流感情方便、熟悉的方式.在多媒体课件中,按表达形式,可将声音分为讲解、音乐、效果三类.

（5）视频影像.

视频影像具有时序性与丰富的信息内涵,常用于交代事物的发展过程.视频非常类似于我们熟知的电影和电视,有声有色,在多媒体中充当着重要的角色.

如今,多媒体技术已经应用在很多领域,比如艺术、教育、娱乐、工程、医药、商业及科学研究等.

利用多媒体网页,商家可以将广告变成有声有画的互动形式,在吸引用户之余,也能够在同一时间内向准买家提供更多商品的消息.

利用多媒体作为教学用途,除了可以增加自学过程的互动性,还可以吸引学生学习、提升学生学习兴趣以及利用视觉、听觉及触觉三方面的反馈来增强学生对知识的吸收效果.

多媒体还可以应用于数字图书馆、数字博物馆等领域.此外,也可以使用多媒体技术进行相关交通监控等.

1.2 数据压缩技术及应用

由于数字化的多媒体信息尤其是数字视频、音频信号的数据量特别庞大,如果不对其进行有效的压缩就难以得到实际的应用.因此,数据压缩技术已成为当今数字通信、广播、存储和多媒体娱乐中的一项关键的共性技术.

1.2.1 什么是数据压缩技术

数据压缩技术,也称为数据编码,就是用最少的数码来表示信号的技术.音频与视频数据能够进行压缩,主要有以下原因:

第一,数据中间常存在一些多余成分,即冗余度.如在一份计算机文件中,某些符号会重复出现,某些符号比其他符号出现得更频繁,某些字符总是在各数据块中可预见的位置上出现,这些冗余部分便可在数据编码中除去或减少.冗余度压缩是一个可逆过程,因此叫作无失真(或无损)压缩或编码.

第二,数据中间尤其是相邻的数据之间,通常存在着相关性.如图片中常常有色彩均匀的背影,电视信号相邻的两帧之间可能只有少量的变化影物是不同的,声音信号有时具有一定的规律性和周期性等.因此,可以利用某些变换来尽可能地去掉这些相关性.但这种变换有时会带来不可恢复的损失和误差,因此叫作不可逆压缩,或称有失真(或有损)编码.

第三,人们在欣赏影视节目时,由于耳、目对信号的时间变化和幅度变化的感受能力都有一定的极限,如人眼对影视节目有视觉暂留效应,人眼或人耳对低于某一极限的幅度变化无法感知等,故可将信号中这部分感觉不出的分量压缩掉或"掩蔽掉".这种压缩方法同样是一种不可逆压缩.

1.2.2 数字音、视频的压缩标准及应用

数字音频压缩技术标准分为电话语音压缩、调幅广播语音压缩和调频广播及 CD 音质的宽带音频压缩 3 种.

(1) 电话(带宽为 200 Hz~3.4 kHz)语音压缩.

主要有国际电信联盟(ITU)的 G.711(数据速率为 64 kbit/s)、G.721(数据速率为 32 kbit/s)、G.728(数据速率为 16 kbit/s)和 G.729(数据速率为 8 kbit/s)建议等,用于数字电话通信.

(2) 调幅广播(带宽为 50 Hz~7 kHz)语音压缩.

采用 ITU 的 G.722(数据速率为 64 kbit/s)建议,用于优质语音、音乐、音频会议和视频会议等.

(3) 调频广播(20 Hz~15 kHz)及 CD 音质(20 Hz~20 kHz)的宽带音频压缩.

主要采用 MPEG-1、MPEG-2 或杜比 AC-3 等建议,用于 CD、MD、MPC、VCD、DVD、

HDTV 和电影配音等.

视频压缩技术标准主要有:

(1) ITU H.261 建议,用于综合业务数字网(ISDN)信道的 PC 电视电话、桌面视频会议和音像邮件等通信终端.

(2) MPEG-1 视频压缩标准,用于 VCD、PC/TV 一体机、交互电视(ITV)和视频点播(VOD).

(3) MPEG-2/ITU H.262 视频标准,主要用于数字存储、视频广播和通信,如高清电视(HDTV)、有线电视(CATV)、DVD、视频点播(VOD)和电影点播等.

(4) ITU H.263 建议,用于网上的可视电话、移动多媒体终端、多媒体可视图文、遥感、电子邮件、电子报纸和交互式计算机成像等.

(5) MPEG-4 和 ITU H.VLC/L 低码率多媒体通信标准,仍在发展之中.

1.3 多媒体容器格式介绍

多媒体容器格式是一种文件格式,它包含由标准化编解码器压缩的各种类型的数据.容器格式本质上是包装器,它不指定容器内的媒体数据使用什么编解码器,而是定义了视频、音频和其他数据如何存储在容器中.多媒体容器通常包含音频数据、视频数据和其他一些元数据(元数据包含音视频的一些基本信息,比如封面、标题、字幕等),另外还包含一些同步信息,用来回放音频与视频数据流.容器格式的示例包括 IFF、WAVE、AVI、Ogg 和 3GP 等.

日常生活中见得最多的是既包含视频又包含音频的容器.

• FLV(Flash Video)是由 Adobe Flash 延伸出来的一种流行网络视频封装格式.文件扩展名为.flv.

• AVI(Audio Video Interleave)是比较早的一种音视频容器格式,由微软公司开发,把视频和音频编码混合在一起存储,文件扩展名为.avi.

• WMV(Windows Media Video)是由微软公司开发的一组音视频编解码格式的总称,ASF(Advanced Systems Format)是其封装格式,文件扩展名为.wmv.

• MPEG(Moving Picture Experts Group)是一个国际标准化组织(ISO)认可的多媒体封装形式,得到大部分机器的支持.其存储方式多样,可以适应不同的应用环境.

• RM(Real Video 或者 Real Media)是由 RealNetworks 公司开发的一种容器.它通常只能容纳 Real Video 和 Real Audio 编码的媒体.该格式有一定交互功能,允许编写脚本以控制播放,文件扩展名为.rm/.rmvb.

• QuickTime(QT) File Format 是由苹果公司开发的容器.1998 年 2 月 11 日,国际标准化组织认可 QuickTime 文件作为 MPEG-4 标准的基础.QT 可存储的内容相当丰富,除了视频、音频外还支持图片、文字(文字字幕)等.文件扩展名为.mov/.qt.

• Ogg Media 是一个完全开放的多媒体系统计划,OGM(Ogg Media File)是其容器格式.OGM 可以支持图片、文字(文字字幕)、视频、音频等多种轨道.文件扩展名为.ogg.

有一些容器只包含音频,譬如 AIFF(Audio Interchange File Format),是苹果公司开发的一种音频文件格式,被 Macintosh 平台及其应用程序所支持,Netscape Navigator 浏览器中的 LiveAudio 也支持 AIFF 格式,SGI 及其他专业音频软件包也同样支持 AIFF 格式. AIFF 支持 ACE2、ACE8、MAC3 和 MAC6 压缩,支持 16 比特、44.1 kHz 立体声.

WAVE 文件格式是一种由微软公司和 IBM 公司联合开发的用于音频数字存储的标准,它采用 RIFF(Resource Interchange File Format)文件格式结构,非常接近于 AIFF 和 IFF 格式.所有的 WAVE 文件都有一个文件头,这个文件头包含音频流的编码参数.数据本身的格式为 PCM(脉冲编码调制)或压缩型,文件扩展名为.wav.

MP3 全称是动态影像专家压缩标准音频第三层(Moving Picture Experts Group Audio Layer Ⅲ),是当今较流行的一种数字音频编码和有损压缩格式,它设计用来大幅度地降低音频数据量,而对于大多数用户来说,重放的音质与最初的不压缩音频相比没有明显的下降.

m4a 是 MPEG-4 音频标准的文件的扩展名.普通的 MPEG-4 文件扩展名是".mp4".自从苹果公司开始在它的 iTunes 以及 iPod 中使用".m4a"以区别 MPEG-4 的视频和音频文件以来,".m4a"这个扩展名变得流行了.

有些容器是专门针对图像的,比如 TIFF、GIF、BMP、PNG、JPEG 等.

BMP 是英文 Bitmap(位图)的简写,它是 Windows 操作系统中的标准图像文件格式,能够为多种 Windows 应用程序所支持.随着 Windows 操作系统的流行与丰富的 Windows 应用程序的开发,BMP 位图格式理所当然地被广泛应用.这种格式的特点是包含的图像信息较丰富,几乎不进行压缩,但由此带来了它与生俱来的缺点——占用磁盘空间过大.所以,目前 BMP 在单机上比较流行.

GIF 的全称是 Graphics Interchange Format,可译为图形交换格式,用于以超文本标志语言(Hypertext Markup Language)方式显示索引彩色图像,在互联网和其他在线服务系统上得到广泛应用.GIF 是一种公用的图像文件格式标准,版权归 Compu Serve 公司所有.

TIFF(Tag Image File Format)图像文件是图形图像处理中常用的格式之一,其图像格式很复杂,但由于它对图像信息的存放灵活多变,可以支持很多色彩系统,而且独立于操作系统,因此得到了广泛应用.在各种地理信息系统、摄影测量与遥感等应用中,要求图像具有地理编码信息,例如图像所在的坐标系、比例尺、图像上点的坐标、经纬度、长度单位及角度单位等.它最初由 Aldus 公司与微软公司一起为 PostScript 打印开发.

PNG 是一种采用无损压缩算法的位图格式,其设计目的是试图替代 GIF 和 TIFF 文件格式,同时增加一些 GIF 文件格式所不具备的特性.PNG 使用从 LZ77 派生的无损数据压缩算法,一般应用于 JAVA 程序、网页程序中,原因是它压缩比高,生成文件体积小.

JPEG(Joint Photographic Experts Group)是 JPEG 标准的产物,该标准由国际标准化组织制定,是面向连续色调的静止图像的一种压缩标准.JPEG 格式是最常用的图像文件格式,文件扩展名为.jpg/.jpeg.

习题 1

1. 多媒体技术有哪些特点?
2. 视频压缩有哪些标准?
3. 多媒体容器格式有哪些?

4．请举例说明多媒体技术的应用．

参 考 文 献

[1] 许宏丽,周筱来,赵耀．基于创新意识培养的"多媒体技术应用"课程教学实践[J]．计算机教育,2011(8)：67-70．

[2] 廖超平．数字音视频技术[M]．北京：高等教育出版社,2009．

[3] Richardson I E G．H.264 and MPEG-4 Video Compression[M]．Hoboken：John Wiley & Sons Inc．,2003．

[4] 马华东．多媒体技术原理及应用[M]．北京：清华大学出版社,2008．

[5] 蔡安妮,等．多媒体通信技术基础[M]．3版．北京：电子工业出版社,2008．

[6] 王新年,张涛．数字图像压缩技术使用教程[M]．北京：机械工业出版社,2009．

第2章　压缩编码技术的基本原理

2.1　信源数学模型

现实生活中,当我们传输信息时,可以是离散的或连续的信息,相应地,对应两种信源,分别是离散信源和模拟信源.

2.1.1　离散信源

离散信源是一种幅度和时间都取离散值的信号,所以离散信源可以被表示成一个序列

$$\{X_i\}_{i=0}^{\infty} \tag{2.1}$$

其中 X_i 的值取自有限的字母表 $x = \{x_0, x_1, \cdots, x_{j-1}\}$. 例如,$\{X_i\}$:0110110110001.下面举几个离散信源的例子.

例 2.1　平稳信源.

$\{X_i\}$ 是一个随机序列,如果对于任意整数 m 和 n,随机向量 $(X_{m+1}, X_{m+2}, \cdots, X_{m+n})$ 有相同的联合概率分布,即

$$P(X_1 = u_1, X_2 = u_2, \cdots, X_n = u_n) = P(X_{1+m} = u_1, X_{2+m} = u_2, \cdots, X_{n+m} = u_n)$$

则称离散信源 $\{X_i\}$ 为平稳的,也就是说,随机向量的联合概率分布是时不变的.

例 2.2　离散无记忆信源.

如果 $\{X_i\}$ 是一个独立同分布的随机序列,则离散信源 $\{X_i\}$ 是无记忆的,$\{X_i\}$ 由它的概率质量函数唯一确定.

对于任意的序列 $u_1, u_2, \cdots, u_n$,有

$$P(X_1 = u_1, X_2 = u_2, \cdots, X_n = u_n) = P(X_1 = u_1)P(X_2 = u_2)\cdots P(X_n = u_n) \tag{2.2}$$

例 2.3　马尔可夫信源.

如果当前信源输出在统计上仅取决于前一个输出字母,则该离散信源 $\{X_i\}$ 被称为马尔可夫(Markov 或一阶 Markov)信源.

$$P(X_{n+m} = u_n \mid X_{n-1+m} = u_{n-1}, \cdots, X_{1+m} = u_1) = P(X_{n+m} = u_n \mid X_{n-1+m} = u_{n-1})$$
$$= P(u_n \mid u_{n-1}) \tag{2.3}$$

显然,式(2.3)成立的条件与 m 无关.

马尔可夫信源也可以由该信源的概率转移矩阵表示:

$$P = \begin{bmatrix} P(x_0 \mid x_0) & P(x_1 \mid x_0) & \cdots & P(x_{j-1} \mid x_0) \\ P(x_0 \mid x_1) & P(x_1 \mid x_1) & \cdots & P(x_{j-1} \mid x_1) \\ \vdots & \vdots & & \vdots \\ P(x_0 \mid x_{j-1}) & P(x_1 \mid x_{j-1}) & \cdots & P(x_{j-1} \mid x_{j-1}) \end{bmatrix} \tag{2.4}$$

2.1.2 模拟信源

模拟信源是一个信号,其中振幅和时间在各自的时间间隔内连续变化,因此模拟信源可以由实函数 $X(t)$ 表示. 模拟信源的示例包括原始音频和视频信号. 对于模拟信源,如果信源是平稳的,且该信源的频带限制为带宽 W,则可以用超过 $2W$ 的频率对该信号抽样,抽样的随机序列可以用来完整地恢复原始信号,而不会丢失信息.

2.2 熵与互信息

2.2.1 离散信源的熵

熵:给定离散随机变量 X,概率分布为 $P(x)$,离散随机变量 X 的熵 $H(X)$ 定义为

$$H(X) = -\sum_{x \in X} P(x) \log P(x) = -\sum_{j=0}^{J-1} P(x_j) \log P(x_j) \tag{2.5}$$

对于每个 x_j,$I(x_j) = -\log P(x_j)$ 被称为事件 $X = x_j$ 的自信息. 其熵 $H(X)$ 等于平均自信息,即 $H(X) = E[I(X)]$. 熵和自信息的单位取决于对数的底. 如果底为 2,则熵和自信息的单位为比特或位. 如果底为 e,则熵和自信息的单位称为奈特(nat,自然单位). 1 nat $= \log_2 e$ 位,1 位 $= \ln 2 = 0.6935$ nat. 在本书中,我们将 $\log_e a$ 写为 $\ln a$,将 $\log_2 a$ 写为 $\log a$.

熵、信息和不确定性都相关. 考虑事件 $X = X_j$. 在事件 $X = X_j$ 发生之前,$I(X_j)$ 表示随机变量 X 的平均不确定性量. 在事件 $X = X_j$ 发生之后,此特定事件的发生为我们提供了信息量 $I(X_j)$. $H(X)$ 表示从相应事件获得的平均信息量.

$H(X)$ 的值取决于其概率质量函数 $P(x)$. 将 $P(x_j)$ 表示为 P_j. 有时我们将 $H(X)$ 写为 $H(P_0, P_1, \cdots, P_{J-1})$,则

$$H(P_0, P_1, \cdots, P_{J-1}) = -\sum_{j=0}^{J-1} P_j \log P_j \tag{2.6}$$

例 2.4 二进制随机变量的值等于 1 的概率为 q,值等于 0 的概率为 $1-q$,则 $H(X) = -q \log q - (1-q) \log(1-q)$. 特别地,当 $q = 0.5$ 时,$H(X)$ 取最大值 1 比特,如果 $q = 0$ 或 1,则熵为 0. $H(X)$ 也可以被当作关于随机输出 X 的猜测.

联合熵:给定一对具有联合概率质量函数 $P(x, y)$ 的随机变量 X 和 Y,联合熵 $H(X, Y)$ 定义为

$$H(X,Y) = - \sum_{x \in X} \sum_{y \in Y} P(x,y) \log P(x,y)$$

$$= - \sum_{j=0}^{J-1} \sum_{i=0}^{K-1} P(x_j,y_i) \log P(x_j,y_i)$$

$$= - E[\log P(x,y)] \tag{2.7}$$

条件熵:给定 Y, X 的条件熵 $H(X|Y)$ 定义为

$$H(X \mid Y) = \sum_{y \in Y} P(y) H(X \mid Y = y)$$

$$= \sum_{y \in Y} P(y) \sum_{x \in X} [-P(x \mid y) \log P(x \mid y)]$$

$$= - \sum_{y \in Y} \sum_{x \in X} P(y) P(x \mid y) \log P(x \mid y)$$

$$= - \sum_{y \in Y} \sum_{x \in X} P(x,y) \log P(x \mid y)$$

$$= - \sum_{i=0}^{K-1} \sum_{j=0}^{J-1} P(x_j,y_i) \log P(x_j \mid y_i) \tag{2.8}$$

由 $P(x_j,y_i) = P(y_i)P(x_j|y_i)$,可得

$$- \log P(x_j,y_i) = - \log P(y_i) - \log P(x_j \mid y_i) = I(y_i) + I(x_j \mid y_i) \tag{2.9}$$

因此

$$H(X,Y) = H(Y) + H(X \mid Y) \tag{2.10}$$

相似地,可以得到

$$H(X,Y) = H(X) + H(Y \mid X) \tag{2.11}$$

$$H(X,Y \mid Z) = H(X \mid Z) + H(Y \mid X,Z) = H(Y \mid Z) + H(X \mid Y,Z) \tag{2.12}$$

如果我们有 n 个随机变量 $X_1, X_2, \cdots, X_n$,以及联合概率 $P(X_1, X_2, \cdots, X_n)$,联合熵 $H(X_1, X_2, \cdots, X_n)$ 定义为

$$H(X_1, X_2, \cdots, X_n) = E[-\log P(X_1, X_2, \cdots, X_n)] \tag{2.13}$$

因为 $P(u_1, u_2, \cdots, u_n) = P(u_1)P(u_2|u_1) \cdots P(u_n|u_1, u_2, \cdots, u_{n-1})$,我们可以得到

$$H(X_1, X_2, \cdots, X_n) = E\{-[\log P(X_1) + \log P(X_2 \mid X_1) + \cdots$$

$$+ \log P(X_n \mid X_1, X_2, \cdots, X_{n-1})]\}$$

即

$$H(X_1, X_2, \cdots, X_n) = H(X_1) + H(X_2 \mid X_1) + \cdots + H(X_n \mid X_1, X_2, \cdots, X_{n-1}) \tag{2.14}$$

互信息:自信息 $I(x_i)$ 是事件 $X = x_i$ 的不确定度. 条件自信息 $I(x_j|y_i)$ 是观察到 y_i 事件发生后 x_i 事件的不确定度,因此 $I(x_i)$ 与 $I(x_j|y_i)$ 的差值是事件 y_i 提供了关于事件 x_i 的信息量,用互信息 $I(x_j;y_i)$ 来表示. 因此 $I(x_j;y_i) = I(x_j) - I(x_j|y_i)$,相似地,$I(y_j;x_i) = I(y_j) - I(y_j|x_i)$. 平均互信息用 $I(X;Y)$ 来表示:

$$I(X;Y) = \sum_{j=0}^{J-1} \sum_{i=0}^{K-1} P(x_j,y_i) I(x_j;y_i)$$

$$= \sum_{j=0}^{J-1} \sum_{i=0}^{K-1} P(x_j,y_i) \log \frac{P(x_j,y_i)}{P(x_j)P(y_i)} \tag{2.15}$$

熵、联合熵、条件熵和互信息有以下性质:

(1) $0 \leqslant H(X) \leqslant \log J$,其中 J 为符号集中符号的个数;

(2) $I(X;Y) = I(Y;X) = H(X) - H(X|Y) = H(Y) - H(Y|X)$;

(3) $I(X;Y) \geqslant 0$;

(4) $I(X;Y) = I(Y;X) = H(X) + H(X|Y) - H(Y|X)$;

(5) $H(X_1, X_2, \cdots, X_n) \leqslant \sum_{i=1}^{n} H(X_i)$.

图 2.1 给出了熵、联合熵、条件熵和互信息之间的关系.

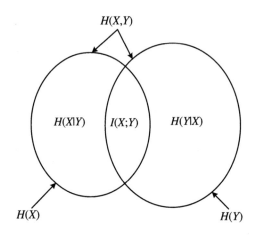

图 2.1　熵、联合熵、条件熵和互信息之间的关系

2.2.2　连续随机变量的信息量

假设 (X, Y) 为一对连续随机变量, 联合概率为 $P(X, Y)$, 边缘概率分别为 $P(X)$ 和 $P(Y)$. X 与 Y 的平均互信息定义为

$$I(X;Y) = \int_{-\infty}^{+\infty} \int_{-\infty}^{+\infty} p(x, y) \log \frac{p(x, y)}{p(x)p(y)} \mathrm{d}x\mathrm{d}y \tag{2.16}$$

X 的微分熵定义为

$$H(X) = -\int_{-\infty}^{+\infty} p(x) \log p(x) \mathrm{d}x \tag{2.17}$$

Y 的微分熵定义为

$$H(Y) = -\int_{-\infty}^{+\infty} p(y) \log p(y) \mathrm{d}y \tag{2.18}$$

给定 Y 时 X 的条件微分熵定义为

$$H(X|Y) = -\int_{-\infty}^{+\infty} \int_{-\infty}^{+\infty} p(x, y) \log p(x|y) \mathrm{d}x\mathrm{d}y \tag{2.19}$$

值得注意的是, $I(X;Y)$ 在连续随机变量的条件下与在离散随机变量的条件下有相同的物理含义; 然而, $H(X)$ 在连续随机变量的条件下与在离散随机变量的条件下却没有相同的物理含义, $H(X)$ 可为负, 当 $H(X)$ 和 $H(X|Y)$ 的值有限时, 我们仍然有 $I(X;Y) = H(X) - H(X|Y)$.

2.3　离散信源编码

本节将描述无损信源编码(或压缩).如图 2.2 所示,无损信源编码是将原始信源序列编码成二进制序列,在解码阶段人们可以从压缩的二进制序列中完全恢复原始信源序列.

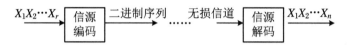

图 2.2　无损信源编码

2.3.1　无损无记忆编码

首先我们讨论无损无记忆编码.无损无记忆编码是一种信源编码,它按符号对源序列进行编码.它的特征是从源符号到二进制序列集的映射 $C: X -> C(X)$.假设输入为 $u_1 u_2 \cdots u_n$,信源编码器的输出为 $C(u_1)C(u_2)\cdots C(u_n)$,每个符号是单独进行编码的.

表 2.1　信源编码例子

符号 x	$P(x)$	$C_1(x)$	$C_2(x)$	$C_3(x)$
x_0	1/2	1	0	0
x_1	1/4	00	01	10
x_2	1/8	01	011	110
x_3	1/8	10	111	111

考虑如表 2.1 所示信源编码的例子,随机变量 X 可以为 x_0, x_1, x_2, x_3,对应的概率为 $P(x_0), P(x_1), P(x_2), P(x_3)$,让我们现在检查编码 C_1, C_2, C_3 是否是无损无记忆编码,假设我们有一个二进制编码序列 00100100,对于 C_1,因为

$$C_1(x_1)\ C_1(x_0)\ C_1(x_1)\ C_1(x_0)\ C_1(x_1) = 00100100$$
$$C_1(x_1)\ C_1(x_3)\ C_1(x_2)\ C_1(x_1) = 00100100$$

所以序列 00100100 可以由 C_1 被解码成 $x_1 x_0 x_1 x_0 x_1$ 或者 $x_1 x_3 x_2 x_1$,C_1 的解码不是唯一的,所以 C_1 是一种有损编码.

下面来看 C_2 的解码,图 2.3 给出了 C_2 解码的示意图.

从图中可以看出,$x_0 x_1 x_0 x_1 x_0 x_0$ 是唯一的解码输出信源序列,所以 C_2 是一种无损的无记忆编码;对于不同输入序列,相应源编码器的输出也不同.同理,我们可以看出 C_3 是一种无损的无记忆编码.

无损无记忆编码也称为具有唯一解码的编码.在本节,我们仅考虑无损编码.无记忆编码始终意味着无损与无记忆.

在 C_2 和 C_3 编码中,0 是对应于 x_0 的码字.但是,C_2 和 C_3 的解码过程之间存在显著差

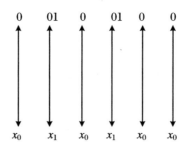

图 2.3　C_2 解码示意图

异. 在用 C_3 进行解码时, 可以立即将 0 解码为 x_0, 而不必等待看到将来的数字. 具有这种性质的无记忆编码称为瞬时码. C_2 和 C_3 之间的区别在于 C_3 满足所谓的前缀属性, 在 C_3 中, 每个码字都不是其他码字的前缀, 此属性称为前缀属性. 0 不是 10, 110 和 111 的前缀. 同样, 10 不是 110 和 111 的前缀; 110 不是 111 的前缀. 满足前缀属性的无记忆编码称为前缀码. C_3 是前缀码. 我们也可称前缀码为可即时解码. 在 C_2 中, 0 是 01 的前缀, 所以 C_2 不是前缀码.

前缀码的属性和可即时解码的属性是相同的, C_3 可以用二叉树表示, 如图 2.4 所示.

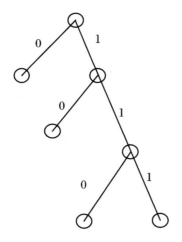

图 2.4　前缀码的二叉树表示

设一个离散平稳信源的概率质量函数为 $p(x)$. 令 C 为无记忆编码. 令 n_j 或 $|C(x_j)|$ 为码字 $C(x_j)$ 的长度. C 的性能通过其平均码字长度 $\bar{R}$(以位/符号为单位)进行衡量:

$$\bar{R} = \sum_{j=0}^{J-1} p(x_j) n_j = E\big[\,|\,C(x_j)\,|\,\big] \tag{2.20}$$

在无记忆信源编码中, 我们研究如何构造无记忆信源编码 C 以使其 $\bar{R}$ 最小化.

在讲述如何构造最佳编码之前, 我们先来看下无记忆信源编码 C 的性质. 任何无记忆信源编码 C 都满足以下 Kraft 不等式:

$$\sum 2^{-|C(x_j)|} = \sum_{j=0}^{J-1} 2^{-n_j} \leqslant 1 \tag{2.21}$$

其中 n_j 是码字 $C(x_j)$ 的长度. 另外, 若给定一组满足 Kraft 不等式的码字长度 $n_j(0 \leqslant j \leqslant J-1)$, 则存在前缀码 C, 使得 $|C(x_j)| = n_j(0 \leqslant j \leqslant J-1)$.

定理 2.1　若 $\{X_i\}$ 是一个具有概率质量函数 $p(x)$ 的平稳信源, $x \in X = \{x_0, x_1, \cdots,$

x_{J-1}},则

(1) 任何无记忆码 C 的平均码字长度满足

$$\bar{R} \geqslant H(X_1) \tag{2.22}$$

(2) 存在一个前缀代码 C^*,使得

$$\bar{R} = \sum p(x) \mid C^*(x) \mid < H(X_1) + 1 \tag{2.23}$$

2.3.2 哈夫曼编码

本小节我们描述哈夫曼编码,它可以使得无记忆信源编码的 $\bar{R}$ 最小化.哈夫曼编码的具体步骤如下:

(1) 将两个概率最小的符号合并到一个概率等于两个最小概率之和的符号中.

(2) 重复(1)直到只剩下一个符号.

(3) 将从每个非终结点发出的两个分支(叶)标记为 0 和 1(譬如左边标 0,右边标 1). x_j 的码字是从根结点到与 x_j 对应的终结点读取的二进制序列.

例 2.5 图 2.5 为哈夫曼编码示意图.随机变量 X 的符号集为{x_0, x_1, x_2, x_3, x_4},相应的概率为{$0.4, 0.1, 0.2, 0.1, 0.2$}.$H(X) = 2.12$ 比特,$\bar{R} = 2.2$ 比特.

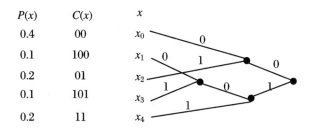

图 2.5 哈夫曼编码示意图 1

可以看出哈夫曼编码算法给出的编码是前缀码,并且具有最小的平均码字长度.哈夫曼编码过程不是唯一的.标记分支的不同方法和合并符号的不同选择将产生不同的前缀代码.图 2.6 是在信源与图 2.5 相同的情况下,合并符号的选择不同,产生了不同的码字,但是平均码长相同.

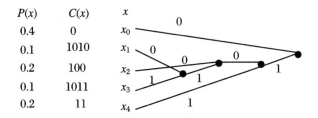

图 2.6 哈夫曼编码示意图 2

2.3.3　块无记忆编码

最佳无记忆编码的平均长度与熵 $H(x)$ 之间最多存在 1 位差异,减少这种差异,可以使用块无记忆编码.块无记忆编码是一种无损信源编码,它逐块对信元序列编码,块长度为 n. 块无记忆编码可以通过从扩展字母 $X_n = \{u_1, u_2, \cdots, u_n : u_i \in X, 1 \leqslant i \leqslant n\}$ 到二进制序列集的映射 C 来描述:

$$u_1, u_2, \cdots, u_n \longrightarrow C(u_1, u_2, \cdots, u_n)$$

无记忆代码的所有定义和属性都可以延续到块无记忆编码的情况下,我们可以得到以下的块无记忆编码定理.

定理 2.2　设 $\{X_i\}$ 是一个离散信源,概率质量函数为 $p(x)$,对于任何块长度为 n 的块无记忆编码 C,有以下性质:

$$\frac{1}{2}\bar{R} = \frac{1}{n}\sum_{u_1 \cdots u_n \in X^n} p(u_1 \cdots u_n) \mid C(u_1 \cdots u_n) \mid \geqslant \frac{1}{n}H(x_1 \cdots x_n) \tag{2.24}$$

另外,存在一个前缀代码 C^*,其块长为 n,则

$$\frac{1}{2}\bar{R} = \frac{1}{n}\sum_{u_1 \cdots u_n \in X^n} p(u_1 \cdots u_n) \mid C^*(u_1 \cdots u_n) \mid \leqslant \frac{1}{n}H(x_1 \cdots x_n) \tag{2.25}$$

$\{X_i\}$ 的最终压缩率(以位/符号表示)为

$$H_\infty(X) = \lim_{n \to \infty} H(x_1 \cdots x_n) \tag{2.26}$$

2.4　算　术　编　码

哈夫曼编码可以生成具有最小平均码字长度的代码,但是该长度通常严格大于 $H(X)$. 为了提高编码效率,可以通过使用扩展字母 X_n 来使用分组编码.但是,随着 n 的增加,计算复杂度将成倍增长.因此,这是不切实际的.另一方面,哈夫曼编码效率比较低.为了解决上述问题,一种新的编码——算术编码应运而生.在讲述算术编码之前,首先来了解一下 Shannon-Fano-Elias 编码.

Shannon-Fano-Elias 编码的复杂度主要在于确定间隔 $I(u_1 u_2 \cdots u_n)$.

令 $(X_1, \cdots, X_n)$ 为具有联合概率 $p(u_1 u_2 \cdots u_n)$ 的随机向量, $u_i \in X = \{x_0, \cdots, x_{J-1}\}$. 如图 2.7 所示,我们将区间 $[0,1]$ 划分为不相交的子区间 $I(u_1 u_2 \cdots u_n)$, $u_1 u_2 \cdots u_n \in X^n$,使得以下属性成立:

(1) 间隔 $I(u_1 u_2 \cdots u_n)$ 的长度等于 $p(u_1 u_2 \cdots u_n)$.

(2) $\bigcup_{u_1 \cdots u_n \in X^n} I(u_1 \cdots u_n) = [0,1]$.

(3) 间隔 $I(u_1 u_2 \cdots u_n)$ 按照自然字典顺序排列在序列 $u_1 u_2 \cdots u_n$ 上.

因此,我们可以得到:

$$\mid x_0 x_0 \cdots x_0 x_0 \mid = [0, p(x_0 x_0 \cdots x_0 x_0)]$$

$$\mid x_0 x_0 \cdots x_0 x_1 \mid = [p(x_0 x_0 \cdots x_0 x_0), p(x_0 x_0 \cdots x_0 x_0) + p(x_0 x_0 \cdots x_0 x_1)]$$

$$\cdots$$

$$| \, x_{J-1}x_{J-1}\cdots x_{J-1} \, | = [1 - p(x_{J-1}x_{J-1}\cdots x_{J-1}),1]$$

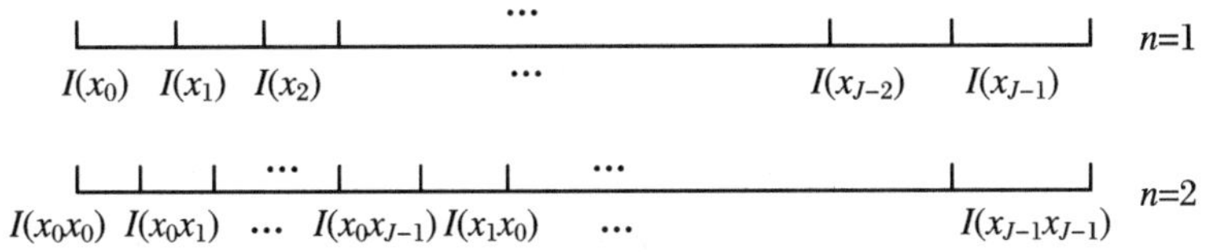

图 2.7 区间分割

为了得到对应于 $u_1 u_2 \cdots u_n$ 的码字,假设 $I(u_1 u_2 \cdots u_n)$ 的区间为 $[a,b]$,即 $I(u_1 u_2 \cdots u_n)$ $=[a,b]$. 将区间的中点 $(a+b)/2$ 记作

$$\frac{a+b}{2} = 0.B_1 B_2 \cdots B_L = \sum_{i=1}^{\infty} B_i 2^{-i} \quad (B_i \in \{0,1\}) \tag{2.27}$$

定义 $L = \lceil -\log p(u_1 \cdots u_n) \rceil + 1 = \lceil -\log(b-a) \rceil + 1$($\lceil\ \rceil$ 为向上取整),则二进制序列 $B_1 B_2 \cdots B_L$ 是 $u_1 u_2 \cdots u_n$ 的码字,码字的长度是 $\lceil -\log p(u_1 \cdots u_n) \rceil + 1$.

令 $\left[\dfrac{a+b}{2}\right]_L = 0.B_1 B_2 \cdots B_L$,我们可以证明 $\left[\dfrac{a+b}{2}\right]_L$ 在区间 $[a,b]$ 内. 另外

$$\left[\left[\frac{a+b}{2}\right]_L, \left[\frac{a+b}{2}\right]_L + 2^{-L}\right) \subset [a,b] \tag{2.28}$$

当接收到 $B_1 B_2 \cdots B_L$ 之后,解码器将搜索所有 $u_1 u_2 \cdots u_n \in X_n$,直到找到 $I(u_1 u_2 \cdots u_n)$ 包含 $0.B_1 B_2 \cdots B_L$,然后将 $B_1 B_2 \cdots B_L$ 解码为 $u_1 u_2 \cdots u_n$.

下面是 Shannon-Fano-Elias 编码的一个例子,我们可以看出最终的编码是前缀码.

例 2.6 设 X 的符号集为 $\{x_0, x_1, x_2, x_3\}$,相应的概率为 $\{0.25, 0.5, 0.125, 0.125\}$,图 2.8 给出了分割区间、区间中点、编码长度与码字.

x	$p(x)$	$I(x)$	$L(x)$	区间中点	$C(x)$
x_0	0.25	[0,0.25]	3	0.001$\cdots$	001
x_1	0.5	[0.25,0.75]	2	0.10$\cdots$	10
x_2	0.125	[0.75,0.875]	4	0.1101$\cdots$	1101
x_3	0.125	[0.875,1]	4	0.1111$\cdots$	1111

图 2.8 Shannon-Fano-Elias 编码示例

Shannon-Fano-Elias 编码的复杂度主要在于确定间隔 $I(u_1 u_2 \cdots u_n)$. 类似地,给定的 $B_1 B_2 \cdots B_L$,Shannon-Fano-Elias 的解码在于找到唯一间隔 $I(u_1 u_2 \cdots u_n)$,使得点 $0.B_1 B_2 \cdots B_L$ 位于 $I(u_1 u_2 \cdots u_n)$ 间隔内. 但是确定以上间隔的复杂度随着 n 的增加呈指数增长.

在算术编码中,以上复杂度都可以以线性复杂度顺序地实现. 算术编码的思想起源于 Elias,后来由 Rissanen,Pasco,Moffat 和 Witten 付诸实践.

为了确定区间 $I(u_1 u_2 \cdots u_n)$,我们将联合概率 $p(u_1 u_2 \cdots u_n)$ 分解为

$$p(u_1 u_2 \cdots u_n) = p(u_1) p(u_2 \mid u_1) p(u_3 \mid u_1 u_2) \cdots p(u_n \mid u_1 \cdots u_{n-1})$$

然后,我们构造一系列嵌入间隔 $I(u_1) \supset I(u_1 u_2) \supset \cdots \supset I(u_1 u_2 \cdots u_n)$.

(1) 将区间$[0,1]$划分为不相交的子区间 $I(x_j)(0 \leqslant j \leqslant J-1)$,如图 2.9 所示.

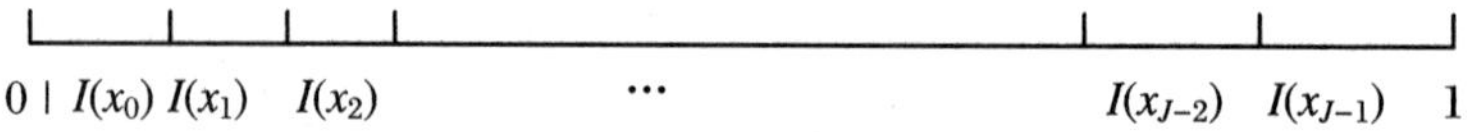

图 2.9

间隔 $I(x_j)$ 的长度等于 $p(x_j)$.那么如果 $u_1 = x_j$,则 $I(u_1) = I(x_j)$.

(2) 如果 $I(u_1 u_2 \cdots u_i) = [a_i, b_i]$,则根据条件概率 $p(x_j | u_1 \cdots u_i)(0 \leqslant j \leqslant J-1)$,间隔 $I(u_1 \cdots u_i x_j)$ 的长度 $= p(u_1 \cdots u_i x_j) = p(u_1 \cdots u_i) \times p(x_j | u_1 \cdots u_i) = [a_i, b_i] \times p(x_j | u_1 \cdots u_i)$ 的长度,那么如果 $u_{i+1} = x_j$,则 $I(u_1 \cdots u_i u_{i+1}) = I(u_1 \cdots u_i x_j)$.

(3) 重复步骤(2),直到确定间隔 $I(u_1 \cdots u_n)$.最后的间隔 $I(u_1 \cdots u_n)$ 是所需的间隔.

为了获得对应于 $u_1 \cdots u_n$ 的码字,我们应用了与 Shannon-Fano-Elias 编码相同的过程.若 $I(u_1 u_2 \cdots u_n) = [a, b]$,令 $L = \lceil -\log p(u_1 \cdots u_n) \rceil + 1$,将中点 $(a+b)/2$ 舍入到前 L 位,我们得到

$$\left\lfloor \frac{a+b}{2} \right\rfloor_L = 0.B_1 B_2 \cdots B_L \tag{2.29}$$

序列 $B_1 B_2 \cdots B_L$ 是与 $u_1 \cdots u_n$ 对应的码字.

解码过程可以通过以下过程实现:

(1) 将$[0,1)$划分为不相交的子间隔 $I(x_j)(0 \leqslant j \leqslant J-1)$.如果 $I(x_j)$ 包含 $0.B_1 B_2 \cdots B_L$,则设置 $u_1 = x_j$.

(2) 对 $u_1 u_2 \cdots u_i$ 进行解码后,我们将 $I(u_1 u_2 \cdots u_i)$ 划分为不相交的子间隔 $I(u_1 u_2 \cdots u_i x_j)$ $(0 \leqslant j \leqslant J-1)$.如果 $I(u_1 u_2 \cdots u_i x_j)$ 包含 $0.B_1 B_2 \cdots B_L$,则设置 $u_{i+1} = x_j$.

重复步骤(2),直到对序列 $u_1 u_2 \cdots u_n$ 进行解码.

在算术编码中,假设要压缩的序列 $u_1 u_2 \cdots u_n$ 的长度 n 对于编码器和解码器均是已知的.分配给 $u_1 u_2 \cdots u_n$ 的码字长度为 $L = \lceil -\log p(u_1 \cdots u_n) \rceil + 1$.

当 n 接近无穷大时,可以证明以位/符号为单位的平均码字长度收敛于信源的熵速率.

例 2.7 若 $\{X_i\}$ 是二进制信源,符号集为 $X = \{0, 1\}$.假设 $p(0) = 2/5$,$p(1) = 3/5$.现有符号序列 $u_1 u_2 \cdots u_5 = 10110$,则

$$I(1) = [2/5, 1]$$
$$I(10) = [2/5, 16/25]$$
$$I(101) = [62/125, 16/25]$$
$$I(1011) = [346/625, 16/25]$$
$$I(10110) = [346/625, 1838/3125]$$

$I(101100)$ 区间的长度 $108/3125$ 为

$$L = \left\lceil -\log \frac{108}{3125} \right\rceil + 1 = 6$$

$I(101100)$ 区间中点 $1787/3125$ 用二进制形式表示为 $0.100100\cdots$.相应的码字为 100100.

在上面,我们假设编码器和解码器都预先知道信源的概率.在实践中,它通常是未知的,必须在线和离线进行估算.为简单起见,令 $x = \{0, 1\}$.假设初始概率具有同等的可能性,即 $p(0) = p(1) = 1/2$.

给定 $u_1 u_2 \cdots u_i$,条件概率更新为

$$p(1 \mid u_1 u_2 \cdots u_i) = \frac{u_1 u_2 \cdots u_i \text{ 中 1 的个数} + 1}{i + 2}$$

$$p(0 \mid u_1 u_2 \cdots u_i) = \frac{u_1 u_2 \cdots u_i \text{ 中 0 的个数} + 1}{i + 2}$$

令 $u_1 u_2 \cdots u_8 = 11001010$，则

$$p(u_1 u_2 \cdots u_i) = p(11001010) = \frac{1}{2} \cdot \frac{2}{3} \cdot \frac{1}{4} \cdot \frac{2}{5} \cdot \frac{3}{6} \cdot \frac{3}{7} \cdot \frac{4}{8} \cdot \frac{4}{9}$$

给定 $u_1 u_2 \cdots u_i$，条件概率的另一种选择如下：

$$p(1 \mid u_1 u_2 \cdots u_i) = \frac{u_1 u_2 \cdots u_i \text{ 中 1 的个数} + 1/2}{i + 1}$$

$$p(0 \mid u_1 u_2 \cdots u_i) = \frac{u_1 u_2 \cdots u_i \text{ 中 0 的个数} + 1/2}{i + 1}$$

$$p(11001010) = \frac{1}{2} \cdot \frac{3/2}{2} \cdot \frac{1/2}{3} \cdot \frac{3/2}{4} \cdot \frac{5/2}{5} \cdot \frac{5/2}{6} \cdot \frac{7/2}{7} \cdot \frac{7/2}{8}$$

2.5 Lempel-Ziv 算法

自适应算术编码是通用的，因为它不需要源统计信息，并且最终压缩率可以趋近离散无记忆信源的熵速率。另一种通用信源编码算法是 Ziv 和 Lempel 开发的 Lempel-Ziv 算法。他们开发了两个版本的算法。一种 Lempel-Ziv 算法是 LZ77，即滑动窗口 Lempel-Ziv 算法，它于 1977 年提出。一年后，他们提出了 LZ77 的一种变体，即增量解析 Lempel-Ziv 算法，即 LZ78。

LZ78 采用增量解析程序，将源序列 $u_1 u_2 \cdots u_n$ 解析为不重叠的可变长度块。$u_1 u_2 \cdots u_n$ 增量解析中的第一个子字符串是 u_1。解析中的第二个子字符串是到目前为止尚未出现在解析 $u_1 u_2 \cdots u_n$ 中的最短短语。

假定 $u_1, u_2 \cdots u_{n_2}, u_{n_2+1} \cdots u_{n_3}, \cdots, u_{n_{i-1}+1} \cdots u_{n_i}$ 是到目前为止在解析过程中创建的 i 个子字符串。下一个子串 $u_{n_i+1} \cdots u_{n_{i+1}}$ 是在 $u_{n_i+1} \cdots u_n$ 中，且未出现在 $\{u_1, u_2 \cdots u_{n_2}, u_{n_2+1}, \cdots, u_{n_{i-1}+1} \cdots u_{n_i}\}$ 中的最短短语。否则，$u_{n_i+1} \cdots u_{n_{i+1}} = u_{n_i+1} \cdots u_n$ ($n_{i+1} = n$)，增量解析过程终止。

下面是两个增量解析字符串的例子。

例 2.8 有如下字符串：1 0 10 11 100 111 00 1110 001 110 01，增量分析过程将产生以下字符串的分割：

$$1, 0, 10, 11, 100, 111, 00, 1110, 001, 110, 01$$

例 2.9 对字符串 1 10 11 0 00 110 1 做增量解析，得到

$$1, 10, 11, 0, 00, 110, 1$$

在此示例中，最后一个子字符串 1 已经出现。

除了最后一个短语可以等于前面的短语之一，所有短语都是不同的。所有短语的串联等于原始源序列。

让 Λ 表示一个空字符串。可以将 Λ 视为一个初始短语。解析中的每个新字符串都是前

面已经分割好的字符串中的一个与源序列中新的输出字母的串联.例如,第一个阶段 1 是空字符串与新符号 1 的串联.类似地,短语 110 是短语 11 与新符号 0 的串联.

下面描述 Lempel-Ziv 编码的算法:

设符号集 $X = \{x_0, \cdots, x_{J-1}\}$. 序列 $u_1 u_2 \cdots u_n$ 的编码可以按如下顺序进行:

(1) 第一个分割字符串 u_1 由 $(0, u_1)$ 唯一确定,其中索引 0 表示初始空字符串.用整数 $z = 0 \times J + \mathrm{index}(u_1)$ 表示 $(0, u_1)$,其中,如果 $u_1 = x_j (0 \leqslant j \leqslant J-1)$,则 $\mathrm{index}(u_1) = j$.将第一个字符串编码为 z 的二进制表示形式,并在左侧填充 0,以确保码字的总长度为 $\lceil \log J \rceil$.

例如,假设分割的字符串为 1 10 11 0 00 110 1,$X = \{0, 1\}$,$J = 2$,则第一个字符串对应的 z、码字与长度分别为

字符串	z	码字	长度
1	$0 \times 2 + 1$	1	1

(2) 确定了第 i 个字符串之后,我们知道它等于第 $m (0 \leqslant m \leqslant i-1)$ 个字符串和新符号 $x_j (0 \leqslant j \leqslant J-1)$ 的串联.将第 i 个短语表示为整数 $m \times J + j$ 的二进制表示形式,并在左侧填充一些 0,以确保码字的长度为 $\lceil \log iJ \rceil$.

重复步骤(2),直到所有分割的字符串都已编码.

图 2.10 是 Lempel-Ziv 编码示意图.Lempel-Ziv 编码将原始源序列 1 10 11 0 00 110 1 转换成 1 10 011 000 1000 0110 0001.在此示例中,我们得到了扩展而不是压缩,问题在于源序列太短.如果在 $u_1 u_2 \cdots u_n$ 的增量解析中有 t 个短语,则整个 $u_1 u_2 \cdots u_n$ 的 Lempel-Ziv 码字的长度为 $\sum_{i=1}^{t} \lceil \log iJ \rceil$.

例 2.10 设分割的字符串为 1 10 11 0 00 110 1,字符集为:$X = \{0, 1\}$,$J = 2$.

分割字符串	(m, j)	码字	长度
1	(0,1)	1	1
10	(1,0)	10	2
11	(1,1)	011	3
0	(0,0)	000	3
00	(4,0)	1000	4
110	(3,0)	0110	4
1	(0,1)	0001	4

图 2.10 Lempel-Ziv 编码示意图

由于解码器预先知道与第 i 个短语相对应的码字的长度为 $\lceil \log iJ \rceil$,因此解码过程很容易,并且也可以顺序执行.如图 2.11 所示,在接收到整个码字之后,解码器将整个码字解析成长度为 $1 \leqslant i \leqslant t$ 的不重叠子串.解码器从第 i 个字符串中找到整数 $m \times J + j$ 和 (m, j) 对.然后,第 i 个短语是第 m 个短语与符号 x_j 的串联.

定理 2.3 令 $\{X_i\}$ 为离散的固定信源.令 $r(X_1 \cdots X_n)$ 为 $X_1 \cdots X_n$ 的 Lempel-Ziv 码字长度与 $X_1 \cdots X_n$ 的长度 n 之比.$r(X_1 \cdots X_n)$ 是压缩率,以每比特/符号为单位.我们有以下结论:

$$E[r(X_1 \cdots X_n)] \to H_\infty(X) \quad (\text{当 } n \to \infty \text{ 时})$$

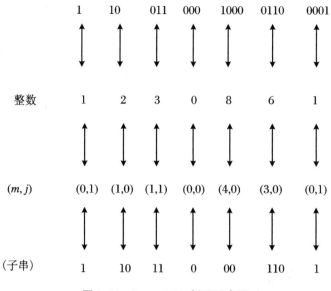

图 2.11　Lempel-Ziv 解码示意图

2.6　有损编码

本节将描述有损信源编码(或压缩). 如图 2.12 所示,有损信源编码是将原始信源序列 $X_1 X_2 \cdots X_n$ 编码成二进制序列,在解码阶段恢复的序列 $\tilde{X}_1 \tilde{X}_2 \cdots \tilde{X}_n$ 同原始序列不一样,但是恢复的序列与原始的序列之间满足一定的质量要求.

图 2.12　有损编码示意图

通常的恢复序列的质量度量是每个符号序列的平均失真,即

$$E\big[d(X^n, \tilde{X}^n)\big] = E\left[\frac{1}{n}\sum_{i=1}^{n} d(X_i, \tilde{X}_i)\right] \tag{2.30}$$

其中 $X^n = X_1 \cdots X_n$,$\tilde{X}^n = \tilde{X}_1 \cdots \tilde{X}_n$,$d(x,y)$ 是用实数 y 来表示实数 x 所造成的失真. 常用的失真表示方式为平方差 $d(x,y) = (x - y)^2$. 假设平均失真要求小于或等于 D,有损编码中的最小速率 R 由率失真函数 $R_\infty(D)$ 给出.

2.6.1　率失真函数

定义 2.1　给定连续的实随机变量 X,其概率密度函数为 $p(x)$,则 X 的率失真函数

$R_X(D)$ 定义为

$$R_X(D) = \inf\{I(X;\tilde{X}) : p(\tilde{x}\mid x) \text{ 且 } E[d(X,\tilde{X})] \leqslant D\} \tag{2.31}$$

其中 $p(\tilde{x}\mid x)$ 是给定 $X=x$ 的条件概率密度函数. 这里 inf 是指对所有可能的 $p(\tilde{x}\mid x)$, 满足 $E[d(X,\tilde{X})] \leqslant D$ 的条件下, 求下确界.

$R_X(D)$ 是个关于 D 的凸函数, 且是个非递增的函数. 一个平稳信源(平稳信源要满足一定的概率分布, 如均值不随时间改变等)的 n 阶率失真函数 $R_n(D)$ 定义为

$$R_n(D) = \inf\left\{\frac{1}{n}I(X^n;\tilde{X}^n) : p(\tilde{x}^n\mid x^n) \text{ 且 } E[d(X^n,\tilde{X}^n)] \leqslant D\right\} \tag{2.32}$$

其中 $x^n = x_1\cdots x_n$, $\tilde{x}^n = \tilde{x}_1\cdots\tilde{x}_n$, $p(\tilde{x}^n\mid x^n)$ 是条件概率密度函数.

率失真函数 $R_\infty(D)$ 定义为 $R_\infty(D) = \lim_{n\to\infty}R_n(D)$.

如果 $\{X_i\}$ 是无记忆信源, 则 $R_n(D) = R_1(D) = R_{X_i}(D)$. n 是任意整数, 可为 ∞.

2.6.2 有损信源编码定理

有损信源编码通常由块编码(或称为矢量量化器)实现. 一个 n 维块编码(或矢量量化器)Q 是一个从 n 维欧几里得空间 $\mathbf{R}^n$ 到有限编码本 B 的映射:

$$\underline{x} = x_1\cdots x_n \to Q(\underline{x}) \in B = \{\underline{y}_0, \cdots, \underline{y}_{L-1}\} \tag{2.33}$$

其中 $y_i \in \mathbf{R}^n (0\leqslant i \leqslant L-1)$ 称为码字或重构向量. 每个源向量 x 被量化为一个重构向量.

假设 $\{X_i\}$ 是一个平稳信源, 对任何 n 维块编码(或矢量量化器)Q, 我们有:

如果 $E\{d[X^n, Q(X^n)]\} \leqslant D$, 则 $R_Q \geqslant R_\infty(D)$.

对于任何 $\varepsilon > 0$, 无论 ε 有多小, 都存在一个足够大的 n 维块编码 Q^*, 使得

$$E\{d[X^n, Q^*(X^n)]\} \leqslant D, \quad R_Q \leqslant R_\infty(D) + \varepsilon$$

2.6.3 标量量化

标量量化是一维的量化, 一个幅度对应一个量化结果. 一个 L 级标量量化器 Q 是一个从实数域 $\mathbf{R}$ 到由 L 个重构电平 y_i, $y_0 < y_1 < \cdots < y_{L-1}$ 组成的有限集的映射:

$$x \in \mathbf{R} \to Q(x) \in \{y_0, y_1, \cdots, y_{L-1}\} \tag{2.34}$$

如果重构电平(或量化电平)等间隔, 如图 2.13 所示, 则称此量化方法为均匀量化; 否则称为非均匀量化.

图 2.13　均匀量化器

给定一个具有概率密度函数 $p(x)$ 的实数随机变量 X, 通过 Q 对 X 进行量化产生的失真是

$$D_Q = E\{d[X, Q(X)]\} = \sum_{i=0}^{L-1}\int_{C_i} d(x, y_i)p(x)\mathrm{d}x \tag{2.35}$$

固定 L, 我们要设计一个最佳的标量量化器 Q, 在每个实数的压缩速率为 $R = \lceil\log L\rceil$ 的情

况下，D_Q 达到最小.这可以通过交替执行最近邻居分割与质心准则（也称为 Lloyd-Max 算法）来实现.

最近距离分割准则：假设使用平方误差衡量失真度.现有的量化器 $\hat{Q}$ 有待改进.也就是说，在固定重构电平的情况下，要找到最佳的量化区间.

如图 2.14 所示，y_i 为重构电平，z_i, z_{i+1} 为相应的量化区间的端点.在最近邻居分割准则下，z_i 更新为

$$z_i = \frac{y_{i-1} + y_i}{2} \quad (1 \leqslant i \leqslant L-1) \tag{2.36}$$

相应的量化区间为 $C_i' = (z_i, z_{i+1}](0 \leqslant i \leqslant L-2)$，其中 $z_0 = -\infty$，$C_{L-1}' = (z_{L-1}, \infty)$.平均失真为 $D_{\hat{Q}} = \sum_{i=0}^{L-1} \int_{z_i}^{z_{i+1}} (x - y_i)^2 p(x) \mathrm{d}x$.

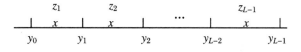

图 2.14 量化区间优化

质心准则：固定量化区间，找到最佳的重构水平

$$y_i' = E[X \mid X \in C_i'] = \frac{1}{p(X \in C_i')} \int_{z_i}^{z_{i+1}} x p(x) \mathrm{d}x \tag{2.37}$$

其中 $0 \leqslant i \leqslant L-1$.假设 Q' 为新的量化器，可以证明平均的平方误差失真会降低：

$$D_{Q'} = \sum_{i=0}^{L-1} \int_{z_i}^{z_{i+1}} (x - y_i)^2 p(x) \mathrm{d}x$$

$$= D_{\hat{Q}} - \sum_{i=0}^{L-1} p(X \in C_i')(y_i' - y_i)^2 \leqslant D_{\hat{Q}} \tag{2.38}$$

交替应用以上两个步骤，直到平方误差失真降低到小于某一个非常小的阈值或者失真不再降低.

2.6.4 矢量量化

一个 n 维矢量量化器 Q 是从 n 维欧几里得空间 $\mathbf{R}^n$ 到有限码本 B 的映射：

$$\underline{x} = x_1 \cdots x_n \rightarrow Q(\underline{x}) \in B = \{\underline{y}_0, \cdots, \underline{y}_{L-1}\} \tag{2.39}$$

其中 $y_i \in \mathbf{R}^n (0 \leqslant i \leqslant L-1)$，$y_i$ 是码字或重构矢量.假设量化区间 C_i 为

$$C_i = \{X \in \mathbf{R}^n : Q(x) = y_t\} \quad (0 \leqslant i \leqslant L-1) \tag{2.40}$$

相应的失真为

$$D_Q = E\{d[X^n, Q(X^n)]\} = \sum_{i=0}^{L-1} \int_{C_i} d[\underline{x}, Q(\underline{x})] p(\underline{x}) \mathrm{d}x$$

$$= \sum_{i=0}^{L-1} \int_{C_i} d(\underline{x}, \underline{y}_i) p(\underline{x}) \mathrm{d}\underline{x} \tag{2.41}$$

固定 L，我们想设计一个最佳的矢量量化器 Q，使得 D_Q 最小化.同标量量化相似，我们可以得到以下的矢量量化算法：

设置 $t = 1$.选择一个初始量化器 $Q^{(1)}$，相应的量化区间与重构电平矢量为 $\{(C_i^{(1)},$

$\underline{y}_i^{(1)}\}_{i=0}^{L-1}$.

(1) 固定 $\{\underline{y}_i^{(t)}\}_{i=0}^{L-1}$,根据最近距离准则更新 $\{C_i^{(t)}\}$:

$$C_i^{(t+1)} = \{\underline{x} \in \mathbf{R}^n : d[\underline{x}, \underline{y}_i^{(t)}] \leqslant d[\underline{x}, \underline{y}_j^{(t)}] \text{ 对所有 } j \neq i\} \quad (0 \leqslant i \leqslant L-1) \tag{2.42}$$

(2) 固定 $\{C_i^{(t+1)}\}$,更新 $\{\underline{y}_i^{(t)}\}$:

$$\begin{aligned} \underline{y}_i^{(t+1)} &= E[X^n \mid X^n \in C_i^{(t+1)}] \\ &= \{E[X_1 \mid X^n \in C_i^{(t+1)}], \cdots, E[X_n \mid X^n \in C_i^{(t+1)}]\} \end{aligned} \tag{2.43}$$

我们得到一个新的量化器 $Q^{(t+1)}\{C_i^{(t+1)}, \underline{y}_i^{(t+1)}\}_{i=0}^{L-1}$.重复步骤(1)与步骤(2),直到使得 $D_{Q^{(t)}} - D_{Q^{(t-1)}} \leqslant \varepsilon$,$\varepsilon$ 是一个很小的阈值.

习题 2

1. 请列出信源类型.

2. 描述熵、联合熵、条件熵和互信息之间的关系.

3. 假设有个随机变量概率为

$$P = (1/21, 2/21, 3/21, 4/21, 5/21, 6/21)$$

画出哈夫曼编码的编码树,并写出哈夫曼编码的码字.

4. 描述算术编码的具体实现过程.

5. 假设有一个二进制序列:1100111000111100001111110000,请用 Lempel-Ziv 方法对上述序列进行编码,并描述具体编码过程.

6. 描述 Lloyd-Max 算法的两个核心步骤.

7. 学习机器学习中的 K-MEANS 算法,比较其与矢量量化的区别.

参 考 文 献

[1] 蔡安妮,等.多媒体通信技术基础[M].3 版.北京:电子工业出版社,2008.

[2] 王新年,张涛.数字图像压缩技术使用教程[M].北京:机械工业出版社,2009.

[3] 杨恩辉.加拿大滑铁卢大学数字通信课程讲义.

第 3 章　音频编码基础

3.1　人的听觉特性

人的耳朵是影响编码的一个重要因素,了解人耳是如何工作的是音频编解码器设计中的一个重要环节.一般来讲,量化噪声可以被放置在最少影响信号保真度的信号频谱内,这样可以使数据速率减小,同时不引入声音失真.

在本节中,我们研究声音刺激和听觉感受之间的统计关系,这对感知音频编码器的设计非常有用.本节的主要目的是介绍音频编码器所使用的掩蔽模型背后的基本原理和数据.首先,介绍用于声压级测量的单位与人类的听觉范围,对听力阈值和掩蔽现象进行讨论,并介绍其主要性能.然后,研究听力过程的基本机制和耳朵如何充当频谱分析仪,用称为临界频带的特定频率的单位分析声音.

1. 声压

声音可以表示为关于时间的函数,以压力波的形式传到人的耳朵里.它可以表示为空气压力在时间上的变化,其中 $P(t)$ 被定义为在时刻 t 单位面积的压力.压力的标准单位是帕斯卡(简称帕,Pa),其中 1 帕=1 牛顿/米^2.用于音频应用的声压的相关值在 10^{-5} Pa(在最敏感的频率下这个声压接近人的听觉阈值)和 10^2 Pa(其对应于耳朵疼痛的阈值)之间变化.要描述这样大幅度的相关声压,我们通常选择以对数为单位定义声压级(SPL),以 dB 为单位:

$$SPL = 10 \log_{10}(p/p_0)^2 \tag{3.1}$$

其中 $p_0 = 20\,\mu\text{Pa}$,等于在音调频率 2000 Hz 左右的听力阈值的声压.

我们也经常用声音强度来描述声音.声音强度 I 是声波在单位区域的功率,它与 p^2 成正比.声压也可以用声音强度进行计算:

$$SPL = 10 \log_{10}(I/I_0) \tag{3.2}$$

声音强度 I 以 W/m^2(1 W=1 N · m/s)为单位进行测量,参考声音强度 $I_0 = 10^{-12}$ W/m^2,对应参考压强 p_0 的声强.

2. 响度

对应于声压的听觉感觉是声音的响度.响度的概念是在 20 世纪 20 年代引入描述感知声音强度的手段.响度水平被定义为 1000 Hz 的声音从正面入射平面场一样响亮的声压.在

一般情况下,一个音频信号的大小取决于它的持续时间和它的时间与频谱结构.响度的单位是 phon,phon 描述了在不同频率下的等响度曲线.可以注意到,响度与强度(或声压)是有差异的,但是差异随着强度的增加而减小,如图 3.1 所示.

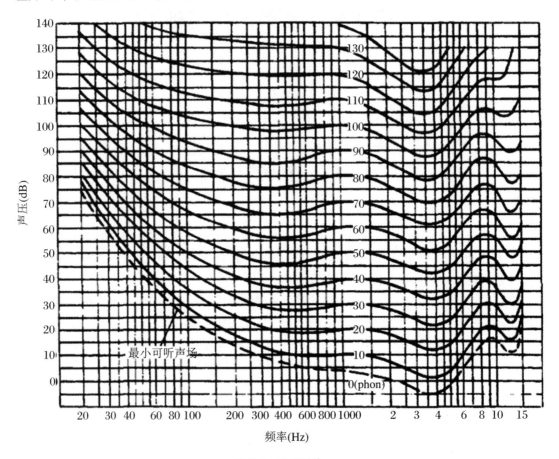

图 3.1　响度轮廓

3. 听觉范围

　　人耳的听觉可以涵盖广泛的声压级.图 3.2 显示了一个典型的人耳的听觉区域.该图显示了在不同频率下不同 SPL 的曲线.横坐标的频率范围是 20 Hz~20 kHz,一般认为它是人耳可听见的声音的频率范围.然而,应当注意的是,研究表明特别敏感的受试者可以听到 20 kHz 以上的声音.

　　图中的下部曲线代表的阈值是在稳态条件下可以听到的纯音频最低的声音水平(安静阈值).从千赫兹向上延伸的虚线代表了 2~20 kHz 声音之间的听力损失阈值,显示了中档频率区域内的变化.在该图上部的点划线为耳朵感到疼痛的阈值.疼痛和听力阈值之间表示人的听觉范围.

　　人类语言的频率范围通常为 100~8000 Hz,声压范围为 30~70 dB,典型的对话声压范围为 50~60 dB.音乐通常比语音具有更广泛的频率和声压级.例如,钢琴的 A0 调的频率为 27.5 Hz,短笛的最高频率约为 8.4 kHz.声压的动态范围为 20~95 dB.约 100 dB 的音乐使听力开始受到损伤,约 120 dB 的音乐是疼痛的阈值.

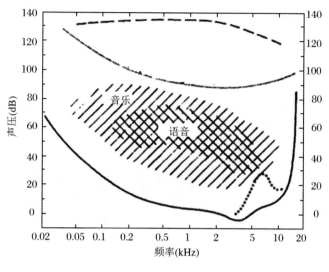

图 3.2　听觉区

4. 安静阈值

安静阈值表示在一个给定的频率下人耳可以听到的最小声压.即使在非常安静的条件下,人耳无法检测到 SPL 低于安静阈值的声音.此曲线对音频编码非常重要,因为在一个信号中低于安静阈值的频率分量与我们的声音感知是不相关的,因此,这些频率分量不需要被发送.另外,只要所发送的频率分量的量化噪声低于这个水平,它不会被人的听觉处理过程检测到.

安静阈值可以通过记录引起一个听众发生反应最低的声压来进行测量.测量可以通过给测试对象一个开关跟踪频率依赖性来实现,该开关在连续增加和连续减少测试音的声压级之间变化,测试音的频率从低值慢慢扫到高值,反之亦然.当声音绝对可听时,受试者被指示切换到递减声压级,当声音绝对听不到时,受试者被指示切换至递增声压级.通常情况下会产生锯齿形的曲线结果,如图 3.3 所示.在图 3.3 的锯齿波形中,声音绝对听不见到绝对能听见的差值约为 6 dB.锯齿波形的顶部所构成的曲线与底部所构成的曲线的平均被用来作为安静阈值的评估.

安静阈值对频率有较大的依赖性.在低频率的阈值是比较高的.在 50 Hz 听力阈值为大约 40 dB 的声压级,到 500 Hz 几乎降为 0 dB.在 500 Hz 与 2 kHz 之间阈值几乎恒定在 0 dB 附近.在 2 kHz 到 5 kHz 之间,对于具有良好听力的听众,安静阈值会降到零以下.当频率高于 5 kHz 时,安静阈值有峰值与低谷,但是总体来说会上涨.在 16 kHz 以上,听力阈值迅速增加.

安静阈值 $A(f)$ 可以用以下公式来近似:

$$A(f) = 3.64(f)^{-0.8} - 6.5e^{-0.6(f-3.3)^2} + 10^{-3}(f)^4 \tag{3.3}$$

图 3.4 绘出了以上函数与频率 f 的关系曲线图.从图中我们可以看到,曲线合理地模拟出了在图 3.3 中实验得出的结果.

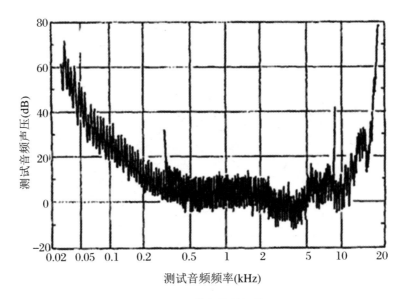

图 3.3　安静阈值的评估

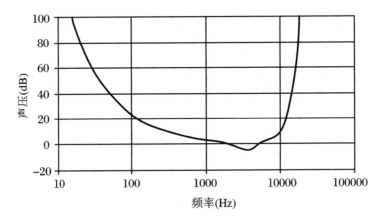

图 3.4　安静阈值近似公式的曲线图

5. 掩蔽现象

　　小的声音被大的声音掩蔽是我们日常生活中的一部分. 例如, 当在街上行走时, 如果有一辆发出大声的卡车通过, 我们通常会停止谈话, 因为我们在汽车噪声下是无法听到讲话的. 这可以被看作掩蔽的一个例子: 当大的掩蔽声(卡车)与被掩蔽声(交谈)发生在同一时间, 被掩蔽声不再能被正常听到, 这种现象被称为同步或频率掩蔽.

　　掩蔽也可发生在当掩蔽者和被掩蔽的声音不同时出现的时候. 我们将这一现象称为时间掩蔽. 例如, 一个响亮的元音在爆破辅音之前往往会掩盖辅音. 时间掩蔽是声音呈瞬态时的主要影响, 而频率掩蔽在稳定状态占主导地位. 例如, 在编码尖锐声时, 时间掩蔽起着比频率掩蔽更重要的作用.

　　1) 频率掩蔽

　　图 3.5 显示了频率掩蔽的声压曲线. 在这张图中, 我们看到一个响亮的信号掩蔽了在附近频率的其他两个信号. 除了显示听力阈值曲线, 图中标识为"掩蔽阈值"的曲线表示存在掩

蔽信号时的听力阈值.当掩蔽存在时,低于这条曲线的其他信号或频率成分不会被听到.在图 3.5 所示的例子中,两个其他信号低于掩蔽阈值,所以它们不会被听到,即使它们都远高于安静阈值.我们可以利用掩蔽阈值确认在编码中不需要传输的信号成分以及确定在不影响信号传输的情况下量化噪声的大小.

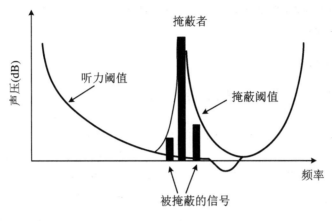

图 3.5　频率掩蔽

2) 时间掩蔽

除了同时刻的掩蔽(频率掩蔽),掩蔽现象可以扩展到掩蔽信号所在时刻以外的时间段.掩蔽可以在掩蔽者出现之前和之后发生.因此,有两种类型的时间掩蔽——前掩蔽与后掩蔽.前掩蔽发生在掩蔽者到来之前,后掩蔽发生在掩蔽者移除之后.前掩蔽是个有点意想不到的现象,因为掩蔽信号还没有到来或者打开.

图 3.6 是时间掩蔽的一个示例.200 ms 的掩蔽信号掩盖了一个非常小的持续时间相对短的音频.图中的前掩蔽持续大约 20 ms,但它只在掩蔽发生前的几毫秒是最有效的.没有确凿的实验数据可以证明前掩蔽的持续时间与掩蔽信号的持续时间有关联.虽然前掩蔽的效果没有后掩蔽与同时刻的掩蔽效果那么明显,不过在感知音频编解码器的设计中仍然是一个重要的问题,因为它与编码输入样本块所引起的"前噪声"或"前回声"效应的可听性有关."前噪声"或"前回声"出现在当编码信号的能量扩展到瞬时信号出现的时刻之前.这个现象会被考虑到感知音频编码系统的设计中,如在心理声学模型和分析/合成信号的自适应滤波器的设计中.

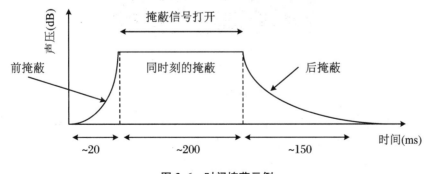

图 3.6　时间掩蔽示例

在感知音频编码器设计中的一个重要的问题是如何计算掩蔽效应.掩蔽曲线通常只对

非常简单的掩蔽者和被掩蔽者(无论是纯音还是窄带噪声)进行测量.在感知音频编码中,我们假设从简单的掩蔽信号得到的掩蔽效果可以扩展到一个复杂的信号.掩蔽阈值通过以下计算完成:① 在数据的频域表示中识别出所有的掩蔽信号;② 根据每一个掩蔽信号获得频率与时间掩蔽曲线;③ 综合每个掩蔽曲线以及结合安静阈值,创建一个代表信号的整体阈值.然后这个整体阈值或掩蔽阈值被用于识别听不见的信号分量,并用来确定量化可听信号分量所需要的比特的数目.

6. 掩蔽曲线的测量

掩蔽曲线的数据是通过受试者进行实验来收集的,这些实验记录了掩蔽信号存在时测试信号(或探针)的可听极限.

掩蔽阈值随着掩蔽者与探针的性质和特性的不同而变化很大.通常,对于频率掩蔽的测量,持续时间的正弦音调或窄带噪声可以作为探测信号和掩蔽者.对于时间掩蔽的测量,将一个短的突发或声音脉冲作为探测信号,掩蔽者的持续时间是有限的.

测量掩蔽曲线的一种方法是使用描述测量安静阈值的跟踪方法的一个变种.然而,在这种情况下,当受试者尝试识别测试信号的可听极限时,会播放一个掩蔽信号.图 3.7 显示了这样一个通过实验得出的掩蔽曲线的例子.在这个例子中,掩蔽信号是一个 1 kHz 的纯音,声压为 60 dB.下部的锯齿线是用于在没有掩蔽信号情况下,对受试者测得的安静阈值.上部的锯齿线是当掩蔽信号播放时的可听阈值.请注意,在这种情况下,在靠近掩蔽者的频率时掩蔽是最强的,当测试信号在任一方向移动离开掩蔽者频率时,掩蔽强度迅速下降.

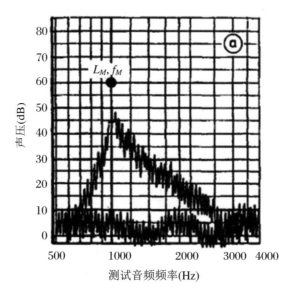

图 3.7　掩蔽曲线的实验结果示例

这些特征往往是相当普遍的.还要注意的是,最高掩蔽幅度大致比掩蔽者的信号幅度低 15 dB,往低频方向降低的速度比往高频方向更快些.这些特性往往非常依赖于掩蔽信号和测试信号的细节.下面我们总结了一些频率掩蔽曲线的主要特征.

1) 窄带噪声掩蔽纯音

在窄带噪声掩蔽纯音的情况下,掩蔽者是带宽等于或小于临界频带(临界带宽的定义见下一段)的噪声.图 3.8 显示了以 250 Hz、1 kHz 和 4 kHz 为中心的窄带噪声掩蔽纯音的掩蔽阈值.噪声带宽分别是 100 Hz、160 Hz、700 Hz.中心频率上下的噪声曲线很陡,每倍频下降超过 200 dB.根据噪声强度、密度与带宽进行计算,掩蔽者的声压为 60 dB.图中水平虚线显示了噪声的声压幅度,实线表示刚刚可以被听见的测试纯音的幅度,底部的虚线代表安静阈值.

取决于掩蔽者的频率,掩蔽阈值曲线呈现出不同的特点.1 kHz 和 4 kHz 窄带噪声掩蔽阈值的频率依赖性是相似的,250 Hz 的阈值曲线要宽一些.在一般情况下,低频掩蔽信号的掩蔽阈值曲线更宽(作图时,按照惯例,使用对数频率标度).掩蔽阈值在近掩蔽中心频率达到最大值.从低频(每倍频超过 100 dB)开始,掩蔽曲线非常陡峭,在达到最大值后出现略微平缓的下降.

某一频率信号成分和掩蔽阈值的幅度差被称为信号掩蔽比(Signal to Mask Ratio,SMR).SMR 越高表示掩蔽水平越低.在音频编码设计中,掩蔽信号和它生成的掩蔽曲线之间的 SMR 最小值是音频编码设计中一个非常重要的参数.对于一个给定的掩蔽信号,SMR 的最小值往往会随着掩蔽信号频率的增加而增加.例如,图 3.8 中,中心频率为 250 Hz 的掩蔽噪声的 SMR 最小值为 2 dB,中心频率为 1 kHz 时 SMR 最小值为 3 dB,中心频率为 4 kHz 时 SMR 最小值为 5 dB.

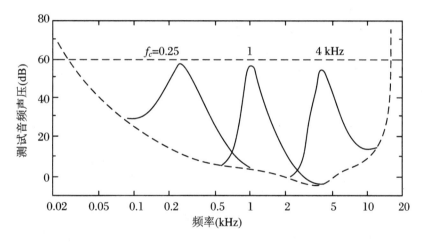

图 3.8　60 dB 窄带噪声的掩蔽阈值

图 3.9 显示了以 1 kHz 为中心的窄带噪声在不同声压级别下的掩蔽阈值.SMR 的最小值大约在 3 dB 保持不变.当频率低于掩蔽信号的频率时,每个测量的掩蔽曲线很陡峭,似乎跟掩蔽信号的声压无关.相比之下,掩蔽曲线向高频方向的斜率对掩蔽信号的幅度表现出明显的敏感性.注意,随着掩蔽信号幅度增加,斜率绝对值看上去降低了.一般来说,掩蔽曲线的频率依赖性是非线性的.

2) 纯音掩蔽纯音

虽然早期关于掩蔽现象的大部分工作是基于纯音掩蔽纯音的测量,但由于拍频现象,这种掩蔽实验比噪声掩蔽实验实现起来存在更大的困难.在此类实验中,受试者有时也听到了除了掩蔽信号和探测信号以外的纯音.最主要的拍频效应,位于掩蔽信号频率的附近,它由掩蔽信号的幅度决定.图 3.10 显示了 1 kHz 掩蔽信号在不同声压下的掩蔽结果.在这个实验中,为避免拍频,当探测信号到达 1 kHz 的频率(等于掩蔽信号的频率)时,探测信号与掩蔽信号的相位差设为 90 度.有趣的是在掩蔽信号的幅度较低时,掩蔽曲线向较低频率的扩

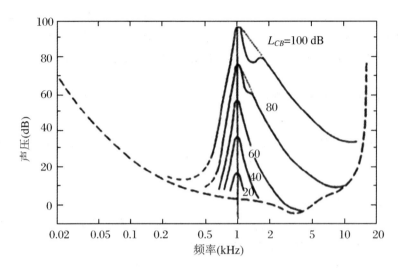

图 3.9 以 1 kHz 为中心的窄带噪声在不同声压级别下的掩蔽阈值

展大于向较高频率的扩展.在掩蔽信号的幅度较高时,情况正好相反,在高频上比低频率有更大的扩展.

一般来说,纯音掩蔽纯音实验中的最小 SMR 要大于噪声掩蔽纯音实验的结果.举个例子,在图 3.10 中我们可以看到,90 dB 的掩蔽曲线大约在 75 dB 达到峰值,意味着最小 SMR 为 15 dB.这些类型的结果已经被多次重复,似乎暗示着噪声比纯音能实现更好的掩蔽.这种现象在文献中被称为"掩蔽的不对称性".

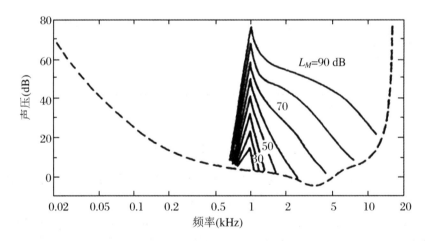

图 3.10 1 kHz 掩蔽信号在不同声压下的掩蔽结果

3)窄带噪声或纯音掩蔽窄带噪声

感知音频编码中的掩蔽模型依赖于量化噪声可以被信号掩蔽的假设.通常情况下,编解码器的量化噪声远比纯音频要复杂得多.因此,在这种前提下,一个合理的掩蔽模型最好通过收集窄带噪声或纯音掩蔽窄带噪声的实验数据来推导获得.不幸的是,文献中几乎没有数据来解决这个问题.一般来说,当掩蔽信号为纯音时,最小 SMR 的值高于掩蔽信号为噪声的情况.

7. 临界带宽

在测量频率掩蔽曲线时,可以观察到,掩蔽信号频率的附近有一个狭窄的频率范围,掩蔽阈值是水平的而非下降的.例如,图 3.11 显示了以 2 kHz 为中心的声压为 50 dB 的两个纯音掩蔽信号掩蔽窄带噪声时,掩蔽阈值与两个纯音频率间隔之间的曲线.注意掩蔽阈值在频率间隔很小时为 33 dB,直到相隔约 300 Hz 时迅速下降.

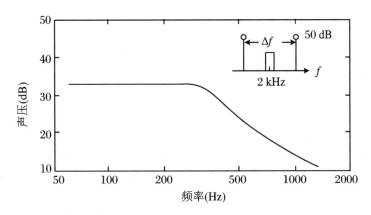

图 3.11　掩蔽阈值测试示例:掩蔽信号为纯音

图 3.12 显示了掩蔽信号为窄带噪声和测试信号为纯音的情况下类似的结果.可以观察到掩蔽阈值开始时一直为水平,直到掩蔽信号与测试信号相差 150 Hz.还可以观察到掩蔽阈值的幅度在开始时约为 46 dB(仅使用纯音时大约 33 dB)的频率间隔,这与我们早期的发现一致,噪声掩蔽的效果大于纯音掩蔽.

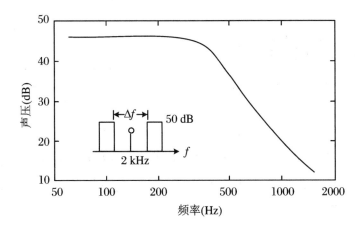

图 3.12　掩蔽阈值测试示例:掩蔽信号为两个窄带噪声

然而,主要问题是,在掩蔽信号周围有一个所谓的"临界带宽",无论掩蔽信号的类型如何,它都显示一个恒定的掩蔽阈值.临界带宽的概念最早在 1940 年由 Harvey Fletcher 提出.

自从 Fletcher 的早期工作以来,研究者已经开发了不同的测量临界带宽的方法,得出的经验数据对低于 500 Hz 的频率似乎大不相同.在 Fletcher 的开创性成果和后来 Zwicker 的研究成果中,临界带宽在 100～500 Hz 的掩蔽频率时是恒定的,对于更高的掩蔽频率,临界

带宽约等于掩蔽频率的 1/5. 一个被广泛接受的临界带宽随掩蔽中心频率 f_c 变化的函数为

$$\Delta f = 25 + 75[1 + 1.4(f_c)^2]^{0.69} \tag{3.4}$$

3.2　音频信号的数字化

3.2.1　音频信号的表示

我们听见一个声音,并想存储它以便以后可以重新播放——我们需要捕获什么样的信息呢? 物理学家告诉我们声音是空气中的一个压力波(振动),我们可以使用一个物理设备对压力波进行测量,之后机械地复制该压力波,这是爱迪生以及早期留声机制造商利用的规则. 电子技术的发明允许我们将压力波转换成可以存放在多种存储媒介的电压读数,例如将变化的磁化读数存储到一条磁带中. 类似技术的基本原理是一致的——通过随时间变化的振幅来表示声音. 这告诉了我们声音信号可以基本表示为随时间变化的函数 $x(t)$,如图 3.13(a)所示.

然而,当听见一个声音时,我们可以听出不同声调内容之间的区别,这些区别告诉了我们关于声音的某些东西. 例如,某些声音听起来是类似于转轴摩擦的门产生的高声调,又或者是类似于半球形铜鼓发出的隆隆声嘶的低音调. 由于我们是在音调上感知声音的,在各种情形下将音频表示为频率的某个函数 $X(f)$ 更为合理[见图 3.13(b)].

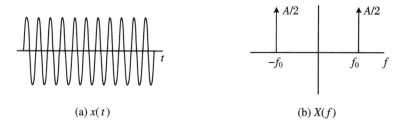

(a) $x(t)$ 　　　　　　(b) $X(f)$

图 3.13　频率为 f_0、幅度为 A 的音频信号的时域与频域表示

如果想更有效地表示音频信号可以使用音频编码,它允许以一个紧凑的方式表示声音而不丧失其知觉上的特征.

3.2.2　音频编码

1. 数字音频编码器是什么?

精确地说,数字音频编码器是什么? 自然界中的声音都具有某些类似的特征. 由于生活在计算机时代,我们更倾向于将声音存储为数字信息以便数字化地记录、处理、传输和播放音频信号. 一个典型的数字音频编码器或编解码器,是一个以模拟的音频信号作为输入并将其临时地转换成一个便携的数字信号表示的装置.这个转换发生在编码器的编码阶段.一旦将信号表示成一系列的数字后,我们便可以对其进行存储、处理或者传输.某些情况下,我们还想听到记录的声音,为此我们需要将声音的数字信号转换成人耳可以听到的模拟信号.这种从数字信号转换成模拟信号的反向转换发生在编解码器的解码阶段.

　　一般地,一个音频编码器或编解码器是一个以音频信号作为输入并以感知上相等(或非常接近)的输入信号的延迟拷贝作为输出的设备.图 3.14 展示了典型的数字音频编码链.每个音频编码链的第一个阶段是声音的来源,最后一个阶段是人耳.编码链中的这两个部分在音频编码器的设计中起到重要作用,因而十分重要.如果我们在某种情况下能对音源有一个比较好的理解,那么我们便可以优化表示音频信号的方式.例如,我们可以使用音频的更确切的表示来代表音频信号.同样需要考虑的还有应用人耳模型和声学因素来减少音频信号的数字表示中与我们感知不相关的信息量.

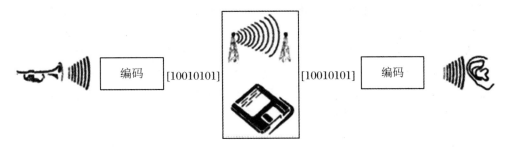

图 3.14　数字音频编码链

　　一旦我们确定需要获得音频信号的数字表示,在实施这一变换时就需要权衡利弊.一般地,我们更倾向于使得感知的质量最大化,同时使得表示音频信号所需的信息量最小化.设计一款音频编码系统的挑战就在于权衡这两个相互冲突的目标并且维持一个可接受的低成本系统.

　　在设计或评估一款音频编码器时我们需要考虑的最重要的因素有保真度、数据速率、复杂度与延迟.这些因素之间的平衡将由对这些因素进行支持的技术的应用来决定.

　　保真度表示一款编解码器的输出与原始输入信号的相等程度.整体系统质量是一个编码系统最重要的性质.然而,根据应用情况,我们可能遇到对可接受质量不同的需求.例如,所谓"通话级质量"可满足理解说出的话的应用需求,但不能满足音乐的电子化产品需求,在这类需求上需要"CD 级"音频信号质量.不幸的是,高保真度通常需要更高的数据率、更高的系统复杂度和更长的系统时延.

　　音频编码系统的数据率和系统的吞吐量、存储空间以及带宽有关.典型地,我们需要考虑音频信号使用的存储、传输以及回放带来的限制.这些限制以及我们应用的目标质量是决定系统数据速率的因素.更高的数据速率意味着更高的传输和存储数字音频信号的成本.

　　系统执行编码/解码过程的复杂度会转变为编码器和解码器的硬件上和软件上的成本.此外,目标应用场景将会给出类似于什么样的取舍是可接受的指导意见.例如,在一个单点-多点的广播系统中,低成本以及广泛传播的解码器是可取的.在这种情况下,我们通常试图把更多的必要的处理复杂度保留在编码器中以减少解码器的成本.另外,通过恰当地设计编码/解码系统,我们可以获得在编码过程中进行一些改进的能力而无需修改(或替换)市场中已经安装好的解码器设施.反之,如果我们需要对音频信号进行实时的编码/解码,比如基于互联网的视频会议,那么重要的是降低编码器和解码器的复杂度.需要指出的是,随着内存成本的逐年下降和计算能力的逐年上升,几年前令人望而却步的复杂度在今天看来已经是可以接受的了.有些人甚至提出在不远的将来复杂度将不会成为一个系统设计需要考虑的问题.然而,实现成本仍然是设计一款编解码器的重要考虑因素.

设计一款音频编码器的其他重要因素包括编码时延(例如电话和电话会议)、可伸缩性(例如在网络广播中向用户提高不同的连接速度)以及健壮性(例如无线传输).总之,我们假设任何音频编码系统的设计目标都是在低数据率下保证高保真度,另外尽可能地降低系统的复杂度.

2. 最简单的编码器——PCM

脉冲编码调制(Pulse Code Modulation,PCM)是最简单、最容易理解以及最早建立的音频编码器.PCM 编码器和解码器的结构图如图 3.15 所示.在 PCM 编码器中,模拟音频信号按一定的时间间隔进行采样,之后每个采样中的信号幅度被量化为一组有限的数字编码,每个编码代表一个信号的幅度范围.尽管我们可以利用足够多的采样来避免信息损失,但是量化过程是一个有损过程,因而原始信号中的某些信息还是不可避免地丢失了.

在 PCM 编码器的解码阶段,量化的编码信号被解码,之后对离散时间样本进行插值以产生输出的模拟信号.量化过程中使用的离散值个数越多,输出信号越接近原始信号.

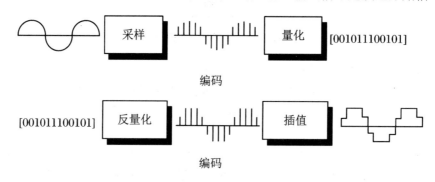

图 3.15 PCM 编码器的结构图

3. 音频信号的存储格式——光盘格式

音频 PCM 编码方式的一个广泛应用是光盘(CD)格式.CD 格式由索尼和飞利浦在 20 世纪 80 年代中期提出,是对存储技术、激光读取技术和错误纠正技术进行多年研究的成果.CD 格式在市场上广泛流行,我们可以在多达百万级的诸如家庭娱乐系统、汽车、随身听以及计算机系统等中找到它.

在 CD 格式中,音频信号被数字化表示为一个立体声信号(即双通道音频信号),以 $0.023\,\mathrm{ms}$ 为时间间隔进行采样,或者等价地以采样率 F_s 进行采样,$F_{sCD} = 44.1\,\mathrm{kHz}$.也就是说,相邻时间采样的采样间隔等于采样频率的倒数.这个采样频率足以保存高至 $22.05\,\mathrm{kHz}$ 的频率成分.从生理学角度看,CD 的采样频率是精挑细选的,因为人类听力的频率上限平均在 $20\,\mathrm{kHz}$ 附近.

可能有些人会猜想为什么会采用这么"奇怪"的数字而不是采用 $40\,\mathrm{kHz}$ 或 $48\,\mathrm{kHz}$ 之类更自然的采样率?事实上,$44.1\,\mathrm{kHz}$ 的采样率仅仅是一个历史的遗留物.在 CD 格式开发过程的早期阶段,一种装有活动录像带盒的录像机(VCR)用这个频率采样并存储音频数据.

音频采样精度取决于表示每个采样所使用的比特或位数 R. 在 CD 标准中, R 等于 16, 这个精度允许多达 $2^{16} = 65536$ 个离散值来表示音频采样的幅度,并且覆盖了超过 90 dB 的名义上的动态极限.

在诸如 CD 的数字系统中,系统质量的一个测量量度是以分贝为单位的信噪比(SNR). CD 的信噪比的典型值接近 90 dB. 虽然这个信噪比已经大体上很好了,心理声学研究表明在中频部分(2~5 kHz)该信噪比不能满足所有的听众需求. 在这个频率范围内,人耳非常敏锐. 因而每个采样信号需要更多的比特才能高质量地还原声音. 理想情况下,在这个频率范围内,需要 18~20 个比特来描述每个音频采样.

系统的比特率或数据率 I,即每个通道每秒比特数(或 kbit/s, Mbit/s),通过采样率乘以音频采样精度得到. 在 CD 中,比特率为 $I_{CD} = F_{sCD} \cdot R_{CD} = 705.6$ kbit/s,每个音频通道,或 $I_{CDTotal} = 0.7056 \times 2 = 1.4112$ Mbit/s,可以存储到 CD 中的音乐最大长度大概是 75 分钟. CD 中分给音频的全部存储空间必须小于 800 MB. CD 的最大长度的限制也是来自历史上 CD 格式开发过程和 CD 中必须有一些空间用来存放错误纠正数据与控制数据这样的一个事实.

4. 潜在编码错误

任何一个编码模式,就算是如 PCM 编码这样的简单模式,仍然会在信号中引入几种类型的错误. 错误可以从不充分的采样、不充分设计的量化系统以及传输和存储过程中的损坏等情形被引入进来. 下面介绍几种在一个音频编码器中可能发生的潜在错误:

采样错误——如果我们以一个比较大的时间间隔进行采样会发生什么? 这样做会使某些信号频率偏移到不属于其所在频率部分的频率上去. 在采样率一半以上的信号频率会被映射到低频部分,产生一个值得注意的称为"偏移"的畸变. 偏移可以通过采用一个合适的采样率或者将信号通过一个消除会发生偏移的频率部分的低通滤波器来避免. 尽管低通滤波可能导致信号在听觉上可以感知的变化,但这些变化远比偏移错误带来的困扰要小.

量化错误——我们会遇到两种类型的量化错误:过载错误和舍入错误. 过载错误会在输入信号范围超过量化器的最大值时发生. 这种错误十分恼人,应该小心地避免这种错误. 作为对比,舍入错误一定会发生在量化过程中,音频编码的目标是将其减少到听觉上不会感知到的程度. 假设在某时刻 t 输入的信号为 $x_{in}(t)$,量化输出信号为 $x_{out}(t)$,则量化误差 $q(t) = x_{out}(t) - x_{in}(t)$. 信噪比定义为

$$SNR = 10\log 10(\langle x_{in}^2 \rangle / \langle q^2 \rangle) \tag{3.5}$$

存储和传输错误——存储媒介和传输通道会在存储或传输的信号中引入错误. 在存储/传输的信号中可以添加额外的比特来检查甚至纠正有限数量的错误.

5. 一个更为复杂的编码器

在介绍 CD 格式时我们指出,尽管采用了比较高的数据率,声音中的中频范围内的潜在的可感知的舍入错误可能会被引入. 如果应用目标是在采用 CD 的数据速率或者更小的数据速率下,我们需要更"智能"的音频编码模式.

作为更为智能的方法的一个例子,考虑将时域的信号表示(如 PCM)转化成频域,这样就可以依据信号的频率内容为频谱动态分配比特数. 这种方式下,编码器可以把人耳的动态

范围的低频部分占用的比特分配给人耳比较敏感的中频部分.在解码器中,应用相反的从频域到时域的比特分配和转换过程.结构图 3.16 展示了这样的编码过程.

可能有人会问:"我们是否需要如此复杂的编码器?"如果我们查看音频信号的 CD 表示,可以发现在表示该信号时有许多重复的信息被保存下来了.

一般而言,尽管类似正弦波这样的简单波不太可能用来表示声音,但是音频信号的统计特性是准周期性的.声音的这种重要特征意味着大多数情况下声音的 PCM 编码包含了大量的冗余信息.这些冗余可以简单地通过对信号应用一个频率变换和为典型的频谱分配比特来消除.其他的减少信号冗余的方法同样可以用来减少信号中的冗余部分,这些方法有预测方法和利用符号的统计特征的熵编码(如哈夫曼编码).

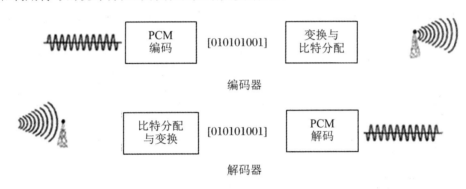

图 3.16　更复杂的编码器

信号的 PCM 表示通常也包含非常多的无关信息,如无法感知的信号内容.例如,声音中的低频部分通常不能被感知到,或者某个可感知的声音被音量更大的声音所掩蔽掉.这种信息没有必要被保存到编码的信号中.感知音频编码器通过减少音频信号表示中的冗余和无关信息来减少信号的比特率.

3.3　数字化音频文件格式——WAVE

WAVE 文件是计算机领域最常用的数字化声音文件格式之一,它是微软公司专门为 Windows 系统定义的波形文件格式(Waveform Audio),其扩展名为.wav.

WAVE 文件内部有很多不同的压缩格式,现在一些程序生成的 WAVE 文件都或多或少地含有一些错误.这些错误的产生不是因为单个数据压缩和解压缩算法有问题,而是因为在压缩时和解压缩后没有正确地组织好文件的内部结构.所以,正确而详细地了解各种 WAVE 文件的内部结构是成功完成压缩和解压缩的基础,也是生成特有音频压缩格式文件的前提.

最基本的 WAVE 文件是基于 PCM(脉冲编码调制)格式的,这种文件直接存储采样的声音数据,没有经过任何的压缩,是声卡直接支持的数据格式.

1. WAVE 文件的内部结构

WAVE 文件是以 RIFF(Resource Interchange File Format,资源交互文件格式)来组织内部结构的.RIFF 文件结构可以看作树状结构,其基本构成是称为"块"(Chunk)的单元,最顶端是一个"RIFF"块,下面的每个块由"类型块标识(可选)""块标识符""数据大小"及"数据"等项所组成,块的结构如表 3.1 所示.

表 3.1　块的内部结构

名　　称	大小(字节数)	描　　　述
块标识符	4	4 个小写字符(如"fmt""fact""data"等)
数据大小	4	DWORD 类型,表示后接数据的大小(N Bytes)
数据	N	本块中正式数据部分

上面说到的"类型块标识"只在部分块中用到,如"WAVE"块中,这时表示下面嵌套有别的块,当使用了"类型块标识"时,该块就没有别的项(如块标识符、数据大小等),它只作为文件读取时的一个标识.我们可以先找到这个"类型块标识",再以它为起始位置读取它下面嵌套的其他块.

每个文件最前端写入的是 RIFF 块,每个文件只有一个 RIFF 块.非 PCM 格式的文件会加入一个"fact"块,它用来记录数据解压缩后的大小.

2. WAVEFORMAT 结构

WAVE 的格式块,或者叫作"fmt"块的基本结构 WAVEFORMATEX 定义如下:

```
typedef struct {
    WORD    wFormatag;          //编码格式,包括 WAVE_FORMAT_PCM
    WORD    nChannels;          //声道数,单声道为 1,双声道为 2
    DWORD   nSamplesPerSec;     //采样频率
    DWORD   nAvgBytesPerSec;    //每秒的数据量
    WORD    nBlockAlign;        //每一块字节的数量
    WORD    wBitsPerSample;     //采样分辨率
    WORD    cbSize;             //PCM 中忽略此值
}WAVEFORMATEX;
```

wFormatag 是格式标识,其值为 1 时,表明数据是 PCM 信号;其值为 2 时,表明数据是 ADPCM(自适应差分脉冲编码)信号;其值为 85 时,表明数据是 MP3 编码信号.nChannels 是指声道的数目,单声道为 1,双声道为 2.nSamplesPerSec 表明采样的频率,常用的采样频率有 44.1 kHz,48 kHz 与 32 kHz 等.nAvgBytesPerSec 是指每秒的数据量,以字节为单位.nBlockAlign 指每一块字节的数量.wBitsPerSample 是指采样分辨率,即每个采样信号用多少位来表述.cbSize 在扩展的格式块会用到,是指扩展的信息有多少个字节.

3. "fact"块的内部组织

在非 PCM 格式的文件中,一般会在 WAVEFORMAT 结构后面加入一个"fact"块,结构如下：

```
typedef struct{
    char[4];                    //"fact"字符串
    DWORD chunksize；           //块大小
    DWORD datafactsize；        //数据转换为 PCM 格式后的大小
}factchunk；
```

datafactsize 是这个块中最重要的数据,如果这是某种压缩格式的声音文件,那么从这里就可以知道解压缩后文件的大小,这对于解压时的计算会有很大的好处.

4. "data"块的内部组织

从"data"块的第 9 个字节开始,存储的就是声音信息的数据了[前 8 个字节存储的是标志符"data"和后接数据大小 size(DWORD)].这些数据可能是压缩的,也可能是没有压缩的.PCM 中的声音数据没有被压缩,如果是单声道的文件,采样数据按时间先后顺序依次存入(它的基本组织单位是字节,8 比特或字,16 比特).如果是双声道的文件,采样数据按时间先后顺序交替存入.

5. WAVEFORMATEXTENSIBLE

结构体 WAVEFORMATEXTENSIBLE 主要用于通道数大于 2 或每个采样信号需要用大于 16 位的数据来表示的情况.

WAVEFORMATEXTENSIBLE 定义如下：

```
typedef struct {
    WAVEFORMATEX    Format；
    union {
        WORD    wValidBitsPerSample；
        WORD    wSamplesPerBlock；
        WORD    wReserved；
    } Samples；
    DWORD    dwChannelMask；
    GUID     SubFormat；
} WAVEFORMATEXTENSIBLE；
```

Format 是 WAVEFORMATEX 结构体变量,wFormatTag 的值必须是 - 2 或 0XFFFE.cbSize 成员的值必须至少为 22.

wValidBitsPerSample 代表每个信号实际用了多少位,例如,如果音频格式中每个采样信号使用 20 比特来表示,则 wBitsPerSample 至少设置为 24(8 的整数倍),而 wValidBitsPerSample 则设置为 20.

wSamplesPerBlock 表示一个音频数据压缩块中包含的采样数量.该值被用于缓冲区估计中.如果音频数据压缩格式中包含了不同的采样数量,那么该值可被设置为 0.在这种情况下,缓冲区估计和位置信息需要通过别的方式获得.

wReserved 保留给操作系统内部使用,设为 0.

SubFormat 为数据的子格式,例如 KSDATAFORMAT_SUBTYPE_PCM.子格式信息

类似于 WAVEFORMATEX 结构体中 wFormatTag 成员提供的标签.

dwChannelMask 是位掩码,指定了在多通道数据流中目前使用的是哪个通道.最低位代表左前方的扬声器,接下来的次低位代表右前方的扬声器,以此类推.以位序安排的各个比特的定义如表 3.2 所示.由 dwChannelMask 指定的通道必须以规定的顺序出现,从最低位依次向上.例如,如果仅指定了 SPEAKER_FRONT_LEFT 和 SPEAKER_FRONT_RIGHT,那么在交织数据流中由左前方扬声器的采样必须首先出现.在 dwChannelMask 中设置的比特数应该和在 WAVEFORMATEX.nChannels 中指定的通道数相同.

WAVEFORMATEXTENSIBLE 可以描述所有 WAVEFORMATEX 格式可以描述的音频格式,并且提供了对诸如大于双通道的多通道、每个采样信号使用大于 16 位的采样精度,以及对新的编码方案等新特性的额外支持.

表 3.2　dwChannelMask 位定义表

扬　声　器　位　置	比特标识
SPEAKER_FRONT_LEFT	0x1
SPEAKER_FRONT_RIGHT	0x2
SPEAKER_FRONT_CENTER	0x4
SPEAKER_LOW_FREQUENCY	0x8
SPEAKER_BACK_LEFT	0x10
SPEAKER_BACK_RIGHT	0x20
SPEAKER_FRONT_LEFT_OF_CENTER	0x40
SPEAKER_FRONT_RIGHT_OF_CENTER	0x80
SPEAKER_BACK_CENTER	0x100
SPEAKER_SIDE_LEFT	0x200
SPEAKER_SIDE_RIGHT	0x400
SPEAKER_TOP_CENTER	0x800
SPEAKER_TOP_FRONT_LEFT	0x1000
SPEAKER_TOP_FRONT_CENTER	0x2000
SPEAKER_TOP_FRONT_RIGHT	0x4000
SPEAKER_TOP_BACK_LEFT	0x8000
SPEAKER_TOP_BACK_CENTER	0x10000
SPEAKER_TOP_BACK_RIGHT	0x20000

3.4 时域到频域的变换

在接下来的章节中,我们讨论将音频信号从时域映射到频域的常用技术. 在编码中,我们通常可以通过将音频信号的频率分量进行分割,然后适当地分配可用的比特或位数来减少音频信号中的冗余.

3.4.1 傅里叶变换

傅里叶变换是将时域信号 $x(t)$ 转换到其对应的频域 $X(f)$ 的基本工具. 傅里叶函数被定义为

$$X(f) \equiv \int_{-\infty}^{\infty} x(t)\mathrm{e}^{-\mathrm{j}2\pi ft}\mathrm{d}t \tag{3.6}$$

傅里叶反变换是将信号从 $X(f)$ 转回到 $x(t)$,其定义为

$$x(t) = \int_{-\infty}^{\infty} X(f)\mathrm{e}^{\mathrm{j}2\pi ft}\mathrm{d}f \tag{3.7}$$

通过推导,我们发现傅里叶反变换确实能够将信号重建:

$$
\begin{aligned}
\int_{-\infty}^{\infty} X(f)\mathrm{e}^{\mathrm{j}2\pi ft}\mathrm{d}f &= \int_{-\infty}^{\infty}\left[\int_{-\infty}^{\infty} x(s)\mathrm{e}^{-\mathrm{j}2\pi fs}\mathrm{d}s\right]\mathrm{e}^{\mathrm{j}2\pi ft}\mathrm{d}f \\
&= \int_{-\infty}^{\infty}\left[\int_{-\infty}^{\infty} \mathrm{e}^{-\mathrm{j}2\pi f(s-t)}\mathrm{d}f\right]x(s)\mathrm{d}s \\
&= \int_{-\infty}^{\infty} \delta(s-t)x(s)\mathrm{d}s \\
&= x(t) \tag{3.8}
\end{aligned}
$$

式(3.8)中 $\delta(t)$ 为冲击响应函数. 傅里叶反变换告诉我们 $x(t)$ 可以用关于 $X(f)$ 的组合来表示. $X(f)$ 其实表达了信号在频率 f 处的强度. 因此,傅里叶变换是可以用来获得 $x(t)$ 特定频率成分的方法,可以用来计算信号在该频率处的强度. 傅里叶变换使得我们可以在频域中分析时域的信号.

注意,尽管我们只处理实数值的声音信号,傅里叶变换是通过复数指数来计算的,因此傅里叶变换的值是个复数值. 实际上,对于实值信号,$X(f)^* = X(-f)$,这意味着 $X(f)$ 的实部是 $X(f)$ 和 $X(-f)$ 的均值,虚部是它们的差除以 $2\mathrm{j}$. 欧拉公式告诉我们 $\cos(2\pi ft)$ 在正负频率处有相等的实值系数,然而 $\sin(2\pi ft)$ 在正负频率处有符号相反的纯虚部系数. 类似地,任何一个与纯余弦分量相位不同的正弦信号在傅里叶变换中只会有虚部成分.

考虑以下随时间变化的信号 $x(t) = A\cos(2\pi f_0 t + \varphi)$,当相位 $\varphi = 0$ 时,它是一个频率为 f_0 的纯余弦函数,当相位 $\varphi = -\pi/2$ 时,它是纯正弦函数.

我们计算上述函数的傅里叶变换:

$$X(f) = \int_{-\infty}^{\infty} x(t)e^{-j2\pi ft}\,dt$$

$$= \int_{-\infty}^{\infty} A\cos(2\pi f_0 t + \varphi)e^{-j2\pi ft}\,dt$$

$$= \int_{-\infty}^{\infty} A\frac{1}{2}(e^{j2\pi f_0 t + j\varphi} + e^{-j2\pi f_0 t - j\varphi})e^{-j2\pi ft}\,dt$$

$$= \frac{A}{2}e^{j\varphi}\int_{-\infty}^{\infty} e^{-j2\pi(f-f_0)t}\,dt + \frac{A}{2}e^{-j\varphi}\int_{-\infty}^{\infty} e^{-j2\pi(f+f_0)t}\,dt$$

$$= \frac{A}{2}e^{j\varphi}\delta(f - f_0) + \frac{A}{2}e^{-j\varphi}\delta(f + f_0) \tag{3.9}$$

注意,傅里叶变换只有在正负频率 f_0 处有分量.这个随时间变化的信号的周期为 $T_0 = 1/f_0$,而且我们观察到只有在 $1/T_0$ 的整数倍频率处有分量.我们会看到这是周期函数的一般特性.由于相位项 $e^{\pm j\varphi}$ 的存在,我们发现傅里叶变换一般都是复数值.通过观察也能发现,对于实数信号 $x(t)$,$X(f)^* = X(-f)$.最后,我们注意到可以通过使用振幅 A、频率 f_0、相位 φ 三个变量来表示一个信号,相比较于存储 $x(t)$ 在每个时间点上的值减少了不少数据量.

3.4.2　声音信号的简要特性

我们总是希望总结出声音信号的一般特性,以至于能够定义对广泛的相似信号正常编码的编码器.一些最重要的特性包括偏移 $\langle x \rangle$、能量 E、平均功率 P 和标准差 σ.在定义这些量时,我们考虑只在 $-T/2 \sim T/2$(T 为时间范围)范围内非 0 的有限时间长的信号.你可能会发现这些定义都在 T 趋近于无穷大的基础上,事实上,我们是在有限的时间范围 T 内进行计算的.

平均值或者偏移量是信号强度测量的一种方法,平均值定义为

$$\langle x \rangle \equiv \frac{1}{T}\int_{-T/2}^{T/2} x(t)\,dt \tag{3.10}$$

一般情况下声音信号的均值为 0.

信号的平均功率是声波能量速率的测量方式,定义为

$$P \equiv \frac{1}{T}\int_{-T/2}^{T/2} x(t)^2\,dt \tag{3.11}$$

注意,功率被定义为瞬时功率 $P(t) = x(t)^2$ 在时间上的平均.如果我们把 $x(t)$ 看作电压,可以回顾到电学的定义:功率 = 电压^2/电阻.

信号的能量是实时功率在时间上的积分,被定义为

$$E \equiv \int_{-T/2}^{T/2} x(t)^2\,dt = PT \tag{3.12}$$

标准差 σ 是信号去除平均值 $\langle x \rangle$ 之后的平均功率的测量方式,其定义为

$$\sigma^2 \equiv \frac{1}{T}\int_{-T/2}^{T/2} [x(t) - \langle x \rangle]^2\,dt = P - \langle x \rangle^2 \tag{3.13}$$

注意功率和标准差的平方在没有偏移时是相等的,声音信号的偏移值一般为 0.

为了直观感受信号的特性,我们计算一下频率为 f_0 的纯正弦函数的这些特性.我们观察比 T_0 更长的积分项 T,由于正弦信号在整数个周期时间上的积分为 0,我们观察到函数偏移量的极限值为 0,即 $\langle x \rangle \approx 0$.

我们知道余弦信号的平方在一个周期上的积分等于 $1/2$，所以 $P \approx 1/2A^2$。由于偏移量大约等于 0，标准差 σ 可以重写为 $\sigma = \sqrt{P} = \dfrac{\sqrt{2}}{2}A$。最后，我们能够利用能量与平均功率之间的关系得到 $E = PT$。

注意，以上所有这些特性在 T 趋近于无穷大时除了正弦信号的能量变成了无限，其他每项特性都是一个正常的参数。与之相反，如果将一个有限长的信号进行扩展，当 T 趋近于无穷大时，偏移量、功率、标准差 σ 全部趋向于 0，因为在扩展信号以外的零信号值占了支配地位。另外，在实践中，所有的这些属性通常是在一个有限的范围内计算的，以 T 趋近于无穷大来计算通常是不必要的，但令人惊讶的是这是常见的操作。一个信号的傅里叶变换也可以用来计算信号上面的属性。例如，偏移与频率等于 0 的傅里叶变换相关：$\langle x \rangle = \dfrac{1}{T}X(0)$。其中，如果真正的信号不是时间有限的，在做傅里叶变换之前，我们限制了信号的时间窗口为 $-T/2 \sim T/2$，这与我们对信号汇总性质的定义一致。换句话说，我们使用时限信号而不是真正的信号 $x(t)$ 来计算傅里叶变换：

$$x(t)' = \begin{cases} x(t), & -T/2 < t \leqslant T/2 \\ 0, & t \text{ 为其他值} \end{cases} \tag{3.14}$$

声音信号往往有 0 偏移等价于 0 频率处的傅里叶分量极小。

另一个例子，帕塞韦尔定理告诉我们，信号的能量能够被写作频域信号 $X(f)$ 平方的积分：

$$E = \int_{-\infty}^{\infty} |X(f)|^2 \mathrm{d}f \tag{3.15}$$

$|X(f)|^2$ 也被称为功率谱密度。

帕塞韦尔定理证明如下：

$$\begin{aligned} E &= \int_{-\infty}^{\infty} x(t)^2 \mathrm{d}t \\ &= \int_{-\infty}^{\infty} \left[\int_{-\infty}^{\infty} X(f) \mathrm{e}^{\mathrm{j}2\pi ft} \mathrm{d}f \right] x(t) \mathrm{d}t \\ &= \int_{-\infty}^{\infty} X(f) \left[\int_{-\infty}^{\infty} x(t) \mathrm{e}^{\mathrm{j}2\pi ft} \mathrm{d}t \right] \mathrm{d}f \\ &= \int_{-\infty}^{\infty} X(f) X(f)^* \mathrm{d}f \\ &= \int_{-\infty}^{\infty} |X(f)|^2 \mathrm{d}f \end{aligned} \tag{3.16}$$

给定了偏移和能量，其他特性也能轻易地推导得出。

现在让我们用例子展示用傅里叶变换得到的频域信息而不是时域信息来计算声音的特性。如果我们做时限正弦信号的傅里叶变换，我们会发现：

$$\begin{aligned} X(f) &= \int_{-\infty}^{\infty} x(t) \mathrm{e}^{-\mathrm{j}2\pi ft} \mathrm{d}t \\ &= \int_{-T/2}^{T/2} A\cos(2\pi f_0 t + \varphi) \mathrm{e}^{-\mathrm{j}2\pi ft} \mathrm{d}t \\ &= \int_{-T/2}^{T/2} A \frac{1}{2} (\mathrm{e}^{\mathrm{j}2\pi f_0 t + \mathrm{j}\varphi} + \mathrm{e}^{-\mathrm{j}2\pi f_0 t - \mathrm{j}\varphi}) \mathrm{e}^{-\mathrm{j}2\pi ft} \mathrm{d}t \end{aligned}$$

$$= \frac{A}{2}e^{j\varphi}\int_{-T/2}^{T/2}e^{-j2\pi(f-f_0)t}\mathrm{d}t + \frac{A}{2}e^{-j\varphi}\int_{-T/2}^{T/2}e^{-j2\pi(f+f_0)t}\mathrm{d}t$$

$$= \frac{A}{2}e^{j\varphi}\delta_T(f-f_0) + \frac{A}{2}e^{-j\varphi}\delta_T(f+f_0) \tag{3.17}$$

其中 $\delta_T(f)=\frac{\sin(\pi Tf)}{\pi f}$. 我们可以发现这种有时限信号的傅里叶变换与无限长信号的傅里叶变换类似,除了将 δ 函数替换成类似的函数. 图 3.17 展示了 $X(t)=\cos(2\pi 1000t)$、时间长度为 0.05 s 的傅里叶变换.

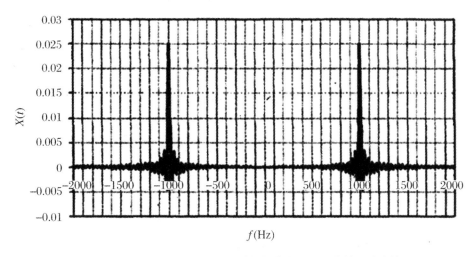

图 3.17 $X(t)=\cos(2\pi 1000t)$、时间长度为 0.05 s 的傅里叶变换

如果 T 比 T_0 大得多,$f=0$ 的傅里叶变换分量基本为 0(由于它们集中在 $\pm f_0$),因此 $\langle x\rangle = F(0)/T\approx 0$.

如果 $\delta_T(f\pm f_0)$ 足够窄,让它们不至于重叠,我们近似把能量看作

$$E = \int_{-\infty}^{\infty}|X(f)|^2\mathrm{d}f \approx \frac{A^2}{4}\int_{-\infty}^{\infty}\delta_T(f-f_0)^2\mathrm{d}f + \frac{A^2}{4}\int_{-\infty}^{\infty}\delta_T(f+f_0)^2\mathrm{d}f$$

$$\approx \frac{A^2}{4}T + \frac{A^2}{4}T \approx \frac{A^2}{2}T \tag{3.18}$$

上式中 $\delta_T(f\pm f_0)$ 函数平方的积分都等于 T. 这个结果可以用来估计平均功耗与标准差,这与我们在时域中算出来的一致. 总的来说,傅里叶变换信息也能够描述信号的特性.

当我们使用傅里叶变换计算 $-T/2\sim T/2$ 之间的信号特性时,我们将信号的时间进行了限制. 一种看待这种时限信号的方式是将原始信号 $x(t)$ 与一个窗函数相乘,窗函数 $w_T(t)$ 在 $-T/2\sim T/2$ 时为 1,其余地方为 0,即

$$w_T(t) = \begin{cases} 1, & -T/2 < t \leqslant T/2 \\ 0, & t\ \text{为其他值} \end{cases} \tag{3.19}$$

当我们在频域观察结果信号时,发现它和原始信号的傅里叶变换很像,除了 δ 函数向外扩展了一点. 这个结果是傅里叶变换卷积理论的具体例子.

卷积定理表明,时域做乘积相当于在频域做卷积,时域做卷积相当于在频域做乘积. 两个函数卷积的定义为

$$y(t) = \int_{-\infty}^{\infty}x_1(\tau)x_2(t-\tau)\mathrm{d}\tau = x_1(t)x_2(t) \tag{3.20}$$

接下来我们证明卷积定理:

$$x(t)w_T(t) = \left[\int_{-\infty}^{\infty} X(f)\mathrm{e}^{\mathrm{j}2\pi ft}\mathrm{d}f\right]\left[\int_{-\infty}^{\infty} W_T(g)\mathrm{e}^{\mathrm{j}2\pi gt}\mathrm{d}g\right]$$

$$= \int_{-\infty}^{\infty} X(f)\mathrm{e}^{\mathrm{j}2\pi ft}\left[\int_{-\infty}^{\infty} W_T(g)\mathrm{e}^{\mathrm{j}2\pi gt}\mathrm{d}g\right]\mathrm{d}f$$

$$= \int_{-\infty}^{\infty} X(f)\mathrm{e}^{\mathrm{j}2\pi ft}\left[\int_{-\infty}^{\infty} W_T(g-f)\mathrm{e}^{\mathrm{j}2\pi(g-f)t}\mathrm{d}g\right]\mathrm{d}f$$

$$= \int_{-\infty}^{\infty} X(f)\left[\int_{-\infty}^{\infty} W_T(g-f)\mathrm{e}^{\mathrm{j}2\pi gt}\mathrm{d}g\right]\mathrm{d}f$$

$$= \int_{-\infty}^{\infty}\left[\int_{-\infty}^{\infty} X(f)W_T(g-f)\mathrm{d}f\right]\mathrm{e}^{\mathrm{j}2\pi gt}\mathrm{d}g$$

$$= \int_{-\infty}^{\infty} X(g)W_T(g)\mathrm{e}^{\mathrm{j}2\pi gt}\mathrm{d}g \tag{3.21}$$

最后一个表达式代表 $X(f)$ 和 $w_T(f)$ 卷积的傅里叶反变换. 注意乘积的傅里叶变换是怎么等于傅里叶变换的卷积的. 相反的证明过程如下:

$$\int_{-\infty}^{\infty} x(t-s)h(s)\mathrm{d}s = \int_{-\infty}^{\infty}\left[\int_{-\infty}^{\infty} X(f)\mathrm{e}^{\mathrm{j}2\pi f(t-s)}\mathrm{d}f\right]h(s)\mathrm{d}s$$

$$= \int_{-\infty}^{\infty} X(f)\left[\int_{-\infty}^{\infty} h(s)\mathrm{e}^{-\mathrm{j}2\pi fs}\mathrm{d}s\right]\mathrm{e}^{\mathrm{j}2\pi ft}\mathrm{d}f$$

$$= \int_{-\infty}^{\infty} X(f)H(f)\mathrm{e}^{\mathrm{j}2\pi ft}\mathrm{d}f \tag{3.22}$$

其中 $x(t)$ 代表音频信号和具有脉冲响应的滤波器做卷积. 注意这种形式的定理如何证明滤波是将信号的频率分量与滤波器的频率分量相乘的.

3.4.3 傅里叶级数

假设我们只关注 $-T/2 \sim T/2$ 有限时间间隔内的信号. 我们在之前观察到,信号的特性可以从上述时间间隔中的信号值计算得来,或者从信号与窗函数乘积的傅里叶变换中计算得来. 事实上,加窗信号的傅里叶变换

$$X(f) = \int_{-\infty}^{\infty} x(t)w_T(t)\mathrm{e}^{-\mathrm{j}2\pi ft}\mathrm{d}t = \int_{-T/2}^{T/2} x(t)\mathrm{e}^{-\mathrm{j}2\pi ft}\mathrm{d}t \tag{3.23}$$

有足够的信息重构该时间间隔内的信号,因为傅里叶反变换能够恢复加窗信号.

在这小节我们可以看到甚至不需要所有的傅里叶变换数据就能完整地重建在 T 时间范围内的信号. 实际上,我们利用 $X(f)$ 在离散频率点 $f = k/T$(k 为整数)的值就能够完整地重建时限信号. 我们通过对 $-T/2 \sim T/2$ 内的信号不断地在时间上作周期延拓来减少数据量. 只要我们仅仅关注 $-T/2 \sim T/2$ 这个间隔内信号的值,这个改变不会影响结果.

对所有 t 和任何正整数,我们来计算周期为 T 的信号 $x(t+nT) = x(t)$ 的傅里叶变换:

$$X(f) = \int_{-\infty}^{\infty} x(t)\mathrm{e}^{-\mathrm{j}2\pi ft}\mathrm{d}t = \sum_{n=-\infty}^{\infty}\int_{-T/2}^{T/2} x(t+nT)\mathrm{e}^{-\mathrm{j}2\pi f(t+nT)}\mathrm{d}t$$

$$= \sum_{n=-\infty}^{\infty}\int_{-T/2}^{T/2} x(t)\mathrm{e}^{-\mathrm{j}2\pi f(t+nT)}\mathrm{d}t = \int_{-T/2}^{T/2} x(t)\mathrm{e}^{-\mathrm{j}2\pi ft}\Big(\sum_{n=-\infty}^{\infty}\mathrm{e}^{-\mathrm{j}2\pi nfT}\Big)\mathrm{d}t$$

$$= \int_{-T/2}^{T/2} x(t)\mathrm{e}^{-\mathrm{j}2\pi ft}\Big[\frac{1}{T}\sum_{k=-\infty}^{\infty}\delta(f-k/T)\Big]\mathrm{d}t$$

$$= \frac{1}{T} \sum_{k=-\infty}^{\infty} \delta(f - k/T) \int_{-T/2}^{T/2} x(t) \mathrm{e}^{-\mathrm{j}2\pi kt/T} \mathrm{d}t$$

$$= \frac{1}{T} \sum_{k=-\infty}^{\infty} \delta(f - k/T) X[k] \tag{3.24}$$

其中我们使用泊松和规则将无限个 δ 函数的和与无限个复指数的和联系在一起,且定义变量 $X[k]$ 为

$$X[k] \equiv \int_{-T/2}^{T/2} x(t) \mathrm{e}^{-\mathrm{j}2\pi kt/T} \mathrm{d}t \tag{3.25}$$

注意,这个周期函数的傅里叶变换仅仅在离散频率点 $f = k/T$ 中取非零值.这个周期函数的傅里叶反变换为

$$x(t) = \int_{-\infty}^{\infty} X(f) \mathrm{e}^{\mathrm{j}2\pi ft} \mathrm{d}f = \frac{1}{T} \sum_{k=-\infty}^{\infty} X[k] \mathrm{e}^{\mathrm{j}2\pi kt/T} \tag{3.26}$$

注意,$X[k]$ 是时限信号的傅里叶变换,这个结果告诉我们,时限信号的周期延拓可以通过傅里叶变换在离散频率点 $f = k/T$ 中的值精确地恢复出来.从周期信号 $x(t)$ 到离散频率数值 $X[k]$ 的这种变换叫作傅里叶级数,它是傅里叶变换的特殊情况.

如果我们只对信号某个区间的值感兴趣,那我们就能将傅里叶级数应用到非周期信号中.如果对我们感兴趣的那部分区间加窗,那我们就能利用离散频率点的值将该区间的信号重建出来.然而,就像我们从卷积定理中看到的那样,被加窗信号的频率成分是原始信号的模糊版本.而且,我们发现如果在加窗信号边缘部分中有尖锐的不连续的情况,那么精确重建信号需要许多频率成分.正因为如此,我们在进行傅里叶变换之前先使用光滑的窗函数将区间边缘部分的信号转换为 0.后面我们会讨论怎么谨慎地选择窗的形状和长度能够让频域模糊最小化,与此同时还避免由于边缘效应产生的高频成分.

3.4.4　采样定理

采样定理告诉我们,如果采样频率足够高的话,连续的信号可以用离散的信号完全表示.而且,定理还精确地指定了信号所需要的采样频率.

假设我们有一个信号,其频率内容完全地包含在 $(-F_{\max}, F_{\max})$ 的频谱范围内.由于在这个频谱以外的频率范围都是 0,只给出该频率范围的频率内容,通过适当的傅里叶反变换,信号就可以完全恢复.如果选择 $F_s > 2F_{\max}$ 的频率采样,我们可以周期性地将信号的频谱延拓到 $(-F_s/2, F_s/2)$ 的频段之外,并且不破坏恢复原始信号所需的任何频率内容.在前面的叙述中,我们知道,一个时间域上的周期函数只有具有离散的频率分量,利用同样的推理,我们可得一个频率域上的周期函数只有离散的时间分量.

重复使用以前推导出的傅里叶级数的推理方法,我们得到以下的频谱表示,该频谱以周期 F_s 周期性地延续:

$$X(f) = \frac{1}{F_s} \sum_{n=-\infty}^{\infty} x[n] \mathrm{e}^{-\mathrm{j}2\pi nf/F_s}$$

其中

$$x[n] \equiv \int_{-F_s/2}^{F_s/2} X(f) \mathrm{e}^{\mathrm{j}2\pi nf/F_s} \mathrm{d}f \tag{3.27}$$

从这个结果我们可以得出几个直接的结论:

(1) 首先,如果定义 $T=1/F_s$,那么我们可以发现 $x[n]$ 等于 $x[nT]$.这意味着对 $X(f)$ 的傅里叶反变换在时间 $t=nT$ 时就是我们定义的 $x[n]$.换言之,周期函数 $X(f)$ 是根据在采样时间间隔 T(采样率,F_s)下对应的真正的采样信号 $x(t)$ 所定义的.

(2) 因为周期函数 $X(f)$ 是根据采样信号完全定义的,所以连续信号 $x(t)$ 也必须是由采样信号完全定义的.这可以通过将周期函数 $X(f)$ 在频段($-F_s/2,F_s/2$)之外的频率内容丢弃来恢复信号的真正傅里叶变换 $X(f)$ 证明.我们可以通过对真正的傅里叶变换 $X(f)$ 进行傅里叶反变换恢复完整的信号.

$$
\begin{aligned}
x(t) &= \int_{-\infty}^{\infty} X(f)\mathrm{e}^{\mathrm{j}2\pi ft}\,\mathrm{d}f = \int_{-F_s/2}^{F_s/2} X(f)\mathrm{e}^{\mathrm{j}2\pi ft}\,\mathrm{d}f \\
&= \int_{-F_s/2}^{F_s/2} \left(\frac{1}{F_s}\sum_{n=-\infty}^{\infty} x[n]\mathrm{e}^{-\mathrm{j}2\pi nfT}\right)\mathrm{e}^{\mathrm{j}2\pi ft}\,\mathrm{d}f \\
&= \sum_{n=-\infty}^{\infty} x[n]\left[\frac{1}{F_s}\int_{-F_s/2}^{F_s/2}\mathrm{e}^{\mathrm{j}2\pi f(t-nT)}\,\mathrm{d}f\right] \\
&= \sum_{n=-\infty}^{\infty} x[n]\left\{\frac{\sin[\pi F_s(t-nT)]}{\pi F_s(t-nT)}\right\} \\
&= \sum_{n=-\infty}^{\infty} x[n]\left\{\frac{\sin[\pi(F_s t-n)]}{\pi(F_s t-n)}\right\} \\
&= \sum_{n=-\infty}^{\infty} x[n]\sin c(F_s t-n)
\end{aligned}
\tag{3.28}
$$

换言之,信号 $x(t)$ 可以从采样信号 $x(nT)$ 通过 $\sin c$ 函数进行插值完全重建,其中 $\sin c(x)=[\sin(\pi x)]/(\pi x)$.

在得出信号 $x(t)$ 可以被它的采样信号 $x(nT)$ 完全表示的结论后,我们需要记住导致这个结果的假设.关键的假设是周期性频率 F_s 大于最高频率分量的两倍,即 $F_s \geqslant 2F_{\max}$.如果不满足这个假设条件,我们就不能通过周期性频谱恢复真正的频谱.此约束与信号的采样频率 $F_s(T=1/F_s)$ 相关.我们称信号最小的采样频率 $2F_{\max}$ 为"奈奎斯特频率".采样定理告诉我们,如果采样频率大于奈奎斯特频率,那么我们可以对信号进行离散时间采样,而不损失任何信息.

另外,采样定理还告诉我们,采样数据的频谱是周期性的,周期为 F_s.如果我们对频率分量大于 $F_s/2$ 的信号进行采样(F_s 小于奈奎斯特频率),频谱就会被破坏.特别是高频分量将不可避免地与低于 $F_s/2$ 的频率分量混在一起,这种频率混淆被称为"混叠".混叠现象会导致原有信号的失真.通常情况下,在采样之前,我们会对可能存在频率分量大于 $F_s/2$ 的输入信号进行低通滤波,以防止混叠发生.例如,电话服务的采样频率通常是 8 kHz,因此在采样前,信号被低通滤波到 4 kHz 以下(因此,我们的声音在电话里听起来不一样).

3.4.5 Z 变换

我们知道音频带宽受限的信号能够通过采样数据恢复,只要采样速率 $F_s=1/T_s$ 大于信号最高频率的两倍.我们推导采样定理时,可以用如下的傅里叶级数来代表频率范围在 $-F_s/2 \sim F_s/2$ 的信号频率内容.

$$
X(f) = \frac{1}{F_s}\sum_{n=-\infty}^{\infty} x(nT_s)\mathrm{e}^{-\mathrm{j}2\pi nf/F_s}
\tag{3.29}
$$

这种带宽受限信号的时域内容可以通过以下的傅里叶反变换来恢复:

$$X(t) = \int_{-F_s/2}^{F_s/2} X(f) \mathrm{e}^{\mathrm{j}2\pi ft}\,\mathrm{d}f \tag{3.30}$$

然而,我们需要格外小心确保信号的带宽限制在 $-F_s/2 \sim F_s/2$ 之内,因为采样会将频段范围之外的频谱成分混叠到信号的频段之内.另外,由于它是基于傅里叶级数的,任何试图对这个频率范围之外的 $X(f)$ 使用上面的公式会发现这个频率范围之内的内容在所有可能的频率中周期性地延续.我们可以使用采样的时域数据和频域内容的配对来定义任何采样的时域数据的频率表示,只要我们认识到这种配对在描述信号的真实频率内容方面的局限性.这样的配对叫作"离散时间傅里叶变换".

Z 变换是离散时间傅里叶变换的推广.定义频率 f 到复数的映射:

$$z(f) = \mathrm{e}^{\mathrm{j}2\pi f/F_s} \tag{3.31}$$

注意,$z(f)$ 是复数,它的值在单位圆上,频率以 f 为周期,用 z 表示,离散时间傅里叶变换的正变换如下:

$$X(f) = \frac{1}{F_s} \sum_{n=-\infty}^{\infty} x(nT_s) z(f)^{-n} \tag{3.32}$$

Z 变换将该正变换推广为任意的复数频率,即单位圆之外的值.

给定数据序列 $x[n]$ 和一个复数 z,$x[n]$ 的 Z 变换定义如下:

$$X(z) = \sum_{n=-\infty}^{\infty} x[n] z^{-n} \tag{3.33}$$

注意,我们可以立即将采样数据的离散时间傅里叶变换与 Z 变换关联起来:$x[n] = x(nT_s)$,$z = z(f) = \mathrm{e}^{\mathrm{j}2\pi f/F_s}$,定义 $X(f) = X[z(f)]/F_s$.

Z 变换有三个非常重要的性质:线性、卷积定理、延迟定理.

线性指对于两个序列 $x_1[n]$ 和 $x_2[n]$,它们线性组合的 Z 变换等于各自序列 Z 变换的线性组合,即 $y[n] = Ax_1[n] + Bx_2[n]$ 的 Z 变换为

$$Y(z) = AX_1(z) + BX_2(z) \tag{3.34}$$

这可以由 Z 变换的定义推导得到:

$$\begin{aligned} Y(z) &= \sum_{n=-\infty}^{\infty} y[n] z^{-n} = \sum_{n=-\infty}^{\infty} (Ax_1[n] + Bx_2[n]) z^{-n} \\ &= A \sum_{n=-\infty}^{\infty} x_1[n] z^{-n} + B \sum_{n=-\infty}^{\infty} x_2[n] z^{-n} \\ &= AX_1(z) + BX_2(z) \end{aligned} \tag{3.35}$$

卷积定理表明,两个数据序列的卷积的 Z 变换等于分别对它们各自 Z 变换的乘积.也就是说,如果我们定义 $x_1[n]$ 和 $x_2[n]$ 的卷积为

$$y[n] = x_1[n] x_2[n] \equiv \sum_{m=-\infty}^{\infty} x_1[n-m] x_2[m] \tag{3.36}$$

那么就有

$$Y(z) = X_1(z) X_2(z) \tag{3.37}$$

这可以证明如下:

$$\begin{aligned} Y(z) &= \sum_{n=-\infty}^{\infty} y[n] z^{-n} = \sum_{n=-\infty}^{\infty} \sum_{m=-\infty}^{\infty} x_1[n-m] x_2[m] z^{-n} \\ &= \sum_{n=-\infty}^{\infty} \sum_{m=-\infty}^{\infty} x_1[n-m] z^{-(n-m)} x_2[m] z^{-m} \end{aligned}$$

$$= \sum_{p=-\infty}^{\infty} \sum_{m=-\infty}^{\infty} x_1[p] z^{-p} x_2[m] z^{-m}$$

$$= \Big(\sum_{p=-\infty}^{\infty} x_1[p] z^{-p} \Big) \Big(\sum_{m=-\infty}^{\infty} x_2[m] z^{-m} \Big)$$

$$= X_1(z) X_2(z) \tag{3.38}$$

因为将信号通过一个线性时不变滤波器等价于将该信号与滤波器的冲激响应函数做卷积,所以卷积定理告诉我们,一个经过滤波的信号的 Z 变换,就是对原始信号的 Z 变换和滤波器冲激响应函数的 Z 变换的乘积.

延迟定理表明,一个延迟 D 时间的信号的 Z 变换,等价于这个信号的 Z 变换乘以 Z 的 D 次方.这很容易从数据序列 $y[n] = x[n-D]$ 的 Z 变换看出:

$$Y(z) = \sum_{n=-\infty}^{\infty} y[n] z^{-n} = \sum_{n=-\infty}^{\infty} x[n-D] z^{-n}$$

$$= \sum_{m=-\infty}^{\infty} x[m] z^{-m+D} = X(z) z^D \tag{3.39}$$

这三个性质结合在一起告诉我们如何计算经过一系列滤波器的信号的 Z 变换:如果滤波器是串行的,乘以 Z 变换;如果滤波器是并行的,将 Z 变换相加;如果有延迟,乘以 z^D.

3.4.6　窗函数

假设我们以一个带限信号开始,并且这个信号很有可能是通过一个低通滤波器得到的,我们想对这个信号以 F_s 的采样率进行采样.如果这个信号是带限的并且满足 $F_{\max} \leqslant F_s/2$,我们可以使用样本 $x[n]$ 并且不损失任何信息.但是,假设只想处理时间有限的样本块,这样我们无需等待信号结束就可以开始进行计算.在这种情况下,我们只考虑从 $t=0$ 到 $t=T$ 区间内的信号值.一种考虑这种时间限制的方法是我们将初始信号 $x(t)$ 乘上一个矩形窗函数 $W_R(t)$,这个窗函数在 $t=0$ 与 $t=T$ 之间等于 1,在其他地方等于 0(见图 3.18 的 Rect).对于这个时间有限的信号,我们需要问它是否依旧带限,从而满足可以继续处理样本 $x[n]$ 的条件.

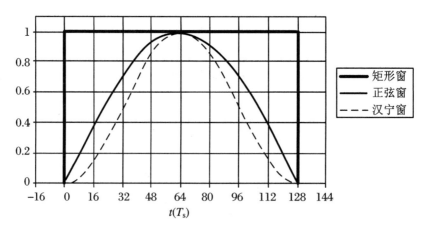

图 3.18　$T = 128 \times T_s$ 的矩形窗(Rect)、正弦窗(Sine)和汉宁窗(Hanning)的时域比较

1. 矩形窗

在加矩形窗之后信号的频谱发生了什么变化？卷积定理告诉我们时域中的加窗等价于频域中的卷积. 矩形窗函数的傅里叶变换如下：

$$W_R(f) = \int_{-\infty}^{\infty} W_R(t)e^{-j2\pi ft}\,dt = \int_0^T e^{-j2\pi ft}\,dt = e^{-j\pi ft}\frac{\sin(\pi fT)}{\pi f} \tag{3.40}$$

该函数有一个以 $f=0$ 为中心的主瓣, 其宽度与 $1/T$ 成正比. 它的旁瓣的幅度以一种类似于 $1/|f|$ 的速度下降(见图 3.19). 我们发现, 随着窗长度 T 的增加, 任何窗的傅里叶变换的主瓣都会变窄.

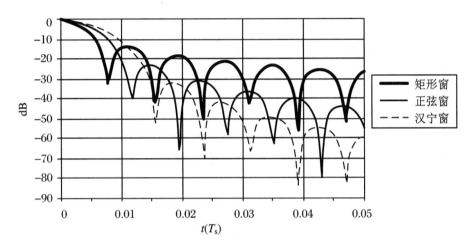

图 3.19 $T = 128 \times T_s$ 的矩形窗(Rect)、正弦窗(Sine)和汉宁窗(Hanning)的频域比较
(注:在绘图之前, 窗被归一化为积分等于 1)

时限信号的傅里叶变换等于原始信号的傅里叶变换与函数 $W_R(f)$ 的卷积(即频谱会展开). 然而, 矩形窗的傅里叶变换随频率下降非常缓慢, 这意味着时限信号的傅里叶变换不太可能保持足够的带限特性. 如果我们选择继续使用 $x[n]$, 混叠效应会给我们的分析带来风险. 那是不是就没有别的办法了呢? 不, 这只是意味着我们需要选择比矩形窗更好的窗函数而已!

2. 正弦窗

矩形窗口的问题在于它的边缘非常陡峭. 函数值的急剧变化会导致傅里叶变换中包含高频分量. 一种对窗口的更好选择是在时域中将信号缓慢衰减直至边缘处, 以便使得那里的窗口值没有明显的不连续性. 例如, 我们可以考虑正弦窗 $W_S(t)$, 它定义为

$$W_S(t) = \sin(\pi t/T) \tag{3.41}$$

如图 3.18 所示, 当 t 在 0~T 范围外时, 它等于 0. 注意到当将这个窗函数应用到带有 N 个样本的离散信号上时, 此窗函数的实现形式为

$$W_S[n] = \sin\left[\pi\left(n + \frac{1}{2}\right)/N\right], \quad n = 0, \cdots, N-1 \tag{3.42}$$

计算该窗函数的傅里叶变换

$$W_S(f) = \int_{-\infty}^{\infty} W_S(t) e^{-j2\pi ft} dt = \int_0^T \sin\left(\frac{\pi t}{T}\right) e^{-j2\pi ft} dt$$

$$= e^{-jtfT} \cos(\pi fT) \left\{ \frac{2T}{\pi} \Big/ \left[1 - (2fT)^2\right] \right\} \tag{3.43}$$

尽管与矩形窗比较,该窗函数傅里叶变换的主瓣在 $f=0$ 附近更宽,但该窗频谱幅度的下降速度比矩形窗快得多.跟矩形窗不同的是,正弦信号可以被用于对合理采样过的信号进行时域限制,并且无需担心它会在频域成分上扩展引起大量的混叠.另外,注意到正弦的主瓣也与 $1/T$ 成比例,这就意味着更长的窗具有更高的频域分辨率.

尽管 $f=0$ 附近的主瓣相对于矩形窗口更宽,但该窗口的频域幅度下降速度比矩形窗口快得多(参见图 3.19).与矩形窗口不同,正弦窗口可用于对合理采样的信号进行时间限制,而无需期望它会将频率内容分散到足以引起大量混叠的程度.还要注意,主瓣的宽度再次与 $1/T$ 成正比,表明更长的窗口能提供更好的频率分辨率.

3. 汉宁窗

对于正弦窗,其在边缘处的导数依旧有急剧的变化.使用汉宁窗可以解决这个问题.汉宁窗 $W_H(t)$ 定义为

$$W_H(t) = 1/2\left[1 - \cos(2\pi t/T)\right] \tag{3.44}$$

在 $0 \sim T$ 时间外,汉宁窗等于 0(见图 3.18).注意到当这个窗函数应用到带有 N 个样本的离散信号上之后,是如下形式:

$$W_H[n] = 1/2\{1 - \cos[2\pi(n + 1/2)/N]\} \tag{3.45}$$

$n = 0, \cdots, N-1$. 计算该窗函数的傅里叶变换:

$$W_H(f) = \int_{-\infty}^{\infty} W_H(t) e^{-j2\pi ft} dt = \int_0^T \frac{1}{2}\left[1 - \cos(2\pi t/T)\right] e^{-j2\pi ft} dt$$

$$= e^{-j\pi fT} \frac{\sin(\pi fT)}{\pi f} \left[\frac{1/2}{1 - (fT)^2}\right] \tag{3.46}$$

我们拿汉宁窗的傅里叶变换与正弦窗的傅里叶变换进行对比,会发现汉宁窗的下降速度要快于正弦窗,这一点有助于避免频谱混叠现象发生,但是汉宁窗的主瓣宽度要大于正弦窗,这一点不利于频率的识别.换句话说,我们在窗函数的选择上开始要面临以下取舍:低的旁瓣能量(与虚假频率分量的重要性有关)和主瓣宽度(与窗的频率分辨率有关).

4. Kaiser-Bessel 窗

Kaiser-Bessel 窗允许在主瓣能量与旁瓣能量之间进行权衡,在 Kaiser-Bessel 的定义里面加入了一个系数 α,定义如下:

$$W_{KB}(t) = \frac{I_0\left[\pi\alpha \sqrt{1.0 - \left(\frac{t - T/2}{T/2}\right)^2}\right]}{I_0(\pi\alpha)} \tag{3.47}$$

同样地,窗函数在 $[0, T]$ 区间外的值也都是 0. 式中的 $I_0(x)$ 是 0 级贝塞尔方程:

$$I_0(x) = \sum_{k=0}^{\infty} \left[\frac{(x/2)^k}{k!}\right]^2 \tag{3.48}$$

注意到当这个窗函数应用到带有 $N+1$ 个样本的离散信号上之后,是如下形式:

$$W_{KB}[n] = \frac{I_0\left[\pi\alpha\sqrt{1.0 - \left(\dfrac{n - N/2}{N/2}\right)^2}\right]}{I_0[\pi\alpha]} \tag{3.49}$$

$n = 0, \cdots, N$. Kaiser-Bessel 窗的傅里叶变换并没有确切的表达方式, 但是我们可以近似地写成

$$W_{KB}(f) = \frac{T}{I_0(\pi\alpha)} \frac{\sin h\left[\sqrt{\pi^2\alpha^2 - (T2\pi f/2)^2}\right]}{\sqrt{\pi^2\alpha^2 - (T2\pi f/2)^2}} \tag{3.50}$$

Kaiser-Bessel 的系数 α 是如何做到控制主瓣和旁瓣之间的权衡的呢? 例如, 对于 $\alpha = 0.1$, Kaiser-Bessel 窗就相当于矩形窗, 因为我们看到一个非常窄的主瓣, 但是非常大的旁瓣. 对于 $\alpha = 2$ 的情况, 非常像汉宁窗, 旁瓣能量很低, 但是比矩形窗的主瓣宽度大. 随着 α 增大, 旁瓣能量继续减少, 同时主瓣宽度增大. 图 3.20 显示了时域上的 Kaiser-Bessel 窗随着 α 从 0.1, 2, 4 增加的过程中形状的变化, 并且显示了与矩形窗和汉宁窗的对比. 图 3.21 显示了 Kaiser-Bessel 窗在各个 α 值下的频率响应. 可以从图中看到很明显的权衡结果.

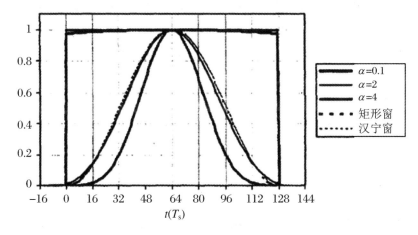

图 3.20　Kaiser-Bessel 窗的时域特性

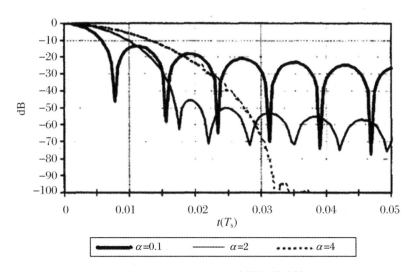

图 3.21　Kaiser-Bessel 窗的频域特性

存在很多定义好的窗函数,可以完成在主瓣和旁瓣权衡中的不同目标.最好的窗函数的选择是由具体应用的需要而定的.一个重要的结论是:根据具体的设计需求,我们可以使用非矩形窗达到很好的下降率,因此我们可以通过对一个信号加窗,使之达到一个有限的长度,并且依旧有很好的带限频谱.

3.4.7　离散傅里叶变换

假设我们有一个信号 $x(t)$ 可以被加窗到有限长度,并且窗信号是带限的.进一步假设我们的采样频率足够大,$F_s = 1/T_s$,信号的持续时间为 $T = N \times T_s$.由于加窗的信号是有限长度,所以我们可以仅使用离散的频域成分处理:

$$X[k] \equiv X(k/T) = X(k \times F_s/N) \tag{3.51}$$

$k = 0, \cdots, N-1$,并且可以恢复全部的窗信号 $x(t)$.注意到,我们使用 $0 \sim F_s$ 的频率范围作为我们独立的傅里叶级数成分,而不是 $-F_s/2 \sim F_s/2$.由于加窗函数是被合理地进行带限的,所以我们可以使用样本数据 $x[n] \equiv x(n \times T_s)$ $(n = 0, \cdots, N-1)$.根据第 3 章,可以将所有频率成分的和作为我们所需要的信号值:

$$\begin{aligned} X[n] \equiv x(nT_s) &= \frac{1}{T} \sum_{k=0}^{N-1} X[k] \mathrm{e}^{\mathrm{j}2\pi(kF_s/N)(nT_s)} \\ &= \frac{1}{T} \sum_{k=0}^{N-1} X[k] \mathrm{e}^{\mathrm{j}2\pi kn/N} \end{aligned} \tag{3.52}$$

类似地,我们可以将时间样本上的傅里叶级数和作为频率成分:

$$\begin{aligned} X[k] \equiv X(kF_s/N) &= T_s \sum_{n=0}^{N-1} x[n] \mathrm{e}^{-\mathrm{j}2\pi(kF_s/N)(nT_s)} \\ &= T_s \sum_{n=0}^{N-1} x[n] \mathrm{e}^{-\mathrm{j}2\pi kn/N} \end{aligned} \tag{3.53}$$

上面的变换对就是离散傅里叶变换或者称为 DFT,它是所有应用变换编码的基础.通过在 $X[k]$ 的公式里增加一个因子 F_s,可以将 DFT 变换对写成如下形式:

$$\begin{cases} x[n] \equiv x(nT_s) = \dfrac{1}{N} \sum_{k=0}^{N-1} X[k] \mathrm{e}^{\mathrm{j}2\pi kn/N}, & n = 0, \cdots, N-1 \\ X[k] \equiv F_s X(kF_s/N) = \sum_{n=0}^{N-1} x[n] \mathrm{e}^{-\mathrm{j}2\pi kn/N}, & k = 0, \cdots, N-1 \end{cases} \tag{3.54}$$

注意因子 F_s 出现在 $X[k]$ 的定义中了.

3.4.8　快速傅里叶变换

DFT 对于应用编码如此重要的一个主要原因是它有一个快速的实现:快速傅里叶变换(FFT).正向的 DFT 可以被视为 N 个时间样本矢量 $x[n]$ 和 $N \times N$ 相位矩阵相乘,从而产生一个新的 N 个频率样本矢量 $X[k]$.DFT 的反变换类似于一个 N 频率样本 $X[k]$ 和一个 $N \times N$ 矩阵相乘,此时,这里的矩阵是正向 DFT 中的矩阵的逆.无论是正变换还是反变换,这个计算过程都会在乘与加的过程中花费 N 的平方的复杂度.

FFT 允许我们用 $N\log_2 N$ 的时间复杂度重复相同的计算过程.如果 N 很大,计算时间将节省很多.例如,一个有着 1024 个样本长度的 DFT 将需要大约 1000000 的乘/加次数,而

FFT 大约是 10000，相当于 DFT 的 1%.

　　FFT 之所以这么快的秘诀是，我们将一个 N 点的 DFT 转化成两个 $N/2$ 点的 DFT 的和的形式：

$$
\begin{aligned}
X[k] &= \sum_{n=0}^{N-1} x[n] \mathrm{e}^{-\mathrm{j}2\pi kn/N} \\
&= \sum_{n=0}^{N/2-1} x[2n] \mathrm{e}^{-\mathrm{j}2\pi k2n/N} + \sum_{n=0}^{N/2-1} x[2n+1] \mathrm{e}^{-\mathrm{j}2\pi k(2n+1)/N} \\
&= \Big[\sum_{n=0}^{N/2-1} x[2n] \mathrm{e}^{-\mathrm{j}2\pi kn/(N/2)} \Big] + \Big[\sum_{n=0}^{N/2-1} x[2n+1] \mathrm{e}^{-\mathrm{j}2\pi kn/(N/2)} \Big] \mathrm{e}^{-\mathrm{j}2\pi k/N} \quad (3.55)
\end{aligned}
$$

注意到 N 点 DFT 的第 k 个频率值等于 $N/2$ 点偶数样本的 DFT 的第 k 个频率值加上 $N/2$ 点奇数样本的 DFT 的第 k 个频率值与一个跟 k 有关的常数 $\mathrm{e}^{-\mathrm{j}2\pi k/N}$ 的乘积. 如果有了 $N/2$ 点的 DFT 结果，我们只需要完成一次加法操作和一次乘法操作就能得到每个 $X[k]$ 值. 我们如何能得到 $N/2$ 点的 DFT 结果呢？我们可以递归地重复这个过程 B 次，其中 $N = 2^B$，直到我们仅仅需要计算一个长度为 2 的 DFT. 最终的 2 点 DFT 仅仅需要计算一次加法操作和一次乘法操作. 对于每个中间步骤，计算每个 $X[k]$ 值，仅需要一次加法操作与一次乘法操作. 如果将所有的运算加起来，我们发现对所有的 B 个等级，每一个花费了 N 个操作，所以总共的操作数大约是 $N \times B = N\log_2 N$.

　　图 3.22 给出了 8 点 FFT 运算的示意图，也叫作蝶形运算图. 图中 $W_N^i = \mathrm{e}^{-\mathrm{j}2\pi/N}$，$N = 8$. 从图中可以看出，要计算 8 点 DFT $X[k]$ 的值，可以通过 2 个 4 点 DFT 得到，4 点 DFT 可以通过 2 个 2 点 DFT 计算得到（从右向左）. 在实际计算中，可先计算左边 4 个 2 点 DFT 的值（从左到右），然后以此计算 2 个 4 点 DFT 的值，最后得到 8 点 DFT 的值.

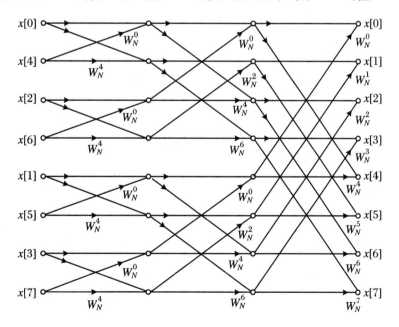

图 3.22　8 点 FFT 运算示意图

3.5 子带编码 PQMF

子带编码用一组带通滤波器将输入信号分成 K 个不同频段上的子带信号,然后用有限比特对来自每个频带的信号进行量化,将大部分量化噪声置于被听到最少的频带中.然后将量化的信号发送到解码器,在解码器内对每个频带中的编码信号进行反量化,并组合这些频带以恢复信号的完整频率内容.

在大多数情况下,解码器中需要一个额外的滤波器组,以确保每个频段的信号都限制在其适当的频段内,然后再将这些频段重新加在一起以创建解码的音频信号.这种方法的一个问题是,将信号拆分为 K 个频带后,数据速率也要乘以 K.为避免在信号通过编码器滤波器组时提高数据速率,我们会保留每 K 个样本中的一个样本,丢弃其他样本.或者换句话说,我们会进行下采样,将样本的采样率降为原来的 $1/K$.图 3.23 显示了子带编码中时间到频率的映射过程.值得注意的是,我们将看到可以巧妙地设计滤波器组,使原始信号完全从下采样数据中恢复.

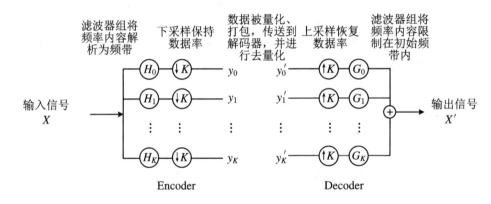

图 3.23 时间到频率映射过程

在本节,我们将讨论滤波器组设计的限制,以便将信号解析为其频域内容,并满足音频编码中一些更常用的滤波器组的要求.我们首先将利用 Z 变换推导基本滤波器组编码技术的最简单方法.然后,我们描述两通道完美重构滤波器组,以更好地了解如何约束使我们能够从下采样频带中恢复原始信号.我们讨论如何创建滤波器组,将双通道频率解析推广到更多频段(例如,32 个频段).然后我们详细介绍了一个特定的滤波器组,即"伪正交镜像滤波器"(PQMF),它对音频编码产生了重大影响.作为其应用的一个例子,详细描述了 MPEG 音频编码器中使用的 32 频段 PQMF.

3.5.1 下采样

在进行完美重构滤波器组的设计之前,我们需要建立 Z 变换的另外两个属性:下采样和上采样对信号 Z 变换的影响.我们需要这些属性,如图 3.23 所示,我们通常先对来自滤波器组的数据进行下采样以保持数据速率恒定,然后在重新组合子带信号之前对数据进行上采样(即在数据点之间散布 0)以将信号回到原始数据速率.我们首先推导出下采样的效果,然后推导出上采样的效果.

在推导下采样的效果之前,我们先讨论一个使推导更容易的有用结果.该结果涉及单位数 1 的第 k 个根的性质.

1 的 K 个不同的根对称地位于单位圆上,可以列举为$\{X_r = e^{\frac{j2\pi r}{K}}$,其中 $r = 0, \cdots, K-1\}$.由于它们在单位圆上的位置对称,这些根的和等于 0.1 的根的一个有趣属性是每个根的 m 次幂的集合:$\{X_r^m = e^{\frac{j2\pi rm}{K}}$,其中 $r = 0, \cdots, K-1\}$.如果 m 不是 K 的倍数,则这些根是完整根集的另一个重排.例如,考虑 1 的立方根(另请参见图 3.24):$\{1, e^{\frac{j2\pi}{3}}, e^{\frac{j4\pi}{3}}\}$.三次方根的一次幂的集合就是集合本身.三次方根的二次幂集合同样是集合本身,但顺序不同:$\{1, e^{\frac{j4\pi}{3}}, e^{\frac{j8\pi}{3}} = e^{\frac{j2\pi}{3}}\}$.然而,三次方根的三次幂集合只是 1 的重复:$\{1, e^{\frac{j6\pi}{3}} = 1, e^{\frac{j12\pi}{3}} = 1\}$.

1 的 K 个根的这个性质允许我们为根的幂建立以下求和规则:

$$\frac{1}{K}\sum_{r=0}^{K-1} e^{\frac{j2\pi rm}{K}} = \begin{cases} 1, & \text{若 } m = nK \\ 0, & \text{其他} \end{cases} \tag{3.56}$$

我们在推导下采样数据的 Z 变换时利用了这个规则.

我们现在推导下采样数据的 Z 变换.考虑数据序列 $y[n] = x[nK]$,它表示按 K 因子下采样的数据.$Y[n]$ 的 Z 变换等于

$$Y(z) = \sum_{n=-\infty}^{\infty} y[n]z^{-n} = \sum_{n=-\infty}^{\infty} X[nK]z^{-n} = \sum_{m=-\infty}^{\infty} x[m]z^{-\frac{m}{K}}\delta_{m,nK}\text{对某些}n$$

$$= \sum_{m=\infty}^{\infty} X[m](z^{\frac{1}{K}})^{-m}\left(\frac{1}{K}\sum_{r=0}^{K-1}e^{\frac{j2\pi rm}{K}}\right) = \frac{1}{K}\sum_{r=0}^{K-1}\sum_{m=-\infty}^{\infty}X[m](z^{\frac{1}{K}}e^{-\frac{j2\pi r}{K}})^{-m}$$

$$= \frac{1}{K}\sum_{r=0}^{k-1}X(z^{\frac{1}{K}}e^{-\frac{j2\pi r}{K}}) \tag{3.57}$$

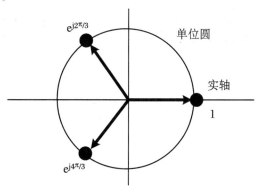

图 3.24　1 的立方根

请注意,下采样数据的 Z 变换是 K 项的总和.这意味什么呢?

让我们在频域中考虑这个问题.假设我们以 F_s 的采样速率采样数据.如果我们对这些数据进行 K 倍下采样,则每个数据点在时间上间隔更远,新的采样率等于 $\frac{F_s}{K}$.这意味着原始信号的任何超出 $-\frac{F_s}{2K} \sim \frac{F_s}{2K}$ 频率范围的频谱内容都将被混叠.下采样 Z 变换中的 $K-1$ 个

额外的项是该频谱内容的混叠项.

我们如何在频域中看到这一点? 首先,我们必须意识到,所有数据系列都以相同的基础速率进行采样.这意味着,尽管下采样数据实际上是以 $\frac{F_s}{K}$ 的有效采样率进行采样的,但数据在时域中被视为以通常的采样率 F_s 采样的新数据序列.换句话说,我们可以直接使用 Z 变换和离散时间傅里叶变换之间的上述关联,使用 F_s 作为采样率,将 $y[n]$ 的离散时间傅里叶变换与 $x[n]$ 的离散时间傅里叶变换关联.

我们发现:

$$Y(f) = \frac{1}{K} \sum_{r=0}^{K-1} X\left(\frac{f}{K} - \frac{rF_s}{K}\right) \tag{3.58}$$

从中我们可以看出,除了因为因子 $\frac{1}{K}$ 导致的信号功率降低之外,下采样的效果是:

(1) 将频谱带宽扩展 K 倍($r=0$ 项);

(2) 对超出范围 $-\frac{F_s}{2K} \sim \frac{F_s}{2K}$($r \neq 0$ 项)的频谱的任何部分进行混叠.

例如,在 $f=0$ 时 $Y(f)$ 的贡献不仅来自在 $f=0$ 时的 $X(f)$,还来自在 $f=\frac{rF_s}{K}$($r=1,\cdots,K-1$)时的 $X(f)$.当我们尝试开发完美的重建滤波器组时,将付出相当大的努力来确保可以消除下采样引起的混叠.图 3.25 显示了下采样过程引起的混叠效果.

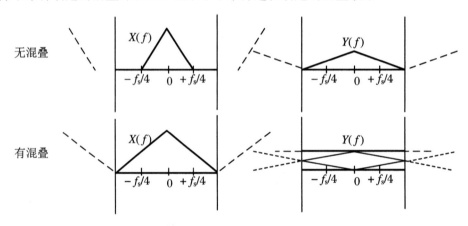

图 3.25　下采样过程引起的混叠效果

3.5.2　上采样

将数据上采样 K 倍(即在每个数据点之间散布 $K-1$ 个 0)的效果只是将 Z 变换中的 Z 替换为 Z^K.这个结果通过考虑以下数据序列的 Z 变换快速得出:

$$y[n] = \begin{cases} x[m], & \text{若 } n = mK \\ 0, & \text{其他} \end{cases} \tag{3.59}$$

上述序列的 Z 变换为

$$Y(z) = \sum_{n=-\infty}^{\infty} y[n]z^{-n} = \sum_{m=-\infty}^{\infty} X[m]z^{-mK} = \sum_{m=-\infty}^{\infty} X[m](Z^K)^{-m} = X(Z^K) \tag{3.60}$$

在频域中，$Y(f) = X(Kf)$，因此，我们可以看到，上采样将频谱带宽缩小到原来的 $1/K$. 但是请注意，$X(f)$ 的周期为 F_s，因此上采样会将这些 $X(f)$ 副本带入 $Y(f)$ 的频谱. 当我们开发完美的重建滤波器组时，会使用与该信号分量的频带相对应的带通滤波器滤除这些额外的频谱. 图 3.26 显示了由上采样过程引起的频谱成像效果.

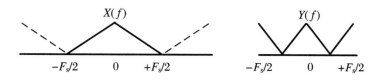

图 3.26　上采样过程引起的频谱成像效果

3.5.3　双通道完美重构滤波器组

描述了下采样与上采样后，我们接下来继续描述如何设计一个双通道完美重构滤波器组，然后讨论如何扩展双通道完美重构滤波器组以创建多通道完美重构滤波器组.

在一个双通道完美重构滤波器组（见图 3.27）中，我们将信号 $x[n]$ 通过两个并行滤波器，响应为 $h_0[n]$ 和 $h_1[n]$. 理想情况下，这两个滤波器将它们之间的频谱分开，以便在每个数据流中隔离不同的信号分量. 这将为我们提供两倍的数据速率，因此我们需要对数据进行两倍下采样. 在真正的编码器中，我们将量化这两个数据流，将它们打包在一起并将打包的数据流发送到解码器，接收端会对这两个数据流进行解包和反量化. 在量化过程中会引入量化噪声. 在本小节中，我们忽略量化噪声的影响，并试图描述两个未损坏的中间数据流 $y_0[n]$ 和 $y_1[n]$ 如何组合成一个新信号 $X'[n]$ 的步骤，该信号正好等于原始信号 $x[n]$，不过时间上可能会有延迟. 我们将对中间数据流进行上采样（因此它们再次真正反映原始采样率），将它们通过具有响应为 $g_0[n]$ 和 $g_1[n]$ 的滤波器，然后将它们相加. 我们面临的挑战是如何定义过滤器 $h_0[n]$、$h_1[n]$、$g_0[n]$ 和 $g_1[n]$，以允许完美重建输入数据 $X[n]$.

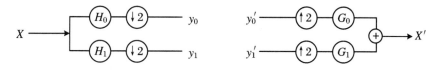

图 3.27　双通道完美重构滤波器组

为了开始分析，我们计算输入信号 $x[n]$ 和四个滤波器响应的 Z 变换. 首先我们根据 $y_0[n]$、$y_1[n]$、$g_0[n]$、$g_1[n]$ 写出 $x'[n]$ 的 Z 变换：

$$X'(z) = Y_0(z^2)G_0(z) + Y_1(z^2)G_1(z) \tag{3.61}$$

然后我们用 $x[n]$ 和滤波器 $h_0[n]$ 与 $h_1[n]$ 的 Z 变换得出 $y_0[n]$、$y_1[n]$ 的 Z 变换：

$$Y_i(z) = \frac{1}{2}\left[H_i(z^{\frac{1}{2}})X(z^{\frac{1}{2}}) + H_i(-z^{\frac{1}{2}})X(-z^{\frac{1}{2}})\right], \quad i = 0,1 \tag{3.62}$$

最后，我们把它们放在一起得到最终的结果：

$$X'(z) = \frac{1}{2}\left[H_0(z)G_0(z) + H_1(z)G_1(z)\right]X(z)$$

$$+ \frac{1}{2}\left[H_0(-z)G_0(z) + H_1(-z)G_1(z)\right]X(-z) \tag{3.63}$$

1. 混叠取消

设置滤波器组以使信号没有混叠的一种方法是根据分析滤波器 $h_0[n]$、$h_1[n]$ 定义合成滤波器 $g_0[n]$、$g_1[n]$，使得它们的 Z 变换满足

$$\begin{cases} G_0(z) = -H_1(-z) \\ G_1(z) = H_0(-z) \end{cases} \tag{3.64}$$

请注意这种滤波器的选择如何消除 $X(-z)$ 项，我们只留下了这种关系：

$$X'(z) = \frac{1}{2}[-H_0(z)H_1(-z) + H_1(z)H_0(-z)]X(z) \tag{3.65}$$

分析和合成滤波器之间的 Z 变换关系可以在时域中写为

$$\begin{cases} g_0[n] = -(-1)^n h_1[n] \\ g_1[n] = (-1)^n h_0[n] \end{cases} \tag{3.66}$$

这些关系可通过比较 z 的不同次幂与 Z 变换的各项关系而快速得到.

2. 完美重构:QMF 解决方案

已经定义了合成滤波器以消除混叠后，我们仍然需要选择能够实现完美重构的分析滤波器.已知有多种方法可以做到这一点，但我们在这里关注最常见的类型之一：正交镜像滤波器，简称 QMF. QMF 解决方案基于滤波器 $h_0[n]$ 定义滤波器 $h_1[n]$：

$$H_1(z) = -H_0(-z), \quad h_1[n] = -(-1)^n h_0[n] \tag{3.67}$$

请注意，如果 $h_0[n]$ 是低通滤波器，则 $h_1[n]$ 将是高通滤波器(见图 3.28). 我们可以通过频域来发现这一点：

$$H_1(f) = -H_0\left(\frac{-F_s}{2} + f\right) \tag{3.68}$$

如果滤波器 $h_0[n]$ 是低通滤波器，那么它的频率分量接近 $f=0$ 但不接近 $f=F_s/2$. 频域关系告诉我们，滤波器 $h_1[n]$ 在 $f=0$ 附近的响应，就像 $h_0[n]$ 在 $F_s/2$ 附近的一样，没有太多直通分量；而在 $F/2$ 附近的响应，就像 $h_0[n]$ 接近于 0 的响应，有大量直通分量. 也就是说，$h_1[n]$ 是高通滤波器，其最高频率响应接近 $F_s/2$，并相应地接近 $-F_s/2$.

我们可以根据 $h_0[n]$ 重写所有其他 3 个滤波器的定义：

$$\begin{cases} H_1(z) = -H_0(-z), \quad h_1[n] = -(-1)^n h_0[n] \\ G_0(z) = H_0(z), \quad g_0[n] = h_0[n] \\ G_1(z) = H_0(-z), \quad g_1[n] = (-1)^n h_0[n] \end{cases} \tag{3.69}$$

图 3.28 双通道 QMF 解析滤波器 h_0 和 h_1 中频率成分的定性关系

现在已经根据 $h_0[n]$ 定义了所有其他滤波器，我们可以将输出信号的 Z 变换重写为

$$X'(z) = \frac{1}{2}[H_0(z)^2 - H_0(-z)^2]X(z) \tag{3.70}$$

如果我们可以构造一个满足以下条件的滤波器 $h_0[n]$：

$$H_0(z)^2 - H_0(-z)^2 = 2z^{-D} \tag{3.71}$$

则输出信号只是输入信号的延迟但完美重构的副本.

例 3.1　Haar 滤波器.

为了了解 QMF 的解决方案,让我们看下两抽头系数的解决方案:Haar 滤波器.Haar 滤波器 $h_0[n]$ 具有脉冲响应

$$h_0[n] = \left\{\frac{1}{\sqrt{2}}, \frac{1}{\sqrt{2}}, 0, 0, \cdots\right\} \tag{3.72}$$

该滤波器的 Z 变换 $H_0(z)$ 等于

$$H_0(z) = \frac{1}{\sqrt{2}}(1 + z^{-1}) \tag{3.73}$$

它满足完美的重建条件,因为 $H_0(z)^2 - H_0(-z)^2 = 2z^{-1}$.这表明,如果我们使用它构建 QMF 滤波器组,输出应该等于延迟一个时间单位的输入信号.

其他滤波器 $h_1[n]$、$g_0[n]$ 和 $g_1[n]$ 的脉冲响应是根据滤波器 $h_0[n]$ 定义的,在 Haar 滤波器情况下为 $h_1[n] = \left\{-\frac{1}{\sqrt{2}}, \frac{1}{\sqrt{2}}, 0, 0, \cdots\right\}$, $g_0[n] = \left\{\frac{1}{\sqrt{2}}, \frac{1}{\sqrt{2}}, 0, 0, \cdots\right\}$, $g_1[n] = \left\{\frac{1}{\sqrt{2}}, -\frac{1}{\sqrt{2}}, 0, 0, \cdots\right\}$.

如果我们从输入信号 $x[n] = \{\cdots, 0, 0, x[0], x[1], x[2], \cdots\}$ 开始,那么信号 $y_0[n]$, $y_1[n]$ 为

$$\begin{cases} y_0[n] = \left\{\cdots, 0, \frac{1}{\sqrt{2}}(x[0] + x[1]), \frac{1}{\sqrt{2}}(x[2] + x[3]), \cdots\right\} \\ y_1[n] = \left\{\cdots, 0, \frac{1}{\sqrt{2}}(x[0] - x[1]), \frac{1}{\sqrt{2}}(x[2] - x[3]), \cdots\right\} \end{cases} \tag{3.74}$$

在使用合成滤波器进行上采样和滤波后,这 2 个输出分别为

$$\begin{cases} \left\{\cdots, 0, 0, \frac{1}{2}(x[0] + x[1]), \frac{1}{2}(x[0] + x[1]), \frac{1}{2}(x[2] + x[3]), \frac{1}{2}(x[2] + x[3]), \cdots\right\} \\ \left\{\cdots, 0, 0, \frac{1}{2}(x[0] - x[1]), -\frac{1}{2}(x[0] - x[1]), \frac{1}{2}(x[2] - x[3]), \right. \\ \left. -\frac{1}{2}(x[2] - x[3]), \cdots\right\} \end{cases}$$

$$\tag{3.75}$$

最后,当加在一起得到输出信号时,我们发现 $x[n] = \{\cdots, 0, 0, x[0], x[1], x[2], \cdots\}$ 符合预期.

虽然 Haar 滤波器可用于创建双通道完美重构滤波器组,但滤波器脉冲响应的短暂性使得两个通道的频率定位很差.使用较长滤波器的原因是在两个分析滤波器的通带之间获得更短的过渡区域(见图 3.29).不幸的是,没有发现具有超过两个抽头的有限脉冲响应(FIR)滤波器来实现 QMF 的完美重建条件.尽管还没有找到精确的解决方案,但是已经开发了滤波器设计技术来找到更长的 FIR 滤波器,这些滤波器非常接近 QMF 完美重建条件.

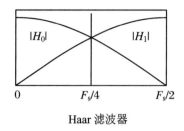 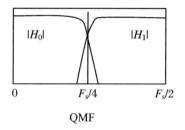

Haar 滤波器 QMF

图 3.29 Haar 滤波器 QMF 解的频率响应与 QMF 完美重构条件的较长近似解的频率响应的定性比较

3. 完美重构:CQF 解决方案

QMF 解并不是双通道完美重构方程的唯一可能解.已发现另一种更适合使用 FIR 滤波器实现的解决方案:共轭正交滤波器(CQF)解决方案.对于此解决方案,合成滤波器 $g_0[n]$、$g_1[n]$ 只是分析滤波器 $h_0[n]$、$h_1[n]$ 的时间反转.对于长度为 N 的 FIR 滤波器,这意味着:

$$\begin{cases} g_0[n] = h_0[N-1-n] \\ g_1[n] = h_1[N-1-n] \end{cases} \tag{3.76}$$

与 QMF 解决方案一样,分析滤波器 $h_1[n]$ 是低通滤波器 $h_0[n]$ 的一个版本,由 $(-1)^n$ 调制以使其成为高通滤波器,但在此解决方案中,它是 $h_0[n]$ 调制后的时间反转,而不是 $h_0[n]$ 本身.具体来说,当 N 为偶数时,两个分析滤波器之间的关系是

$$h_1[n] = -(-1)^n h_0[N-1-n] \tag{3.77}$$

如果我们在 z 域中重写这些 CQF 关系,会发现:

$$\begin{cases} G_0(z) = z^{-(N-1)} H_0(z^{-1}) \\ G_1(z) = z^{-(N-1)} H_1(z^{-1}) \\ H_1(z) = z^{-(N-1)} H_0(-z^{-1}) \end{cases} \tag{3.78}$$

将这些关系代入双通道混叠消除条件后显示,在 N 为偶数时可实现混叠消除.双通道完美重构条件表明,基础滤波器 $h_0[n]$ 必须被设计成满足下面条件:

$$H_0(z)H_0(z^{-1}) + H_0(-z)H_0(-z^{-1}) = 2 \tag{3.79}$$

其中延迟 $D = N-1$.我们可以在频率中查看这种情况,两个分析滤波器必须满足"功率互补性"条件:

$$|H_0(f)|^2 + \left|H_0\left(-\frac{F_s}{2}+f\right)\right|^2 = |H_0(f)|^2 + |H_1(f)|^2 = 2/F_s^2 \tag{3.80}$$

有几种标准方法可用于开发完全满足要求的 FIR 滤波器的情况,这种 CQF 解决方案的价值在于它可将两个通道结果扩展到多个通道滤波器组.

3.5.4 伪 QMF 滤波器组,PQMF

两个通道的案例展示了精心设计的分析和合成滤波器可以导致完美的重建滤波器组,对于实际应用,我们需要比两个多得多的通道.我们将看到人耳的频率响应自然分为 20~30 个"临界带".我们怎样构建接近那个通道数的完美重建滤波器?

多通道滤波器组的早期工作试图级联 QMF 滤波器,将频谱细分为多个通道.这种树状结构方法的缺点是脉冲响应长、计算复杂度高.一种更高效的并行多频段方法称为"伪QMF"的解决方案、PQMF 和"多相正交"滤波器组,它是双通道 CQF 的扩展.我们将其称为PQMF 滤波器组.基本思想是采用窄带低通滤波器,并调制它的副本以跨越频域.滤波器被定义为衰减得足够快,以至于可以忽略不计与下一个邻近滤波器之间的重叠,因此邻近滤波器之间的混叠消除并满足 CQF 型完美重建方程.

用于开发近乎完美的重构滤波器组的 PQMF 解决方案在历史上极为重要.MPEG-1 和MPEG-2 层Ⅰ和层Ⅱ音频编码使用这种方法实现了时间到频率的映射.这种 PQMF 滤波器组重建输入信号的能力极强,它精度很高,并且存在有效的实现方法,这使得开发早期的感知音频编码器成为可能.

1.基本结构

PQMF 滤波器组由 K 个通道组成,每个通道由一个低通滤波器 $h[n]$ 经过余弦调制得到.分析滤波器和合成过滤器的确切表达式是

$$\begin{cases} h_k[n] = h[n]\cos\left\{\pi\left(\dfrac{k+\frac{1}{2}}{K}\right)\left[n-\dfrac{(N-1)}{2}\right] + \varphi_k\right\} \\ g_k[n] = h_k[N-1-n] \end{cases} \quad (3.81)$$

其中 N 是 $h[n]$ 的长度.相位由相邻子带之间的去混叠条件决定,并满足关系 $\varphi_k - \varphi_{k-1} = \dfrac{\pi}{2}(2r+1)$,其中 r 是一个整数.请注意,与 CQF 解决方案一样,合成滤波器只是分析滤波器的时间反转.

回想一下余弦函数在正负频率处有个冲击响应.卷积定理告诉我们,时间上的乘积导致频域中的卷积,$h_k[n]$ 的频率响应等于将 $H(f)$ 的频率响应偏移到以下两个频率:

$$f_k = \pm \frac{F_s}{2K}\left(k + \frac{1}{2}\right) \quad (3.82)$$

因此,K 个通道放置了 $2K$ 个 $H(f)$ 的副本,划分了 $-F_s/2$ 和 $F_s/2$ 之间的频谱.这意味着低通滤波器的 $H(f)$ 的全部带宽应等于 $F_s/(2K)$,即通带的频率 $|f|$ 至多是 $F_s/(4K)$.

完美的重构要求是设计 $h[n]$ 使其超出 $|f| = F_s/(2K)$ 的频率分量可以忽略不计,对于低频我们满足 PQMF 功率互补方程:

$$|H(f)|^2 + |H[-F_s/(2K) + f]|^2 = 2/F_s^2 \quad (3.83)$$

其中 $0 \leqslant |f| \leqslant F_s/(4K)$.请注意此要求与 CQF 解中的功率互补性条件的相似性.

2. MPEG PQMF

MPEG-1 和 2 的层Ⅰ、Ⅱ以及层Ⅲ的混合滤波器(简称 MP3)使用 32 通道 PQMF 滤波器组,其中基本滤波器 $h[n]$ 具有 511 个抽头(见 ISO/IEC 11172-3 和 ISO/IEC 13818-3 编码标准).PQMF 滤波器组在这些编码器中使用了分析滤波器 $h_k[n]$ 和合成滤波器 $g_k[n]$:

$$\begin{cases} h_k[n] = h[n]\cos\left[\left(k+\frac{1}{2}\right)(n-16)\frac{\pi}{32}\right] \\ g_k[n] = 32h[n]\cos\left[\left(k+\frac{1}{2}\right)(n+16)\frac{\pi}{32}\right] \\ k = 0,1,\cdots,31, \quad n = 0,1,\cdots,511 \end{cases} \quad (3.84)$$

其中 k 是频率索引，n 是时间索引. 原型滤波器 $h[n]$ 的滤波器系数描述如下所示：

$h[0] = 0.000000000$	$h[1] = -0.000000477$	$h[2] = -0.000000477$	$h[3] = -0.000000477$
$h[4] = -0.000000477$	$h[5] = -0.000000477$	$h[6] = -0.000000477$	$h[7] = -0.000000954$
$h[8] = -0.000000954$	$h[9] = -0.000000954$	$h[10] = -0.000000954$	$h[11] = -0.000001431$
$h[12] = -0.000001431$	$h[13] = -0.000001907$	$h[14] = -0.000001907$	$h[15] = -0.000002384$
$h[16] = -0.000002384$	$h[17] = -0.000002861$	$h[18] = -0.000003338$	$h[19] = -0.000003338$
$h[20] = -0.000003815$	$h[21] = -0.000004292$	$h[22] = -0.000004768$	$h[23] = -0.000005245$
$h[24] = -0.000006199$	$h[25] = -0.000006676$	$h[26] = -0.000007629$	$h[27] = -0.000008106$
$h[28] = -0.000009060$	$h[29] = -0.000010014$	$h[30] = -0.000011444$	$h[31] = -0.000012398$
$h[32] = -0.000013828$	$h[33] = -0.000014782$	$h[34] = -0.000016689$	$h[35] = -0.000018120$
$h[36] = -0.000019550$	$h[37] = -0.000021458$	$h[38] = -0.000023365$	$h[39] = -0.000025272$
$h[40] = -0.000027657$	$h[41] = -0.000030041$	$h[42] = -0.000032425$	$h[43] = -0.000034809$
$h[44] = -0.000037670$	$h[45] = -0.000040531$	$h[46] = -0.000043392$	$h[47] = -0.000046253$
$h[48] = -0.000049591$	$h[49] = -0.000052929$	$h[50] = -0.000055790$	$h[51] = -0.000059605$
$h[52] = -0.000062943$	$h[53] = -0.000066280$	$h[54] = -0.000070095$	$h[55] = -0.000073433$
$h[56] = -0.000076771$	$h[57] = -0.000080585$	$h[58] = -0.000083923$	$h[59] = -0.000087261$
$h[60] = -0.000090599$	$h[61] = -0.000093460$	$h[62] = -0.000096321$	$h[63] = -0.000099182$
$h[64] = 0.000101566$	$h[65] = 0.000103951$	$h[66] = 0.000105858$	$h[67] = 0.000107288$
$h[68] = 0.000108242$	$h[69] = 0.000108719$	$h[70] = 0.000108719$	$h[71] = 0.000108242$
$h[72] = 0.000106812$	$h[73] = 0.000105381$	$h[74] = 0.000102520$	$h[75] = 0.000099182$
$h[76] = 0.000095367$	$h[77] = 0.000090122$	$h[78] = 0.000084400$	$h[79] = 0.000077724$
$h[80] = 0.000069618$	$h[81] = 0.000060558$	$h[82] = 0.000050545$	$h[83] = 0.000039577$
$h[84] = 0.000027180$	$h[85] = 0.000013828$	$h[86] = -0.000000954$	$h[87] = -0.000017166$
$h[88] = -0.000034332$	$h[89] = -0.000052929$	$h[90] = -0.000072956$	$h[91] = -0.000093937$
$h[92] = -0.000116348$	$h[93] = -0.000140190$	$h[94] = -0.000165462$	$h[95] = -0.000191212$
$h[96] = -0.000218868$	$h[97] = -0.000247478$	$h[98] = -0.000277042$	$h[99] = -0.000307560$
$h[100] = -0.000339031$	$h[101] = -0.000371456$	$h[102] = -0.000404358$	$h[103] = -0.000438213$
$h[104] = -0.000472546$	$h[105] = -0.000507355$	$h[106] = -0.000542164$	$h[107] = -0.000576973$
$h[108] = -0.000611782$	$h[109] = -0.000646591$	$h[110] = -0.000680923$	$h[111] = -0.000714302$
$h[112] = -0.000747204$	$h[113] = -0.000779152$	$h[114] = -0.000809669$	$h[115] = -0.000838757$
$h[116] = -0.000866413$	$h[117] = -0.000891685$	$h[118] = -0.000915051$	$h[119] = -0.000935555$
$h[120] = -0.000954151$	$h[121] = -0.000968933$	$h[122] = -0.000980854$	$h[123] = -0.000989437$
$h[124] = -0.000994205$	$h[125] = -0.000995159$	$h[126] = -0.000991821$	$h[127] = -0.000983715$
$h[128] = 0.000971317$	$h[129] = 0.000953674$	$h[130] = 0.000930786$	$h[131] = 0.000902653$
$h[132] = 0.000868797$	$h[133] = 0.000829220$	$h[134] = 0.000783920$	$h[135] = 0.000731945$
$h[136] = 0.000674248$	$h[137] = 0.000610352$	$h[138] = 0.000539303$	$h[139] = 0.000462532$
$h[140] = 0.000378609$	$h[141] = 0.000288486$	$h[142] = 0.000191689$	$h[143] = 0.000088215$
$h[144] = -0.000021458$	$h[145] = -0.000137329$	$h[146] = -0.000259876$	$h[147] = -0.000388145$
$h[148] = -0.000522137$	$h[149] = -0.000661850$	$h[150] = -0.000806808$	$h[151] = -0.000956535$
$h[152] = -0.001111031$	$h[153] = -0.001269817$	$h[154] = -0.001432419$	$h[155] = -0.001597881$
$h[156] = -0.001766682$	$h[157] = -0.001937389$	$h[158] = -0.002110004$	$h[159] = -0.002283096$
$h[160] = -0.002457142$	$h[161] = -0.002630711$	$h[162] = -0.002803326$	$h[163] = -0.002974033$
$h[164] = -0.003141880$	$h[165] = -0.003306866$	$h[166] = -0.003467083$	$h[167] = -0.003622532$
$h[168] = -0.003771782$	$h[169] = -0.003914356$	$h[170] = -0.004048824$	$h[171] = -0.004174709$
$h[172] = -0.004290581$	$h[173] = -0.004395962$	$h[174] = -0.004489899$	$h[175] = -0.004570484$
$h[176] = -0.004638195$	$h[177] = -0.004691124$	$h[178] = -0.004728317$	$h[179] = -0.004748821$

$h[180] = -0.004752159$ $h[181] = -0.004737377$ $h[182] = -0.004703045$ $h[183] = -0.004649162$

$h[184] = -0.004573822$ $h[185] = -0.004477024$ $h[186] = -0.004357815$ $h[187] = -0.004215240$

$h[188] = -0.004049301$ $h[189] = -0.003858566$ $h[190] = -0.003643036$ $h[191] = -0.003401756$

$h[192] = 0.003134727$ $h[193] = 0.002841473$ $h[194] = 0.002521515$ $h[195] = 0.002174854$

$h[196] = 0.001800537$ $h[197] = 0.001399517$ $h[198] = 0.000971317$ $h[199] = 0.000515938$

$h[200] = 0.000033379$ $h[201] = -0.000475883$ $h[202] = -0.001011848$ $h[203] = -0.001573563$

$h[204] = -0.002161503$ $h[205] = -0.002774239$ $h[206] = -0.003411293$ $h[207] = -0.004072189$

$h[208] = -0.004756451$ $h[209] = -0.005462170$ $h[210] = -0.006189346$ $h[211] = -0.006937027$

$h[212] = -0.007703304$ $h[213] = -0.008487225$ $h[214] = -0.009287834$ $h[215] = -0.010103703$

$h[216] = -0.010933399$ $h[217] = -0.011775017$ $h[218] = -0.012627602$ $h[219] = -0.013489246$

$h[220] = -0.014358521$ $h[221] = -0.015233517$ $h[222] = -0.016112804$ $h[223] = -0.016994476$

$h[224] = -0.017876148$ $h[225] = -0.018756866$ $h[226] = -0.019634247$ $h[227] = -0.020506859$

$h[228] = -0.021372318$ $h[229] = -0.022228718$ $h[230] = -0.023074150$ $h[231] = -0.023907185$

$h[232] = -0.024725437$ $h[233] = -0.025527000$ $h[234] = -0.026310921$ $h[235] = -0.027073860$

$h[236] = -0.027815342$ $h[237] = -0.028532982$ $h[238] = -0.029224873$ $h[239] = -0.029890060$

$h[240] = -0.030526638$ $h[241] = -0.031132698$ $h[242] = -0.031706810$ $h[243] = -0.032248020$

$h[244] = -0.032754898$ $h[245] = -0.033225536$ $h[246] = -0.033659935$ $h[247] = -0.034055710$

$h[248] = -0.034412861$ $h[249] = -0.034730434$ $h[250] = -0.035007000$ $h[251] = -0.035242081$

$h[252] = -0.035435200$ $h[253] = -0.035586357$ $h[254] = -0.035694122$ $h[255] = -0.035758972$

$h[256] = 0.035780907$ $h[257] = 0.035758972$ $h[258] = 0.035694122$ $h[259] = 0.035586357$

$h[260] = 0.035435200$ $h[261] = 0.035242081$ $h[262] = 0.035007000$ $h[263] = 0.034730434$

$h[264] = 0.034412861$ $h[265] = 0.034055710$ $h[266] = 0.033659935$ $h[267] = 0.033225536$

$h[268] = 0.032754898$ $h[269] = 0.032248020$ $h[270] = 0.031706810$ $h[271] = 0.031132698$

$h[272] = 0.030526638$ $h[273] = 0.029890060$ $h[274] = 0.029224873$ $h[275] = 0.028532982$

$h[276] = 0.027815342$ $h[277] = 0.027073860$ $h[278] = 0.026310921$ $h[279] = 0.025527000$

$h[280] = 0.024725437$ $h[281] = 0.023907185$ $h[282] = 0.023074150$ $h[283] = 0.022228718$

$h[284] = 0.021372318$ $h[285] = 0.020506859$ $h[286] = 0.019634247$ $h[287] = 0.018756866$

$h[288] = 0.017876148$ $h[289] = 0.016994476$ $h[290] = 0.016112804$ $h[291] = 0.015233517$

$h[292] = 0.014358521$ $h[293] = 0.013489246$ $h[294] = 0.012627602$ $h[295] = 0.011775017$

$h[296] = 0.010933399$ $h[297] = 0.010103703$ $h[298] = 0.009287834$ $h[299] = 0.008487225$

$h[300] = 0.007703304$ $h[301] = 0.006937027$ $h[302] = 0.006189346$ $h[303] = 0.005462170$

$h[304] = 0.004756451$ $h[305] = 0.004072189$ $h[306] = 0.003411293$ $h[307] = 0.002774239$

$h[308] = 0.002161503$ $h[309] = 0.001573563$ $h[310] = 0.001011848$ $h[311] = 0.000475883$

$h[312] = -0.000033379$ $h[313] = -0.000515938$ $h[314] = -0.000971317$ $h[315] = -0.001399517$

$h[316] = -0.001800537$ $h[317] = -0.002174854$ $h[318] = -0.002521515$ $h[319] = -0.002841473$

$h[320] = 0.003134727$ $h[321] = 0.003401756$ $h[322] = 0.003643036$ $h[323] = 0.003858566$

$h[324] = 0.004049301$ $h[325] = 0.004215240$ $h[326] = 0.004357815$ $h[327] = 0.004477024$

$h[328] = 0.004573822$ $h[329] = 0.004649162$ $h[330] = 0.004703045$ $h[331] = 0.004737377$

$h[332] = 0.004752159$ $h[333] = 0.004748821$ $h[334] = 0.004728317$ $h[335] = 0.004691124$

$h[336] = 0.004638195$ $h[337] = 0.004570484$ $h[338] = 0.004489899$ $h[339] = 0.004395962$

$h[340] = 0.004290581$ $h[341] = 0.004174709$ $h[342] = 0.004048824$ $h[343] = 0.003914356$

$h[344] = 0.003771782$ $h[345] = 0.003622532$ $h[346] = 0.003467083$ $h[347] = 0.003306866$

$h[348] = 0.003141880$ $h[349] = 0.002974033$ $h[350] = 0.002803326$ $h[351] = 0.002630711$

$h[352] = 0.002457142$ $h[353] = 0.002283096$ $h[354] = 0.002110004$ $h[355] = 0.001937389$

$h[356] = 0.001766682$ $h[357] = 0.001597881$ $h[358] = 0.001432419$ $h[359] = 0.001269817$

$h[360] = 0.001111031$ $h[361] = 0.000956535$ $h[362] = 0.000806808$ $h[363] = 0.000661850$

$h[364] = 0.000522137$	$h[365] = 0.000388145$	$h[366] = 0.000259876$	$h[367] = 0.000137329$
$h[368] = 0.000021458$	$h[369] = -0.000088215$	$h[370] = -0.000191689$	$h[371] = -0.000288486$
$h[372] = -0.000378609$	$h[373] = -0.000462532$	$h[374] = -0.000539303$	$h[375] = -0.000610352$
$h[376] = -0.000674248$	$h[377] = -0.000731945$	$h[378] = -0.000783920$	$h[379] = -0.000829220$
$h[380] = -0.000868797$	$h[381] = -0.000902653$	$h[382] = -0.000930786$	$h[383] = -0.000953674$
$h[384] = 0.000971317$	$h[385] = 0.000983715$	$h[386] = 0.000991821$	$h[387] = 0.000995159$
$h[388] = 0.000994205$	$h[389] = 0.000989437$	$h[390] = 0.000980854$	$h[391] = 0.000968933$
$h[392] = 0.000954151$	$h[393] = 0.000935555$	$h[394] = 0.000915051$	$h[395] = 0.000891685$
$h[396] = 0.000866413$	$h[397] = 0.000838757$	$h[398] = 0.000809669$	$h[399] = 0.000779152$
$h[400] = 0.000747204$	$h[401] = 0.000714302$	$h[402] = 0.000680923$	$h[403] = 0.000646591$
$h[404] = 0.000611782$	$h[405] = 0.000576973$	$h[406] = 0.000542164$	$h[407] = 0.000507355$
$h[408] = 0.000472546$	$h[409] = 0.000438213$	$h[410] = 0.000404358$	$h[411] = 0.000371456$
$h[412] = 0.000339031$	$h[413] = 0.000307560$	$h[414] = 0.000277042$	$h[415] = 0.000247478$
$h[416] = 0.000218868$	$h[417] = 0.000191212$	$h[418] = 0.000165462$	$h[419] = 0.000140190$
$h[420] = 0.000116348$	$h[421] = 0.000093937$	$h[422] = 0.000072956$	$h[423] = 0.000052929$
$h[424] = 0.000034332$	$h[425] = 0.000017166$	$h[426] = 0.000000954$	$h[427] = -0.000013828$
$h[428] = -0.000027180$	$h[429] = -0.000039577$	$h[430] = -0.000050545$	$h[431] = -0.000060558$
$h[432] = -0.000069618$	$h[433] = -0.000077724$	$h[434] = -0.000084400$	$h[435] = -0.000090122$
$h[436] = -0.000095367$	$h[437] = -0.000099182$	$h[438] = -0.000102520$	$h[439] = -0.000105381$
$h[440] = -0.000106812$	$h[441] = -0.000108242$	$h[442] = -0.000108719$	$h[443] = -0.000108719$
$h[444] = -0.000108242$	$h[445] = -0.000107288$	$h[446] = -0.000105858$	$h[447] = -0.000103951$
$h[448] = 0.000101566$	$h[449] = 0.000099182$	$h[450] = 0.000096321$	$h[451] = 0.000093460$
$h[452] = 0.000090599$	$h[453] = 0.000087261$	$h[454] = 0.000083923$	$h[455] = 0.000080585$
$h[456] = 0.000076771$	$h[457] = 0.000073433$	$h[458] = 0.000070095$	$h[459] = 0.000066280$
$h[460] = 0.000062943$	$h[461] = 0.000059605$	$h[462] = 0.000055790$	$h[463] = 0.000052929$
$h[464] = 0.000049591$	$h[465] = 0.000046253$	$h[466] = 0.000043392$	$h[467] = 0.000040531$
$h[468] = 0.000037670$	$h[469] = 0.000034809$	$h[470] = 0.000032425$	$h[471] = 0.000030041$
$h[472] = 0.000027657$	$h[473] = 0.000025272$	$h[474] = 0.000023365$	$h[475] = 0.000021458$
$h[476] = 0.000019550$	$h[477] = 0.000018120$	$h[478] = 0.000016689$	$h[479] = 0.000014782$
$h[480] = 0.000013828$	$h[481] = 0.000012398$	$h[482] = 0.000011444$	$h[483] = 0.000010014$
$h[484] = 0.000009060$	$h[485] = 0.000008106$	$h[486] = 0.000007629$	$h[487] = 0.000006676$
$h[488] = 0.000006199$	$h[489] = 0.000005245$	$h[490] = 0.000004768$	$h[491] = 0.000004292$
$h[492] = 0.000003815$	$h[493] = 0.000003338$	$h[494] = 0.000003338$	$h[495] = 0.000002861$
$h[496] = 0.000002384$	$h[497] = 0.000002384$	$h[498] = 0.000001907$	$h[499] = 0.000001907$
$h[500] = 0.000001431$	$h[501] = 0.000001431$	$h[502] = 0.000000954$	$h[503] = 0.000000954$
$h[504] = 0.000000954$	$h[505] = 0.000000954$	$h[506] = 0.000000477$	$h[507] = 0.000000477$
$h[508] = 0.000000477$	$h[509] = 0.000000477$	$h[510] = 0.000000477$	$h[511] = 0.000000477$

原型滤波器的频率响应如图 3.30 所示.

每一个滤波器 $h_k[n]$ 都是原型滤波器 $h[n]$ 调制之后的版本. 调制余弦正负频率分量会使得调制滤波器产生以下频率响应, 该频率响应为原型滤波器的频率响应左移或右移到以下频率处:

$$f_k = \pm \frac{F_s}{2K}\left(k + \frac{1}{2}\right) \tag{3.85}$$

对于 $k = 0, 1, 2\cdots, 31$, 每一个副本的标准宽带都是 $F_s/64$.

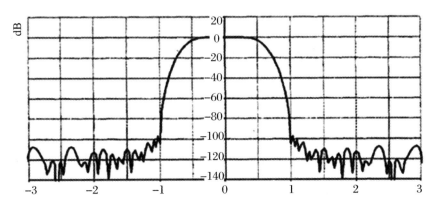

图 3.30　原型滤波器的频率响应(以 $F_s/64$ 为单位)

3.6　改进离散余弦变换

本节我们将介绍另外一种频域变换技术——改进离散余弦变换(MDCT). MDCT 可用于具有非常多频带的完美重构变换编码器,而无需增加编码数据速率.

3.6.1　重叠和相加技术

3.4 节中我们讨论了将时域信号变换成频域信号,我们讨论频域的第一个原因是可以在频域中轻松地将音调信号的冗余去除.这个原因表明我们可以期待频域内容随着时间的推移是相对静态的(至少与时域数据相比),这样我们对要存储或传输的信号会有更简洁的描述.其次,我们可以利用频域掩蔽来消除不相关的信号分量.我们通过完全丢弃听不见的频率分量并以这样的方式分配可用的比特来做到这一点,即量化噪声落在无法检测到的频谱区域中.然而,将原始信号加窗以便能够执行 DFT 而不会产生明显的混叠效应,我们需要面临如何从传输/存储的频域数据中恢复原始信号的问题.我们可以对频域数据进行逆变换以获得加窗输入信号的近似值,但仍然需要从数据中去除加窗效果.

关于从数据中去除窗效应的第一个想法只是将逆 DFT 的输出除以窗系数,毕竟我们知道每个数据点的窗函数是什么,但这种方法存在以下问题.量化/反量化过程通常会在信号中产生小的误差,这些误差可能听不见,但将逆 DFT 的输出除以窗函数可能会放大数据块边缘附近的误差,因为窗函数的设计是为了将该区域中的数据平滑地变为 0.如果我们将反量化的数据除以靠近块边缘的窗函数的较小值,将大大放大量化误差.因此,我们需要找到另一种方法.

解决窗问题的方法是将加窗的输入信号块相互重叠来进行设计,以便我们可以重叠和相加输出信号,使得原始输入信号能够完全恢复(除了有可能由小的量化噪声引起的误差).然后我们对窗函数提出要求,以便在没有任何量化噪声的情况下,重叠和相加的输出信号等于(尽管有延迟)原始输入信号.

重叠相加方法如图 3.31 所示.对于一个 N 点的 DFT,重叠的数目为 $N-M$.为了简便起见,我们要求 $N-M$ 不大于 $N/2$,以便只有邻近的块发生了重叠.$N-M$ 个样本的重叠意味着每个连续块的开始位置位于前面一个数据块开始后 M 个样本的位置,并且这个块包含了 M 个新的时域样本.在编码器中,我们将 N 个点的特定数据块加窗,进行 DFT,然后对这个 N 点 DFT 的频率系数进行量化,接着对来自每个块中的经过编码的频域数据进行传输或者储存.在解码器中,对每个块中的 N 个频率成分进行反量化,然后进行逆 DFT 变换,从而创建出 N 个时间样本,再加上一个合成窗,然后将前 M 个结果保存到输出缓存,并将剩下的 $N-M$ 个样本保存至存储缓存.我们将来自上一个块的存储缓存中的 $N-M$ 个样本与当前块的输出缓存的前 $N-M$ 个样本相加并保存至当前输出缓存位置,然后将 M 个输出缓存样本发送至解码输出流.

1. 滑动 M 个样本,加窗(窗长为 N)

2. 执行 N 点的变换

3. 量化,存储或传输,反量化

4. 执行 N 点反变换

5. 加窗,重叠,并与前面输出的 $N-M$ 个信号相加

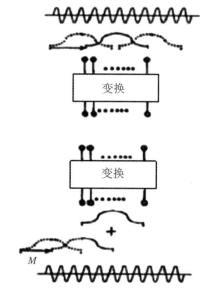

图 3.31　重叠相加示意图

我们选择在解码之后重新加窗的原因有两点:第一,我们需要保证频域的量化噪声在逆变换块的边缘依然很小;第二,分析和合成步骤可以被对称和容易地实现.如果只想使用分析窗,不想使用合成窗,那么可以简单地将每个等式中合成窗的值设置为 1,从而得出分析窗的结果.

一般来讲,每个 N 样本的块同前一个块和后一个块的 $N-M$ 个样本重叠.在没有量化噪声产生误差的情况下,这种重叠相加过程是为了恢复初始信号,所以我们必须确定分析窗 $W_a(n)$ 和合成窗 $W_s(n)$ 的值.

在任意未发生重叠的块区域中,$n=N-M,\cdots,M-1$,我们要求同时加了分析窗和合成窗后的信号和初始信号完全相同.因为 DFT 是可逆的,在这种情况下,窗函数必须满足条件

$$w_a^i[n] \times w_s^i[n] = 1 \tag{3.86}$$

其中 $n=N-M,\cdots,M-1$.窗函数的上标 i 代表当前块的序号或索引.

在重叠区域,与第 $i-1$ 个块的重叠部分为 $n=0,\cdots,N-M-1$,与第 $i+1$ 个块的重叠部分为 $n=M,\cdots,N-1$.我们必须要求来自两个块的窗信号相加得到初始信号.对窗函数来说,这个和等于

$$w_a^i[n] \times w_s^i[n] + w_a^{i-1}[M+n] \times w_s^{i-1}[M+n] = 1 \tag{3.87}$$

其中 $n = 0, \cdots, N - M - 1$. 注意到这种情况使得上一个块的右边与下一个块的左边产生了某种关系(见图 3.32).

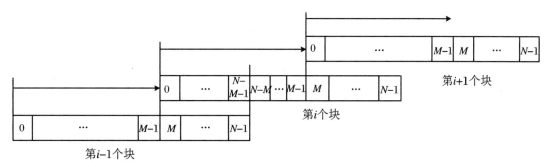

图 3.32   不同块的重叠

在一些情况下,我们可以使用这种观察结果在编码过程中改变窗的形状. 可以使用一个过渡窗,窗的左边与上一块的窗匹配,窗的右边与下一个块的窗匹配. 当选择使用相同的分析窗和合成窗时,我们会发现完美的重建条件被简化为

$$\begin{cases} w^i[n]^2 + w^{i-1}[M+n]^2 = 1, & n = 0, \cdots, N - M - 1 \\ w^i[n]^2 = 1, & n = N - M, \cdots, M - 1 \end{cases} \tag{3.88}$$

我们可以立即写出一个简单的窗,它很容易满足重叠相加完美重建条件:

$$w[n] = \begin{cases} \sin\left(\dfrac{\pi}{2} \dfrac{n + \dfrac{1}{2}}{N - M}\right), & n = 0, \cdots, N - M - 1 \\ 1, & n = N - M, \cdots, M - 1 \\ \sin\left(\dfrac{\pi}{2} \dfrac{N - n - \dfrac{1}{2}}{N - M}\right), & n = M, \cdots, N - 1 \end{cases} \tag{3.89}$$

请注意,此窗依赖于 $\sin^2 x + \cos^2 x = 1$ 的正弦和余弦属性,以在重叠区域实现完美的重建条件.

基于正弦的重叠和相加的窗可能无法提供特定应用所需的频率分辨率与泄漏之间的折中,是否还有其他满足重叠相加完美重建要求的窗呢? 事实上,我们可以应用归一化过程,通过该过程可以修改任何窗函数以满足重叠和相加条件. 即我们可以取任意长度为 $N - M + 1$ 的初始窗内核 $w'[n]$,其中 N 和 M 是偶数,创建一个长度为 N 的重叠与相加窗 $w[n]$,如下所示:

$$w[n] = \begin{cases} \sqrt{\dfrac{\sum\limits_{p=0}^{n} w'[p]}{\sum\limits_{p=0}^{N-M} w'[p]}}, & n = 0, \cdots, N - M - 1 \\ 1, & n = N - M, \cdots, M - 1 \\ \sqrt{\dfrac{\sum\limits_{p=n-M+1}^{N-M} w'[p]}{\sum\limits_{p=0}^{N-M} w'[p]}}, & n = M, \cdots, N - 1 \end{cases} \tag{3.90}$$

注意这个窗如何通过归一化过程满足 $w[n]^2 + w[M+n]^2 = 1$ 的条件.如果从具有控制其形状的参数的初始窗内核 $w'[n]$ 开始,我们最终会为每个参数设置得到一个相应的归一化窗.然后我们可以使用这些参数来调整归一化窗,使其具有适当的频率分辨率和泄漏特性.

上述窗的归一化过程可以使用 Kaiser-Bessel 窗作为内核窗来实现,相邻块之间有 50% 的重叠,产生的窗叫"Kaiser-Bessel Derived"或 KBD 窗,这种窗在 Dolby AC 系列编码器和 MPEG AAC 编码器中使用.图 3.33 显示了 $\alpha = 4$ 的 KBD 窗与 $\alpha = 4$ 的 Kaiser-Bessel 窗和正弦窗的形状.请注意,KBD 窗的形状比相应的 Kaiser-Bessel 窗更像正弦窗,但是,KBD 窗的顶部比正弦窗更宽,随后下降速度更快.图 3.34 显示了对应于这三个窗的频率响应.我们再次看到 $\alpha = 4$ 的 KBD 窗比 $\alpha = 4$ 的 Kaiser-Bessel 窗更类似于正弦窗.另请注意,KBD 窗的平滑边缘导致频率响应中的旁瓣下降速度比正弦窗更快,但更窄的平均宽度导致频率选择性稍差.

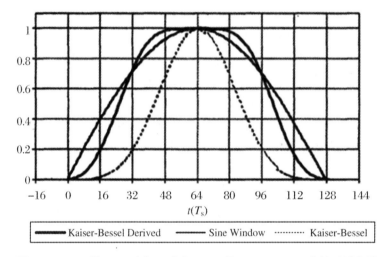

图 3.33　$\alpha = 4$ 的 KBD 窗与正弦窗、$\alpha = 4$ 的 Kaiser-Bessel 窗的时域比较

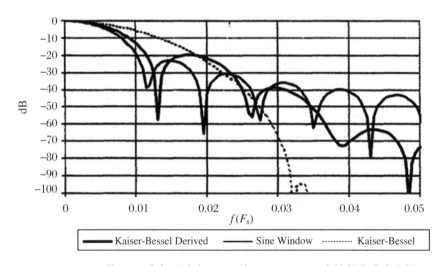

图 3.34　$\alpha = 4$ 的 KBD 窗与正弦窗、$\alpha = 4$ 的 Kaiser-Bessel 窗的频率响应比较

3.6.2　感知音频编码中的窗

在音频编码滤波器组的设计中发挥作用的一些主要因素是最大化滤波器组频率分离的能力和最小化音频块效应影响的能力.正如我们在前几节中看到的,窗的参数直接与这些属性相关联,即选定的窗长度和形状.给定滤波器组的输入数据的特定块大小,窗形状的选择决定了滤波器组的频谱分离程度.例如,正弦窗比 $\alpha = 4$ 的 KBD 窗具有更好的频率选择性(参见图 3.34),即正弦窗的主瓣比 $\alpha = 4$ 的 KBD 窗主瓣窄.另一方面,正弦窗的最终抑制特性,即旁瓣能量的衰减量,比 $\alpha = 4$ 的 KBD 窗的最终抑制特性差.

根据输入音频信号的特性,正弦窗或 $\alpha = 4$ 的 KBD 窗可以为信号表示提供更好的频率分辨率.如果我们考虑具有紧密间隔的尖桩栅栏频谱结构的高音调信号(例如大键琴片段),那么考虑到掩蔽效应的叠加,在信号的频率表示中,紧密的频率选择性比最终抑制发挥更重要的作用.相反,如果信号在其频率分量之间表现出广泛的分离(例如钟琴片段),则更高的最终抑制允许更好地利用信号分量的掩蔽效应.

图 3.35 显示了 $N = 2048$ 点的正弦窗、具有 50% 重叠区域的 $\alpha = 4$ 的 KBD 窗以及要求特别高的掩蔽模板的频率响应比较,使用的采样频率为 48 kHz.如果加窗将掩蔽信号的能量扩展到其他频率,并且在掩蔽曲线之上,则无法确定该频率区域中的信号是否被掩蔽.请注意,正弦窗的频率选择性如何优于 $\alpha = 4$ 的 KBD 窗,但正弦窗的最终抑制达不到最小掩蔽阈值的要求,而 KBD 窗更好地满足了这一要求.

总之,没有单一形状的窗对所有信号都是最优的,应根据信号特性动态选择窗的形状,同时满足完美重构条件.

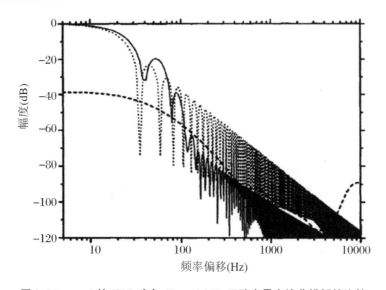

图 3.35　$\alpha = 4$ 的 KBD 窗与 $F_s = 48$ kHz 正弦窗最小掩蔽模板的比较
(实线——KBD 窗;点虚线——正弦窗;短虚线——最小掩蔽模板)

3.6.3　窗形状切换(Window-Shape Switching)

重叠和相加的完美重建条件实际上涉及重叠区域的要求,即每个窗的右侧与后续窗的左侧相结合.当我们使用单一窗类型时,这成为该窗右侧和左侧的条件,但没有说单一窗类型是必要的,或使用的窗需要是对称的.这允许我们将一系列 KBD 窗更改为一系列正弦窗,或将一系列长窗更改为一系列较短窗,前提是我们适当地处理每个重叠区域的重叠和相加条件.

我们通过设计一对"过渡窗"来实现这一点,其中每个窗的一侧与前一个窗系列的形状和长度正确重叠,而窗的另一侧与下一个窗系列的形状和长度正确重叠.例如,通过将 KBD 窗的左半侧与正弦窗的右半侧连接起来构建这些不对称窗口,反之亦然.图 3.36 显示了 KBD 窗与正弦窗交替的窗形状序列.在该图中,相邻块之间的重叠量为 50%(即 $M = N/2$).请注意,为了满足完美的重建要求,在从 KBD 窗到正弦窗(反之亦然)的转换过程中,如何使用非对称混合过渡窗.

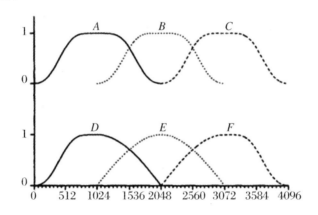

图 3.36　窗形状序列示例

3.6.4　块切换(Block Switching)

为了调整滤波器组的频率选择性,我们还可以在信号编码期间改变窗长度,而不会失去完美的重构特性.当在输入信号中检测到瞬态行为时,这种能力会很有用.尽管长的平滑窗减少了频率泄漏并提供了高频率分辨率,但它们倾向于模糊时间分辨率,导致量化噪声扩散到瞬态的尖锐攻击信号之前的时间,从而产生伪影(或称块效应).这些伪影在文献中被称为前回声效应.为了更好地处理瞬态条件,使用非常短的分析窗很有帮助.在更稳定的状态条件下,我们希望保持长窗中高的频率分辨率.为了满足这两个条件,编码器可以使用长窗,直到检测到瞬态.当瞬态接近时,编码器可以使用"开始"窗转换为短窗操作,直到瞬态过去.一旦瞬态过去,编码器可以使用"停止"窗返回到正常的长窗操作.对于瞬态信号分量过程中从长到短的过渡,开始窗将有一个与长窗重叠的左侧和一个与短窗重叠的右侧,而停止窗将是相反的(见图 3.37).

本章前面讨论的重要的窗属性之一是减少块效应的能力.为了减少窗的块效应,我们希

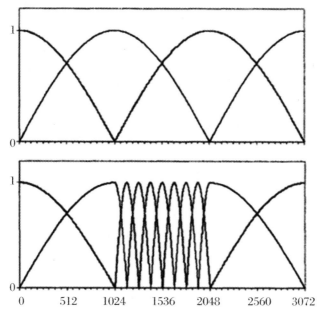

图 3.37　窗切换以更好地模拟瞬态条件示例

望边缘处过渡到 0,或者窗形状尽可能渐变.这意味着当我们设置一个大的重叠区域时,块效应会最大限度地减少.如果我们设置 $M = N - M = N/2$,对系统数据速率有何影响? 通常,我们编码一个新的 N 个样本的块,会从前一个 N 个样本的块起始点处的 M 个样本之后开始.这意味着我们必须为输入给编码器的每 M 个新样本编码和传输/存储 N 个变换数据样本.换句话说,我们的数据速率提高了 N/M 倍,然后再从冗余和相关性移除中获得编码增益.在 50% 重叠($M = N/2$)的情况下,我们在任何编码增益之前会将数据速率翻倍.这对任何编码方案都设置了很高的障碍! 如果我们能找到某种方法在不牺牲数据速率的情况下对数据块进行这些类型的变换,那将会容易得多! 事实上,已经找到了这样的方法,在下一小节将进行叙述.

3.6.5　改进离散余弦变换

在前面的描述中看到,我们可以通过获取有限长度的时间采样数据块,并将数据转换为有限长度的离散频域样本来开发音频信号的良好频率表示.然后我们可以根据心理声学原理对这些样本进行量化,传输/存储数据,并恢复频域样本的反量化版本.如上一小节所述,我们可以通过重叠和相加过程从反量化的频率样本中恢复并得到原始时域样本的良好近似.实施这种编码方案的主要问题是重叠和相加过程在任何编码增益之前增加了频域信号的数据速率.

在编码应用中,需要将分析/合成系统设计成分析阶段输出的总速率等于输入信号的速率,满足此条件的系统被描述为严格采样的系统.当我们通过 DFT 变换信号时,即使相邻块之间的少量重叠也会增加信号频谱表示的数据速率,但是,为了减少块效应,我们希望应用最大重叠率.由于相邻块之间有 50% 的重叠,我们最终会在量化之前将数据速率提高一倍.要解决上述问题,可以使用改进离散余弦变换(MDCT)来代替 DFT.

　　MDCT 是称为时域混叠消除(TDAC)一类变换的示例.具体来说,MDCT 将 N 个输入样本变换为 $N/2$ 个频域样本,并且基于 $N/2$ 个频域样本进行反变换后可以完美地重构原始信号.让我们看看基于时域混叠消除的变换如何在不增加数据速率的情况下实现完美的重构滤波器组.将 N 个输入样本变换为 $N/2$ 个频域样本,然后再变换回 N 个输出时域样本的变换矩阵结构如图 3.38 所示.在该图中,右侧的输入样本以 $N/2$ 为一组进行索引或排列.被视为单个块的当前和先前输入组(序号为 i 和 $i-1$)使用长度为 N 的分析窗 W_{iR}^A 和 W_{iL}^A 进行加窗,其中索引 R 和 L 表示当前块 i 分析窗的右侧和左侧部分.然后将它们乘以矩阵 A_1 和 A_2,变换为 $N/2$ 个频率样本,然后乘以矩阵 B_1 和 B_2,将信号变换为 N 个时间样本.最后,用长度为 N 的合成窗 W_{iR}^S 和 W_{iL}^S 对它们进行加窗,其中索引 R 和 L 表示当前块 i 的合成窗的右侧和左侧部分.接着将该矩阵乘法的结果与先前分析的结果(块 $i-1$)相加,接着将序号 i 增加 1,继续进行另一次变换过程.

　　为了在图 3.38 所示的变换过程之后(重叠和相加之后)恢复输入信号,我们需要满足以下矩阵条件:

$$\begin{cases} W_{iR}^S B_1 A_2 W_{iL}^A = W_{iL}^S B_2 A_1 W_{iR}^A = \mathbf{0} \\ W_{iL}^S B_2 A_2 W_{iL}^A + W_{i-1R}^S B_1 A_1 W_{i-1R}^A = \mathbf{1} \end{cases} \tag{3.91}$$

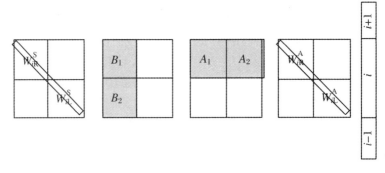

图 3.38　第 i 次通过 TDAC 变换的矩阵结构

其中 $\mathbf{1}$ 是 $N/2 \times N/2$ 单位矩阵,$\mathbf{0}$ 是 $N/2 \times N/2$ 零矩阵.这些条件限制了我们对窗函数的选择和对变换的选择.MDCT 为这些方程提供了一个特定的解决方案.

　　为了更好地理解这样的解决方案是如何产生的,请考虑一组满足以下属性的变换矩阵:

$$\begin{cases} B_1 A_2 = B_2 A_1 = \mathbf{0} \\ B_1 A_1 = \mathbf{1} + J \\ B_2 A_2 = \mathbf{1} - J \end{cases} \tag{3.92}$$

其中 J 是 $N/2 \times N/2$ 反对角矩阵(另一条对角线上的所有值为 1).第一个属性用来消除混叠效应,并确保任何窗函数都满足时间混叠消除条件.应用第二个性质,即矩阵乘积 $A_1 B_1$ 和 $A_2 B_2$ 上的性质,我们可以要求以下两个条件满足来实现完美的重建条件:

$$\begin{cases} W_{iL}^S W_{iL}^A + W_{i-1R}^S W_{i-1R}^A = \mathbf{1} \\ W_{iL}^S J W_{iL}^A = W_{i-1R}^S J W_{i-1R}^A \end{cases} \tag{3.93}$$

第一个完美重建窗条件与我们在 DFT 案例中的完美重建条件相同.第二个窗条件是一个新条件,并为窗函数添加了进一步的约束.这种情况与时域混叠项的取消有关.我们知道 JDJ 在时间上反转任何对角矩阵 D 并且 $JJ = I$,第二个窗条件可以通过要求分析窗和合成窗是彼此时间反转的副本来满足:

$$\begin{cases} W_{iL}^{A} = JW_{i-1R}^{S}J \\ W_{iL}^{S} = JW_{i-1R}^{A}J \end{cases} \tag{3.94}$$

我们可以用更熟悉的形式(即没有矩阵符号)将这些条件重写为

$$\begin{cases} w_{a}^{i}[n] \times w_{s}^{i}[n] + w_{a}^{i-1}\left[\dfrac{N}{2} + n\right] \times w_{s}^{i-1}\left[\dfrac{N}{2} + n\right] = 1 \\ w_{a}^{i}[n] = w_{s}^{i-1}[N - 1 - n] \\ w_{s}^{i}[n] = w_{a}^{i-1}[N - 1 - n] \end{cases} \tag{3.95}$$

值得注意的是,连接分析窗和合成窗的新时间反转条件类似于我们之前看到的子带编码器(例如,CQF)完美重建所需的条件.

了解了如何选择窗来实现完美重建,下面我们来详细看下 MDCT 变换是如何满足其完美重建条件的. MDCT 正向变换采用 N 时间样本块 $x_i[n]$ 并将它们转换为 $N/2$ 个频率样本 $X_i[k]$:

$$X_i[k] = \sum_{n=0}^{N-1} w_a^i[n] x_i[n] \cos\left[\frac{2\pi}{N}(n + n_0)\left(k + \frac{1}{2}\right)\right] \tag{3.96}$$

其中 $k = 0, \cdots, N/2 - 1$, $n_0 = \left(\dfrac{N}{2} + 1\right)/2$ 是确保混叠消除的相位项. MDCT 反变换取 $N/2$ 个频率样本,并根据以下公式将它们转换为 N 个时间样本 $x_i'[n]$:

$$x_i'[n] = w_s^i[n] \frac{4}{N} \sum_{k=0}^{\frac{N}{2}-1} X_i[k] \cos\left[\frac{2\pi}{N}(n + n_0)\left(k + \frac{1}{2}\right)\right] \tag{3.97}$$

因此,根据先前的矩阵表示法,我们有

$$\begin{cases} A_{1kn} = \cos\left[\dfrac{2\pi}{N}\left(n + \dfrac{N}{2} + n_0\right)\left(k + \dfrac{1}{2}\right)\right] \\ A_{2kn} = \cos\left[\dfrac{2\pi}{N}(n + n_0)\left(k + \dfrac{1}{2}\right)\right] \\ B_1 = \dfrac{4}{N}A_1^{T} \\ B_2 = \dfrac{4}{N}A_2^{T} \end{cases} \tag{3.98}$$

总结本节,MDCT 变换允许我们在连续数据块之间有 50% 的重叠,而不会增加整体数据速率.给定一组满足完美重构条件的分析窗和合成窗,我们可以根据以下公式将从来自第 i 组与第 $i+1$ 组的 N 个输入变换为 $N/2$ 频域输出.

$N/2$ 个频域样本会反变换为 N 个时域样本,接下来会进行重叠相加:

$$x'[n] = w_s[n] \frac{4}{N} \sum_{k=0}^{\frac{N}{2}-1} X[k] \cos\left[\frac{2\pi}{N}(n + n_0)\left(k + \frac{1}{2}\right)\right] \tag{3.99}$$

相邻块之间重叠的分析窗和合成窗部分应该是彼此的时间反转.此外,分析窗和合成窗应满足以下完美重建条件:

$$w_a^i[n] \times w_s^i[n] + w_a^{i-1}\left[\frac{N}{2} + n\right] \times w_s^{i-1}\left[\frac{N}{2} + n\right] = 1 \tag{3.100}$$

由于后一种情况与我们在重叠和相加 DFT 中遇到的情况相同,因此我们也可以将那里讨论的窗(例如,正弦窗、KBD 窗)用于 MDCT.如果保持相同的窗长度并继续重叠 50%,我们也可以利用之前描述的相同技巧来改变不同块中的窗形状.然而,跨块的时域混叠要求我们在设计窗以改变时间分辨率(即块大小)或重叠区域时非常小心.

3.7 预 测

本节我们将讨论如何用预测来表示一个时间序列的音频样本,同时减少所需比特数的样本编码.

基于之前样本,我们发现能够在合理准确度范围内预测一个量化后的声音样本.基本思想是,如果实际量化样本和预测得到的样本之间的差异特别小,我们不是直接去量化实际的样本,而是应该在不增加量化噪声的前提下用更少的比特去量化这些差异.

预测是什么意思呢? 预测意味着认识以前输入数据的模式和使用那个模式对下一个还没到来的样本做一个合理的猜测.举个例子来说,如果尝试量化一个变化缓慢的声音信号参数,我们能够基于之前的两个样本简单地线性推断下一个值:

$$
\begin{aligned}
y_{\text{pred}}[n] &= y[n-1] + (y[n-1] - y[n-2]) \\
&= 2y[n-1] - y[n-2]
\end{aligned}
\tag{3.101}
$$

另外一个例子是,在一个活跃的共振腔中发出的声音如被击打过的铃铛,以一个通过共振频率和衰减时间得到的可预测的速率衰减:

$$
y_{\text{pred}}[n] = 2\cos\left(\frac{2\pi f_0}{F_s}\right) e^{-\frac{1}{F_s \tau}} y[n-1] - e^{-\frac{2}{F_s \tau}} y[n-2]
\tag{3.102}
$$

其中 f_0 是共振频率,τ 是衰减时间,F_s 是采样频率.注意在这两个例子中都用前面样本值加权的和作为预测值:

$$
y_{\text{pred}}[n] = \sum_{k=1}^{N} a_k y[n-k]
\tag{3.103}
$$

式中 N 被作为预测的"阶数"(在前两个例子中 N 等于 2,所以称之为 2 阶预测),这样的一个前值加权和是一个全极滤波器,并且是在低速率语音编码中通用的预测方法.

假设有一个合理准确预测样本的方法,我们怎么利用它来保存比特流呢? 一种方法是量化预测误差而不是信号本身.如果预测准确,那么错误信号 $e[n] = y[n] - y_{\text{pred}}[n]$ 应该很小,这样我们可以用更少的比特数来代表原始信号.

在编码器中实现预测时,有许多问题需要面对:

第一,需要对预测的形式作出决定.这在很大程度上取决于所预测数据的来源.在低比特率语音编码中采用了全极滤波方法,通常采用 10 阶预测实现.全极滤波器方法对于预测语音样本很有吸引力,因为我们知道语音是通过声道和鼻窦的谐振腔传递噪声(例如,嘶嘶声)或脉冲(例如,声门发声)激发形成的,但其他类型信息的适当预测程序可能会采取非常不同的形式.

第二,必须确定描述预测函数的参数.在预测语音编码中,滤波器系数(上面的全极滤波器表达式中的 a)通常被设置为使误差信号的方差最小化,这是在基于块的基础上确定的.

第三,有关预测器形式和系数的信息需要传递给解码器.这样的信息需要额外的比特,因此从预测中抵消了一些性能增益.通过使用一组预测系数预测较长时间的信号,尽可能地将这种损失保持在最低限度,而不会导致预测的显著退化.例如,在低比特率语音编码中,每组预测系数通常用于 20～30 毫秒的信号.

第四,为了限制量化误差随时间的增长,预测几乎总是以"反向预测"的形式实现,其中量化样本被用作预测方程中的过去输入值,而不是使用信号本身.原因是,在反向预测过程中产生的量化误差只来自量化器本身引起的误差,即量化器的粗糙度,而"正向预测"形式的误差(即使用之前的输入样本而不是它们的量化版本进行预测)可以随着时间的推移累积到更大的值.

第五,选择编码方案对预测误差进行编码.用比输入信号更低的 x_{max} 和更少的比特数来量化错误信号是"差分脉冲编码调制"(DPCM)编码方法背后的基本思想.选择使用一个量化器,其中 x_{max} 随着时间的推移而变化,这是"自适应差分脉冲编码调制"(ADPCM)背后的思想.(有关 DPCM 和 ADPCM 编码的更多信息,详见第 5 章.)

习题 3

1. 人的听觉特性有哪些? 如何计算 SMR?
2. 音频编解码的过程包含哪些步骤? 编码的潜在错误有哪些?
3. PCM 音频存储格式有哪些?
4. 叙述 WAVE 格式块各参数的含义.
5. 描述奈奎斯特采样定理.
6. 描述傅里叶级数、傅里叶变换、离散时间傅里叶变换、离散傅里叶变换的区别.
7. 描述各种窗函数之间的区别.
8. 描述 PQMF 的工作原理.
9. 描述音频编码中重叠相加的必要性.
10. 描述运用预测编码的原因.

参 考 文 献

[1] 廖超平.数字音视频技术[M].北京:高等教育出版社,2009.
[2] 马华东.多媒体技术原理及应用[M].北京:清华大学出版社,2008.
[3] 蔡安妮,等.多媒体通信技术基础[M].3 版.北京:电子工业出版社,2008.
[4] Bosi M,Golberg R E. Introduction to Digital Audio Coding and Standards[M]. Den Haag:Kluwer Academic Publishers,2002.
[5] https://docs.fileformat.com/audio/wav/.

第 4 章　010 Editor

4.1　010 Editor 简介

010 Editor 是一个专业的文本编辑器和十六进制编辑器,旨在快速轻松地编辑计算机上任何文件的内容.该软件可以编辑文本文件,包括 Unicode 文件、批处理文件、C/C++ 与 XML 文件等,但 010 Editor 擅长编辑二进制文件.一个二进制文件是一个文件,该文件是计算机可读的,但不是人类可读的(如果在文本编辑器中打开一个二进制文件将显示为乱码).一个十六进制编辑器是一个程序,允许查看和编辑二进制文件.010 Editor 还允许编辑硬盘驱动器、软盘驱动器、U 盘、闪存驱动器、光盘中的单个字节与进程等.以下是使用 010 Editor 的一些好处:

(1) 查看和编辑硬盘驱动器上的任何二进制文件(文件大小无限制)和文本文件,包括 Unicode 文件、C/C++、XML、PHP 等.

(2) 独特的二进制模板技术使您可以了解任何二进制文件格式.

(3) 查找并修复硬盘驱动器、软盘驱动器、U 盘、闪存驱动器、CD-ROM、进程等问题.

(4) 使用功能强大的工具分析和编辑文本与二进制数据,包括查找、替换、二进制比较、校验等.

(5) 强大的脚本引擎允许自动执行许多任务(语言与 C 非常相似).

(6) 使用 010 Editor Repository 轻松下载并安装其他人共享的二进制模板和脚本.

(7) 以多种不同格式导入和导出二进制数据.

(8) 010 Editor 独特的二进制模板技术通过向您展示解析为易于使用的结构的文件来理解二进制文件的字节.如果打开计算机上的任何 ZIP、BMP 或 WAVE 文件,二进制模板将自动在该文件上运行.二进制模板易于编写,看起来类似于 C/C++ 结构.

(9) 内置于 010 Editor 中的十六进制编辑器可以立即加载任何大小的文件,并在所有编辑操作中具有无限制的撤销和重做功能.编辑器甚至可以立即在文件之间复制或粘贴大量数据.

4.2 010 Editor 二进制模板

010 Editor 独特的二进制模板可以通过将文件分解成一个比较容易使用的结构,以帮助理解二进制文件的每个字节.二进制模板可以使得任何二进制文件能被解析为一系列的变量.模板允许二进制文件以一种比传统的十六进制编辑器更简单的方式来理解和编辑.每一个模板以扩展名为".bt"的文件格式存储,并可以在 010 Editor 上直接进行编辑.模板按解释器的方式来执行,从文件的第一行向下一直进行解释.模板执行完毕,文件会被解析为很多的变量显示在模板结果(Template Result)面板上.

譬如,打开任意一个 ZIP、BMP 或者 WAVE 文件,010 Editor 自带的二进制模板(zip.bt、bmp.bt 或者 wav.bt)会自动运行在文件上,这样就可以方便地解析打开的文件了.譬如,通过 010 Editor 打开 WAVE 文件,可以知道音频文件是几个通道的,采样频率是多少赫兹.下面以 JPEG 为例介绍如何通过加载 JPEG 模板来学习分析 JPEG 文件格式.

JPEG 文件由十余个大大小小的数据结构组成,而且每个结构里面还嵌套了子结构,如果按照文件格式规定的标准对一个个十六进制数据进行解释,工作量可想而知.如果通过阅读 C 代码进行 JPEG 文件解析,首先要花时间读懂 C 代码,其次要理清各种结构的关系,还要通过运行 C 程序区观察其中的数据值.中间的每一个步骤都要费时费力,因此工作量也是挺庞大的.

010 Editor 加载二进制模板并运行在 JPEG 文件上,可以使得解析文件既迅速又易懂.图 4.1 是用 010 Editor 打开 JPEG 文件并运行 JPEG 二进制模板弹出的界面.

图中标号为 1 的区域是一个工作区,里面列出了目录和文件名.想对里面一个文件进行操作,只要点击该文件就可以.

标号为 2 的区域是文件内容区.该区域又可分为三部分.左边部分显示了数据行的编号,通过它可以计算数据在文件中具体的偏移位置,中间部分是文件内容的十六进制值显示,右边部分是对应的 ASCII 码.

标号为 3 的区域是数据区.数据在这里按文件数据存放的顺序依次显示,包括数据类型和具体数值.选中某条数据,该数据会在区域 2 中用蓝色标记出来.

标号为 4 的区域是文件数据结构区.这块区域也是 010 Editor 相比其他文本编辑器独特的地方.通过这块区域,可以解析多媒体文件的数据组织和数据内容.如何解析文件的内容是由模板决定的.从区域 4 可以看到 JPEG 文件结构(struct JPGFILE jpgfile)包含了十余个数据结构(struct),各个数据结构的类型和相互之间的关系也可以从图中一目了然地看到.

标号为 5 的区域是信息区,从这里可以看到各种运行状态信息和错误警告信息.

要了解某个结构的信息,可以将此结构进行展开.图 4.2 显示了经过展开的 APP0 结构的部分内容,从图中我们知道这个字段的长度(szSection)为 16,图像横轴的像素密度为每英寸 72 像素点.同样我们可以很方便地查看其他结构的内容,比如量化表格(DQT)、哈夫曼表格(DHT)、压缩数据段(ScanData)等.

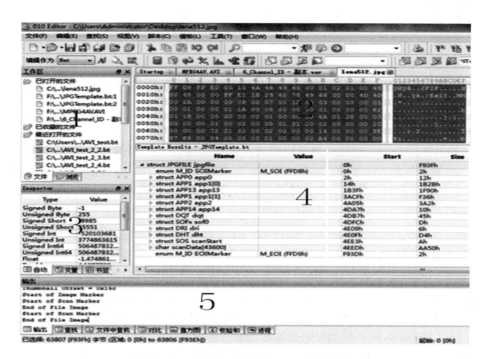

图 4.1　010 Editor 打开的 JPEG 文件界面

Name	Value	Start	Size
⊿ struct APP0 app0		2h	12h
enum M_ID marker	M_APP0 (FFE0h)	2h	2h
WORD szSection	16	4h	2h
⊿ char App0Type[5]	JFIF	6h	5h
char App0Type[0]	74 'J'	6h	1h
char App0Type[1]	70 'F'	7h	1h
char App0Type[2]	73 'I'	8h	1h
char App0Type[3]	70 'F'	9h	1h
char App0Type[4]	0	Ah	1h
short versionHigh : 8	1	Bh	2h
short versionLow : 8	2	Bh	2h
ubyte units	1	Dh	1h
WORD Xdensity	72	Eh	2h
WORD Ydensity	72	10h	2h
ubyte xThumbnail	0	12h	1h
ubyte yThumbnail	0	13h	1h
⊿ APP1 [0]		14h	1B2Bh

图 4.2　JPEG APP0 数据结构信息

　　模板可以设置为在文件打开时自动载入执行. 例如,可以在电脑上打开一个文件如格式为 ZIP、BMP 或者 WAVE 的任意一种,在存储库对话框(RepositoryDialog)中可以看到模板载入信息.

4.3　编写二进制模板

010 Editor 模板(010 Editor Templates)的基本语法和 C 语言类似,不同的是,在 010 Editor 中,需要将整个文件的数据转换成一个结构体,其内部需要更细粒度的结构体来支撑.

4.3.1　声明模板变量

在模板中声明变量的方式类似于 ANSI C 和脚本,但是有一个很重要的区别:如果每次在模板中有一个变量被声明,那么这个变量都会映射到文件中的一组字节.例如,运行模板

```
char        header[4];
int         numRecords;
```

将会生成字符数组 header,它映射到当前文件的前四个字节,还会生成一个整形变量 numRecords,它被映射到文件的下面四个字节.每个变量都会显示在模板结果面板上.

在变量后面的⟨ ⟩内一个或者多个特性可以被指明.下面这些属性可以被支持:

⟨format = hex | decimal | octal | binary,

fgcolor = ⟨color⟩,

bgcolor = ⟨color⟩,

comment = "⟨string⟩" | ⟨function_name⟩,

name = "⟨string⟩" | ⟨function_name⟩,

open = true | false | suppress,

hidden = true | false,

read = ⟨function_name⟩,

write = ⟨function_name⟩,

size = ⟨number⟩ | ⟨function_name⟩⟩

所有的属性接下来都会被讨论,除了读(read)和写(write)还有大小(size)属性,前两个属性可以用来创建自定义变量(Custom Variable),size 属性可以用来创建按需的结构(on-demand structures).

1. 显示格式

默认情况下,所有声明的变量都以十进制格式在模板结果面板中显示.想要在十六进制和十进制、二进制格式间切换,可以调用接口函数中的 DisplayFormatDecimal、DisplayFormatHex、DisplayFormatBinary、DisplayFormatOctal 等函数.另一种指定变量格式的方法是在声明一个变量之后使用语法"⟨format = hex | decimal | octal | binary⟩".例如:

```
int id;
```

```
int crc    〈format = hex〉;
int flags 〈format = binary〉;
```

2. 颜色

当解析一个文件时,可以通过使用模板对变量应用不同的颜色.例如,一个文件的标题字节的颜色可以与文件的其他部分不同.有两种方法来控制变量的颜色.

如果你只是希望设置单一变量的颜色,可以在变量后面加语法结构"〈fgcolor = ???〉"或"〈bgcolor = ???〉"来分别设置背景和前景颜色.在这里"???"可以表示一个内置颜色常量(如 cRed 表示为红色)或者一个以"0xBBGGRR"为格式的数字常量.例如:

```
int id 〈fgcolor = cBlack,bgcolor = 0x0000FF〉;
```

第二种设置变量颜色的方法是使用 SetForeColor、SetBackColor 或 SetColor 函数来设置默认颜色.在调用这几个函数后定义的每一个变量都会被设定为默认颜色.特殊颜色常量"cNone"可以用来关闭颜色.例如:

```
SetForeColor(cRed);
int first;     // 变量设置成红色
int second;    // 变量设置成红色
SetForeColor(cNone);
int third;     // 不进行颜色设置
```

注意,fgcolor 和 bgcolor 语法需要 010 Editor 版本在 3.1 以上.

3. 存储顺序

从文件中写入或读出的任何数据都取决于文件的存储顺序.默认情况下,所有声明的变量将具有与文件相同的存储顺序,但可以通过使用函数 BigEndian 或 LittleEndian 来修改存储顺序.使用这种技术,同一个文件可以同时包含小端模式(little endian)和大端模式(big endian)的数据.

4. 注释(comment)

在一个变量后使用语法"〈comment = "〈string〉"〉"可以添加注释.例如:

```
int machineStatus 〈comment = "This should be greater than 15. "〉;
```

这个注释会在 TemplateResults 的 Comment 列中显示.另外,一个注释也可以通过使用用户函数来提供,语法为"〈comment =〈function_name〉〉".注释函数将一个变量作为参数,返回一个字符串显示在 Comment 列中.例如:

```
int machineStatus 〈comment = MachineStatusComment〉;
string MachineStatusComment(int status) {
    if(status <= 15)
        return " * * * Invalid machine status";
    else
        return "Valid machine status";
}
```

5. 名称

name 属性可以用来覆盖在 name 列中显示的文字.类似于上面的注释属性,名字属性可以通过语法结构"〈name = "〈string〉"〉"来赋予字符串或通过语法结构"〈name = 〈function_name〉〉"来赋予函数.一个名字函数也类似于注释函数,将一个变量作为参数,返回一个字符串.下面就是一个使用字符串赋予名字属性的例子:

byte_si8〈name = "Signed Byte"〉;

上面的语句会在模板结果面板的 name 列中显示"Signed Byte"而不是"byte_si8".注意到如果变量是数组的一部分,则数组序数会自动添加到 name 后.name 属性在 4.0 或者更高版本中才可用.

6. 次序

每个模板变量声明之后,当前文件的位置向前移动.当前文件位置可以使用函数 FTell 得到.通过使用函数 FSeek 或 FSkip 可以移动文件当前位置.需要注意的是,需要读取一个文件而没有定义一个变量,可以使用 ReadByte、ReadShort、ReadInt 等函数.

7. 本地变量

在某些情况下,可能需要一个变量不映射到一个文件,也不显示在模板结果面板中(普通 C/C++ 变量).在这种情况下,可以使用特殊的关键字"local"在声明之前.例如:

```
local int i, total = 0;
int      recordCounts[5];
for(i = 0;i<5;i++)
          total += recordCounts[i];
double records[total];
```

在这个例子中,i 和 total 没有默认添加到 Template Result 面板中.然而,在面板中右键选择 show local variable 可以切换为显示本地变量.

8. 变量的打开状态

当一个模板运行时,所有创建的变量以树格式显示在 Template Result 中.默认情况下所有数组和结构体在树中是关闭状态,可以通过单击小"+"或每一项旁边的箭头来打开;然而,有时默认打开了一个数组或结构使得观看重要的数据变得更加容易.在默认情况下打开一个数组或结构可以在一个变量之后使用语法"〈open = true〉"来实现.语法"〈open = false〉"可以用来设置一个数组或结构在模板运行时关闭(这是默认行为).

当扩展所有的子节点操作运行在模板结果树时(这是通过右键单击模板执行结果),所选变量下的数组或结构被打开.模板中的所有节点的结果可以通过右键单击树递归地打开.如果想防止数组或结构体在扩展所有的操作时被打开,可在变量后使用语法"〈open = suppress〉".

9. Strings 字符串

以空字符结尾的字符串通常在二进制文件中定义.010 Editor 允许在模板中使用特殊

的语法来读以空字符结尾的字符串：

char str[ ]；

或

string str；

Unicode 字符串可以使用：

wchar_t str[ ]；

或

wstring str；

10. 隐藏变量

语法"〈hidden＝true〉"可以用于隐藏变量在模板结果中的显示．启用显示变量，使用语法"〈hidden＝false〉"．隐藏变量可以在 010 Editor 版本 3.1 或更高版本中使用．

4.3.2 数据类型

1. 常用数据类型

在 010 Editor 中内建支持很多种数据类型，这些数据类型在写模板或者脚本时使用．通常，有很多种不同的名字对应于相同的数据类型（例如，"ushort"和"WORD"）．下面列举了现在支持的类型和它们的名字：

- 8 位有符号整数——char，byte，CHAR，BYTE；
- 8 位无符号整数——uchar，ubyte，UCHAR，UBYTE；
- 16 位有符号整数——short，int16，SHORT，INT16；
- 16 位无符号整数——ushort，uint16，USHORT，UINT16，WORD；
- 32 位有符号整数——int，int32，long，INT，INT32，LONG；
- 32 位无符号整数——uint，uint32，ulong，UINT，UINT32，ULONG，DWORD；
- 64 位有符号整数——int64，quad，QUAD，INT64，_int64；
- 64 位无符号整数——uint64，uquad，UQUAD，UINT64，QWORD，_uint64；
- 32 位浮点数——float，FLOAT；
- 64 位浮点数——double，DOUBLE；
- 16 位浮点数——hfloat，HFLOAT.

注意，数据类型可以在模板中使用，但是它们在操作之前一定要被转换为 int 或者 float 型．010 Editor 也支持特殊的 string 类型．

2. 自定义数据类型（typedefs）

通过使用关键字"typedef"可以创建其他数据类型．创建新类型的语法是"typedef〈data_type〉〈new_type_name〉"．例如：

typedef unsigned int myInt；

将会产生一个新的数据类型 myInt 来代表无符号整数．typedef 也可以用在数组上，语法是"typedef〈data_type〉〈new_type_name〉[〈array_size〉]"．注意数组的大小一定是一个常

数. 例如, 为了生成一个 15 个字符的字符串类型可以使用:

typedef char myString[15];

　　myString s = "Test";

注意, typedef 不能用于创造多维数组.

3. 枚举类型(enums)

使用 enum 关键字来为变量指定多个常数. 一个枚举数据类型可以使用 C 语法"enum ⟨type_name⟩⟨⟨constant_name⟩[= expression], ⋯⟩⟨variable_list⟩"来创建. 如果第一个常量没有表达式, 那么它被指定为 0. 如果其他的常量都没有表达式, 它们的值将赋予前面的值加 1. 例如:

enum MYENUM { COMP_1, COMP_2 = 5, COMP_3} var1;

会声明常量 COMP_1 等于 0, COMP_2 等于 5, COMP_3 等于 6. 默认枚举和整型是一种类型, 但是可以在 enum 关键字后面加⟨type_name⟩来改变类型. 例如:

enum ⟨ushort⟩ MYENUM {COMP_1, COMP_2 = 5, COMP_3} var1;

将会声明相同的变量, 但是类型是无符号短整型. 在写模板时枚举非常有用.

枚举类型在写模板时非常有用. 当一个枚举变量被声明而且这个变量在 Template Result 中被选中时, 在文字区域的右侧会出现一个向下的箭头. 单击向下箭头会显示一个为该枚举定义常数的下拉列表. 从下拉列表中选择一项, 或在编辑字段输入一个常量并按 "Enter"键会给变量赋予一个新值. 枚举在比特域中也会使用.

4.3.3　结构与联合

1. 结构

结构可以用 C/C++ 语法来定义. 例如:

```
struct myStruct {
    int a;
    int b;
    int c;
};
```

注意在结构体定义后要加分号. 这种语法实际上会生成一种新类型 myStruct, 但是不会声明任何变量, 直到一个 myStruct 类型的实例被声明:

myStruct s;

在这个声明之后, 在 Template Result 里会有一个 myStruct 条目, 旁边有一个 + 号. 单击 + 号会在下面显示变量 a, b, c.

结构体实例也可以在结构体被定义的时候声明, 例如:

```
struct myStruct {
    int a;
    int b;
    int c;
```

```
} s1，s2；
```

会生成 myStruct 型的两个实例. s1 占据文件的前 12 个字节, s2 在文件中占接下来的 12 个字节.

这里的结构体比常规的 C 结构体更强大, 因为它们可以包含控制语句, 譬如 if, for 或者 while. 例如:

```
struct myIfStruct {
    int a；
    if(a > 5)
        int b；
    else
        int c；
} s；
```

在这个例子中, 当 s 被声明时, 只产生两个变量: a, 以及 b 和 c 中的一个. 记住模板会像解释器那样来执行, 在进入下一行之前会判断每一行.

在 010 Editor 中可以嵌套结构, 也可以声明结构数组. 例如:

```
struct {
    int width；
    struct COLOR {
        uchar r, g, b；
    } colors[width]；
} line1；
```

注意, 结构甚至可以递归嵌套. typedef 通过与 struct 使用可以作为定义结构体的替代方式, 例如:

```
typedef struct {
    ushort id；
    int   size；
}myData；
```

2. 联合体(Unions)

可以使用与结构相同的语法, 除了关键字使用"union"而不是"struct"来声明联合体. 在联合体中, 所有变量的开始位置都在相同的位置并且联合体的大小只是足够大以包含最大的变量. 例如, 对于联合体:

```
union myUnion {
    ushort s；
    double d；
    int    i；
} u；
```

三个变量都会从相同的位置读取, 联合体的大小为 8 字节, 以包含 double 型变量.

3. 带参数的结构

当定义一个结构体或者联合体时在关键字"struct"或者"union"后面可以指定一列参数. 这是一种用于复杂结构的方式,参数列表类似于函数中的方式来定义. 例如:

```
struct VarSizeStruct (int arraySize){
    int id;
    int array[arraySize];
};
```

接下来,当这个结构体的实例被声明时,合适的参数要传到括号中. 例如:

```
VarSizeStruct s1(5);
VarSizeStruct s2(7);
```

参数也可以在使用 typedef 定义的结构体或联合体中使用. 例如:

```
typedef struct (int arraySize){
    int id;
    int array[arraySize];
} VarSizeStruct;
```

4.3.4　数组

在写模板时,普通的数组可以使用和 C 语言相同的语法来声明,譬如:

```
int x[3];
```

然而,010 Editor 有一种语法,允许数组以一种特殊的方式建立. 当声明模板变量时,可以声明同一个变量的多个副本. 例如:

```
int x;
int x;
int x;
```

010 Editor 允许将多个变量声明当作数组(这被称作复制数组). 在这个例子中,x[0]可用于引用第一个 x,x[1]可用于引用第二个 x. 这种数组甚至可以使用 while 或者 for 语句来定义. 例如:

```
local int i;
for(i = 0; i < 5; i++)
    int x;
```

4.3.5　比特域

一个比特域允许结构被划分成多个位组. 这个过程允许多个变量被打包到单个的内存块. 定义一个比特域的语法是"type_name ⟨variable_name⟩: number_of_bits". 数据类型可以是字符、短整型、整型或者任意类似的类型. 如果变量名省略,给出的比特个数会被跳过. 例如:

```
int alpha    : 5;
```

```
int        : 12;
int beta   : 15;
```

将会把 alpha 和 beta 打包到一个 32 比特的值,但是会跳过中间的 12 个比特.010 Editor 有两种比特域模式,决定了比特怎么被打包成变量:填充式比特域和非填充式比特域.

1. 填充式比特域(Padded Bitfield)

使用填充式比特域,位数据怎么被打包成一个变量取决于当前的字节顺序.默认情况下,小端文件比特被从右向左打包,大端文件比特被从左向右打包.例如:

```
ushort   a : 4;
ushort   b : 7;
ushort   c : 5;
```

在小端模式下,这个结构将被存储为:cccccbbb bbbbaaaa(在磁盘上存储为 bbbbaaaa cccccbbb).在大端模式下,这个结构被存储为:aaaabbbb bbbccccc(在磁盘上存储为 aaaabbbb bbbccccc).比特被打包的顺序可以通过函数 BitfieldLeftToRight 和 BitfieldRightToLeft 来控制.

在这个模式下,在需要时程序会自动添加填充位.如果定义的类型的大小改变,将会添加填充,以使比特域定义在下一个变量边界内.另外,如果指定的比特域跨过一个变量的边界,填充会添加,比特域从下一个变量开始,例如:

```
int    apple    : 10;
int    orange   : 20;
int    banana   : 10;
int    peach    : 12;
short  grape    : 4;
```

比特域 apple 和 orange 会被打包到一个 32 位的值.然而,banana 会越过变量边界,所以两个比特会被添加,从而使它从下一个 32 位的值开始.banana 和 peach 被打包到另一个 32 位的值,但是因为类型在 grape 会发生改变,在 grape 定义之前会添加额外的 10 比特.

2. 非填充式比特域(Unpadded Bitfield)

010 Editor 中包含一种特殊的非填充模式,将文件看作一个长比特流.如果变量类型改变或者比特不能被打包到一个变量,也没有填充位被添加,可以通过调用函数 BitfieldDisablePadding()来进入非填充模式.

在非填充式比特域模式下,每一个定义的变量从比特流中读取一些比特.例如:

```
BitfieldDisablePadding();
short a : 10;
int b   : 20;
short c : 10;
```

这里 a 从文件里读取前 10 个比特,b 读取接下来的 20 个比特,c 读取接下来的 10 个比特.如果比特域定义为从右向左读取[这是小端模式下数据的默认读取方式,可以使用函数 BitfieldRightToLeft()来启用],变量将会按位来保存:

aaaaaaaa bbbbbbaa bbbbbbbb ccbbbbbb cccccccc.

如果比特域定义为从左向右读取,变量将会这样按位存储:

aaaaaaaa aabbbbbb bbbbbbbb bbbbbbcc cccccccc.

当声明了包含未填充比特域结构,没有额外的填充位被添加在结构之间(注意,在内部,任何未填充自右向左比特域必须声明小端模式,任何未填充自左向右比特域必须声明大端模式).

4.3.6　表达式

1. 运算符

模板中的表达式可以包含任意的标准 C 运算符:

- ＋(加);
- － (减);
- ＊(乘);
- ／(除);
- ～(二进制取反);
- ＾(二进制异或);
- &(二进制与);
- |(二进制或);
- %(模);
- ++(递增);
- －－(递减);
- ?:(三目操作);
- ≪(左移);
- ≫(右移).

括号可以将表达式组合.例如:

(45 ＋ 123) ＊ (456 ＾16)

是一个有效的表达式.下列比较运算符也可以使用:

- ＜(小于);
- ＞(大于);
- ＜＝(小于或等于);
- ＞＝(大于或等于);
- ==(等于);
- ！＝(不等于);
- ！(非).

例如:

(45 ＞ 32)

会返回值 1.任意的赋值操作符例如 ＋＝, －＝, ＊＝, /=, &＝, ＾＝, %＝, |＝, ≪＝ 或 ≫＝ 也都可以使用.许多添加的特殊关键字例如 sizeof 可以在表达式中使用.

2．布尔操作符

下列布尔运算操作符可以在表达式中使用：
- &&（与）；
- ||（或）；
- ！（非——只接受一个参数）．

例如，为了展示一个运算当 A 和 B 都正确或者 C 不正确，使用：

if((A && B) || ! C) …

括号的使用表明了运算进行的顺序．

3．数字

数字可以使用许多不同的格式：
- 十进制（Decimal）——456；
- 十六进制（Hexadecimal）——0xff，25h，0EFh；
- 八进制（Octal ）——013（数字之前有个 0）；
- 二进制（Binary）——0b011．

"u"字符可以用在数字后表示无符号的数，或者可使用"L"字符表示一个八字节的 64 位值．浮点数可以包含"e"来表示指数记法．一个浮点数自动假定为 8 字节，除非在数字后加"f"字符，这时会将数字指定为 4 字节．

4.3.7　语句

1．if 语句（条件语句）

语句可以通过使用大括号组成块，也可以包含常规的 C 语言的 if 语句，或者 if-else 语句．例如：

```
if(x < 5)
    x = 0;
```

或者

```
if(y > x)
    max = y;
else
{
    max = x;
    y = 0;
}
```

2．for 语句

标准的 C 语言 for 语句可以在模板中使用，格式是"for(〈初始化〉;〈条件〉;〈递增〉)〈语句〉"．例如：

```
for(i = 0, x = 0; i < 15; i++)
{
    x += i;
}
```

3. while 语句

while 和 do-while 语句也可以使用,格式是"while(〈条件〉)〈语句〉"或"do〈语句〉while(〈条件〉)". 例如:

```
while(myVar < 15)
{
    x *= myVar;
    myVar += 2;
}
```

或者

```
do
{
    x *= myVar;
    myVar += 2;
}  while(myVar < 23);
```

4. switch 语句

switch 语句可以用于将一个变量值与多个值比较,基于结果执行不同的操作. switch 语句是下列形式:

```
switch(〈变量〉)
{
  case 〈表达式〉:〈语句〉;[break;]
  ⋮
    default :〈语句〉;
}
```

例如:

```
switch(value)
{
    case 2  : result = 1; break;
    case 4  : result = 2; break;
    case 8  : result = 3; break;
    case 16 : result = 4; break;
    default : result = -1;
}
```

5. break 和 continue 语句

使用 break 可以跳出当前的 for,switch,while 或者 do-while 循环块并将程序转移到块后的第一条语句. break 还可以在写模板时从结构跳出. 使用 continue 可以跳到 for 或者 while 循环底部继续执行循环.

6. return 语句

在程序执行的任何阶段都可以使用"return〈表达式〉;"语句来终止执行. return 也可以在自定义函数时使用来返回值.

4.3.8 函数

010 Editor 中内置了大量函数. 许多标准 C 函数都可用,但有一个大写的第一个字母来区分它们.

函数调用使用典型的 C 语法:"〈function name〉(〈argument_list〉)". 例如:

```
string str = "Apple";
return Strlen(str);
```

会返回 5.

某些函数可以具有可变数量的参数. 例如:

```
Printf("string = '%s'length = '%d'\n", str, Strlen(str));
```

将在输出窗口的输出选项卡中显示"string = 'Apple'length = '5'".

可以使用常规 C 语法定义自定义函数:

```
〈return type〉〈function name〉(〈argument_list〉)
{
  〈statements〉
};
```

返回类型可以是 void 或任何支持的数据类型. 例如:

```
void OutputInt(int d)
{
    Printf("%d\n", d);
}
OutputInt(5);
```

参数通常按值传递,但可以在参数名称之前使用"&"字符通过引用传递. 数组参数可以在参数名称后使用字符"[]"表示. 如果可能,数组参数通过引用传递,如果不可能,则通过值传递.

010 Editor 也定义了以下函数:接口函数、输入输出函数、数学函数、字符串函数等.

1. 接口函数

010 Editor 中,接口函数包括打印函数与警告函数.

1) 打印函数:int Printf(const char format[ ] [, argument, …])

　　类似于标准 C Printf 函数.接受格式说明符和一系列参数.Printf 的结果显示在输出窗口的输出选项卡中.表 4.1 显示了不同格式符对应的数据类型.

表 4.1　代码与对应的数据类

格 式 符	含 义
%d，%i	有符号整数
%u	无符号整数
%x，%X	十六进制整数
%o	八进制整数
%c	字符
%s	字符串
%f，%e，%g	浮点数
%lf	双精度浮点数
%Ld	有符号 64 位整数
%Lu	无符号 64 位整数

　　打印输出还支持宽度、精度和对齐字符(例如"%5.2lf"或"%−15s").换行符可以用"\n"指定.

　　2) 警告函数:void Warning(const char format[ ] [, argument, …])

　　与 Printf 函数类似,但结果字符串显示在应用程序的状态栏中,并以橙色突出显示.这对于显示模板中发生的错误非常有用.

2. 输入输出函数

　　表 4.2 列出了 010 Editor 支持的输入输出函数.

表 4.2　输入输出函数

函 数 名	含 义
void BigEndian( )	设置大端模式
void LittleEndian( )	设置小端模式
char ReadByte(int64 pos) double ReadDouble(int64 pos) float ReadFloat(int64 pos) int ReadInt(int64 pos) int64 ReadInt64(int64 pos) int64 ReadQuad(int64 pos) short ReadShort(int64 pos) uchar ReadUByte(int64 pos) uint ReadUInt(int64 pos) uint64 ReadUInt64(int64 pos) uint64 ReadUQuad(int64 pos) ushort ReadUShort(int64 pos)	在 pos 位置读数据

3．数学函数

表 4.3 列出了 010 Editor 支持的数学函数.

表 4.3 数学函数

函 数 名	含 义
double Abs(double x)	取绝对值
double Ceil(double x)	向上取整
double Cos(double a)	取余弦值，a 是角度
double Exp(double x)	e^x
double Floor(double x)	向下取整
double Log(double x)	取自然对数($\ln x$)
double Max(double a, double b)	取最大值
double Min(double a, double b)	取最小值
double Pow(double x, double y)	x^y
int Random(int maximum)	取 0 到 maximum－1 之间的随机整数
double Sin(double a)	取正弦值，a 是角度
double Sqrt(double x)	取平方根
double Tan(double a)	取正切值
data_type SwapBytes(data_type x)	交换变量中的字节

4．字符串函数

表 4.4 列出了部分 010 Editor 支持的字符串函数.

表 4.4 字符串函数

函 数 名	含 义
double Atof(const char s[])	将字符串转换成浮点数
int Atoi(const char s[])	将字符串转换成整数
int64 BinaryStrToInt(const char s[])	将二进制字符串转换成整数
int IsCharAlpha(char c) int IsCharAlphaW(wchar_t c)	确定 c 是否是字母
int Memcmp(constuchar s1[], const uchar s2[], int n)	比较 s_1 与 s_2 的前 n 个字符
void Memcpy(uchar dest[], const uchar src[], int n, int destOffset = 0, int srcOffset = 0)	拷贝源字符串的 n 个字符到目的字符串

习题 4

1. 利用 010 Editor 查看 WAVE 文件，并了解各种数据块构成.
2. 独立写作一个 WAVE 文件的 010 Editor 模板，并用此来解析 WAVE 文件.

参 考 文 献

[1]　http://www.sweetscape.com/.

第5章 语音与音频编码

　　语音与音频编码就是对模拟的语音与音频信号进行编码,将模拟信号转化成数字信号,从而降低传输码率并进行数字传输,语音编码的基本方法可分为波形编码、预测编码、参数编码和变换编码等.

　　波形编码是最简单也是应用最早的语音编码方法.波形编码是将时域的模拟话音的波形信号经过取样、量化、编码而形成的数字话音信号.最基本的一种就是 PCM 编码,如 G.711建议中的 A 律或 μ 律.波形编码具有实施简单、性能优良的特点,不足是编码带宽往往很难再进一步下降.

　　预测编码是基于以前的信号对当前信号进行预测而编码.语音信号是非平稳信号,但在短时间段(一般是 30 ms)内具有平稳信号的特点,因而对语音信号幅度进行预测编码是一种很自然的做法.最简单的预测是相邻两个样点间求差分,编码差分信号,如 G.721,但更广为应用的是语音信号的线性预测编码(LPC).几乎所有的基于语音信号产生的全极点模型的参数编码器都要用到 LPC,如 G.728、G.729、G.723.1 等.

　　参数编码是基于人类语言的发音机理,找出表征语音的特征参量,对特征参量进行编码.参数编码建立在人类语音产生的全极点模型的理论上,参数编码器传输的编码参数也就是全极点模型的参数:基频、线谱对、增益.对语音来说,参数编码器的编码效率最高,但对音频信号,参数编码器就不太合适.典型的参数编码器有 LPC-10、LPC-10E,当然,G.729、G.723.1以及 CELP(FS-1016)等码本激励声码器都离不开参数编码.

　　变换编码将时域信号变换到频域进行编码.一般认为变换编码在语音信号中的作用不是很大,但在音频信号中它却是主要的压缩方法.比如,MPEG 伴音压缩算法(含著名的MP3)用到 FFT、MDCT 变换,AC-3 杜比立体声也用到了 MDCT.

5.1　自适应差分脉冲编码调制

　　自适应差分脉冲编码调制(ADPCM)是预测编码的一种,它在 PCM 基础上进行了改进,首先利用过去的几个抽样值来预测当前输入的样值,然后对实际信号与预测值之间的差值信号进行量化编码.

　　话音信号样值的相关性,使差值信号的动态范围较话音样值本身的动态范围大大缩小,用较低码速也能得到足够精确的编码效果.在 ADPCM 中所用的量化间隔的大小还可按差值信号的统计结果自动适配,达到最佳量化,从而使因量化造成的失真最小.ADPCM 方式已广泛应用于数字通信、卫星通信、数字话音设备及变速率编码器中.

5.1.1　DPCM

DPCM 或差分脉冲编码调制:编码器基于 PCM,但在预测样本信号的基础上增加一些功能.在 DPCM 中,我们不直接传输原始 PCM 样本,而是传输原始样本 x_{n+1} 和基于先前传输样本的预测值 xp_{n+1} 之间的差值

$$diff = x_{n+1} - xp_{n+1} \tag{5.1}$$

预测值 xp_{n+1} 表示为

$$xp_{n+1} = ax_n + bx_{n-1} \tag{5.2}$$

其中 x_n 为时刻 n 的样本信号,a 与 b 为预测系数.

5.1.2　ADPCM

$diff$ 差异通常很小.为了节省存储和传输空间,我们必须将其表示限制在一定范围内,例如从 16 位到 4 位.然而,我们不能保证差异总是很小,因为有时传输的信号会有急剧的变化.

为了解决这个问题,我们引入了一个变化的因子 $iDelta$.然后我们定义一个新的差值 $iErrordata = diff / iDelta$.如果 $diff$ 很大,$iDelta$ 也会很大,反之亦然.这样一来,新的差值将是稳定的.

$iErrordata$ 用 4 位进行保存,命名为"nibble".小数点的范围是 $-8 \sim 7$.每次产生新的 $iErrordata$ 时,$iDelta$ 都会相应地改变,如下所示:

$$iDelta = iDelta \times \text{AdaptableTable}[(\text{unsigned})\text{nibble}]/256 \tag{5.3}$$

其中 AdaptableTable[ ]的定义如下:

```
const int AdaptationTable[ ] = {
    230, 230, 230, 230, 307, 409, 512, 614,
    768, 614, 512, 409, 307, 230, 230, 230};
```

式(5.2)中的预测系数 a,b 可以存放在以下结构体中:

```
typedef struct adpcmcoef_tag {
    int16 icoef1;  // predction coefficient
    int16 icoef2;  // predction coefficient
} adpcmcoefset;
```

MS-ADPCM 的数据格式采用 WAVE 格式,其格式块定义为

```
typedef struct adpcmwaveformat_tag {
    waveformatex wfxx;
    word wsamplesperblock;  // number of samples per block
    word wnumcoef;          // number of predction coefficient sets
    adpcmcoefset acoeff[wnumcoef];
```

} adpcmwaveformat;

其中 waveformatex 是 WAVE 格式块的数据结构, ADPCM 每次对一块信号进行编码, 块长度 wsamplesperblock 的计算公式为

$$wsamplesperblock = 2 + \frac{8 \times (wBlockAlign - 7 \times wChannels)}{wbitspersample \times wChannels} \tag{5.4}$$

式(5.4)中, wChannels 为音频信号的通道数, wbitspersample 表示经过 ADPCM 编码后, 存储每个编码信号所用的比特数, wBlockAlign 表示为原始的块信号进行编码后进行存储所需的字节数, wBlockAlign 的长度如表 5.1 所示.

表 5.1 **wBlockAlign** 的长度

采样频率(kHz)	8	11.025	22.05	44.1	48
wBlockAlign(字节)	256	256	512	1024	2048

acoeff 是预测系数集. 它们可以被解释为固定点 8.8 的有符号值. 有 7 个预设系数集, 如表 5.2 所示, 必须按预测系数集 0,1,2,3,4,5,6 的顺序出现. 可以加入新的系数集, 但是前面 7 个系数集总是不变的.

在 MS-ADPCM 波形文件中, 除了格式块和数据块外, 还有另一个块, 称为事实(fact)块, 它存储样本的长度.

表 5.2 预测系数集

系数集	0	1	2	3	4	5	6
icoef1	256	512	0	192	240	460	392
icoef2	0	−256	0	64	0	−208	−232

在数据块(data chunk)中, 数据以块(block)为单位一个接着一个存储. 块有三个部分: 头信息、数据和填充位.

头信息的定义如下面的结构所示:

typedef struct adpcmblockheader_tag {

    byte bpredictor[nchannels];

    int16 idelta[nchannels];

    int16 isamp1[nchannels];

    int16 isamp2[nchannels];

}adpcmblockheader;

bpredictor 指示用于编码此块的预测系数是来自 acoeff 系数集中的那一组. idelta 是要使用的初始量化长. isamp1 是块的第二个采样值, isamp2 是块的第一个采样值.

具体的编码过程如下:

(1) 从前两个样本中预测当前样本 x(n), 预测值存入 lpredsamp;

$$lpredsamp = (isamp1 * icoef1 + isamp2 * icoef2)/256$$

(2) 将当前样本减去预测值, 并除以 idelta, 得到 ierrordelta;

$$ierrordelta = [x(n) - lpredsamp]/idelta$$

将 ierrordelta 进行取整, 范围为[−8,7]. 然后将 ierrordelta 以 4 位(nibble)输出.

（3）将"预测中的错误"与预测值 lpredsamp 相加，得到 Lnewsample：

$$LnewsSample = lpredsamp + (idelta * ierErrorDelta)$$

将 LnewsSample 以 16 位整数进行存储.

（4）调整用于计算"预测误差"的量化步长；

$$idelta = idelta * AdaptationTable[ierErrorDelta]$$

如果 idelta 太小，则应将其设置为最小允许值.

（5）更新以前样本记录.

isamp2 = isamp1

isamp1 = LnewsSample

如果还有样本输入，重复以上的编码步骤，对输入信号进行编码.注意，因为解码端没有原始样本 x(n)，为了保证编码器与解码器计算 lpredsamp 的一致性，步骤（3）计算了 LnewsSample，用于更新 isamp1、isamp2，并以更新的样本来预测下一个输入.

5.2　码激励线性预测编码

码激励线性预测（CELP）编码算法最早由 Manfred R. Schroeder 和 Bishunu S. Atal 在 1985 年的 IEEE ICASSP 年会上提出.由于良好的合成音质和很强的抗噪性能，CELP 声码器在中速率编码方面得到了迅速的推广和应用.目前，语音编码领域中的很多标准算法都采用了 CELP 技术.

5.2.1　CELP 语音编解码算法概述

CELP 编码算法以帧为单位对信号进行处理，它的激励源由随机码本和自适应码本二者各自的贡献求和得到.为了更加便于处理，将每一帧语音进一步分成若干个子帧，循环对子帧进行处理.子帧的个数一般介于 2～5 之间.图 5.1 给出了 CELP 编码示意图.

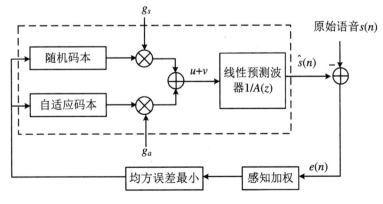

图 5.1　CELP 编码示意图

图 5.1 中虚线框内所示的模块实现了编码器的功能,编码端同时实现了解码器的功能,这也是合成分析(Analysis by Synthesis,ABS)法名字得来的原因.

通过图 5.1 可以看到,码激励线性预测编码算法将生成两个码本:自适应码本和随机码本.自适应码本是算法在运行的过程中动态产生的,刚开始其值是不存在的,而随机码本算法是已经给定的,其值是确定的.两个码本分别强调语音的不同部分.例如,浊音部分一般是通过自适应码本的贡献来体现的,而清音部分和大多数的噪声则是体现在随机码本的贡献上.激励信号由两个码本的贡献求和得到,将激励信号通过线性预测滤波器后,将得到合成语音,再将其与原始输入做差,求出差值.接下来利用人耳听觉机理对差值信号进行处理.然后再依据均方预测误差(MSPE)准则,搜索到最佳的码矢量.

解码端是编码端的逆过程,将接收到的比特流转换成对应的特征参数,然后利用图 5.1 中虚线内的模块生成语音,最后,利用人耳的听觉机理再对生成语音进行进一步处理就得到了合成语音.语音合成过程中也是按帧进行处理的,这一点同编码端保持一致.

下面描述 CELP 语音编解码中用到的关键技术.

5.2.2 线性预测分析

CELP 采用的关键技术之一是线性预测分析.它通过已知的组合序列来表述未知的样值,而这组待求解的模型参数可以运用数学知识得到,且其计算量并不是很大.应用这组模型参数可以大大降低编码语音信号所需的数码率,而这些模型参数还可以运用到其他场合,如模式识别等领域.

1. 线性预测分析的实现原理

线性预测分析一般借助于线性预测误差滤波器来实现.它的传递函数为

$$A(z) = \sum_{i=1}^{p} a_i z^{-i} \tag{5.5}$$

其中 p 为预测的阶数,$\{a_i\}_{i=1,2,\cdots,p}$ 为线性预测器系数.其实现框图如图 5.2 所示.

输入语音$s(n)$ → $A(z)$ → 预测误差$e(n)$

图 5.2 LPC 分析模型

根据式(5.5),输出 $e(n)$ 与输入 $s(n)$ 满足

$$e(n) = s(n) - \hat{s}(n) = s(n) - \sum_{i=1}^{p} a_i s(n-i) \tag{5.6}$$

式中,$\sum_{i=1}^{p} a_i s(n-i)$ 作为 $s(n)$ 的预测值.因为 $\hat{s}(n)$ 由过去的一组样值 $s(n-1), s(n-2), \cdots, s(n-p)$ 的线性组合得到,通常称 $\hat{s}(n)$ 为线性预测值,这也是线性预测名字得来的原因.输出 $e(n)$ 被称为线性预测误差.

理论上常用最小均方误差(MMSE)准则来求解线性预测系数 a_i 值.下面给出具体的求解方法.

首先,根据 $e(n)$ 的定义,$e^2(n)$ 的数学期望为

$$E[e^2(n)] = E\left\{\left[s(n) - \sum_{i=1}^{p} a_i s(n-i)\right]^2\right\} \tag{5.7}$$

对 $E[e^2(n)]$ 各个系数求偏导,并令结果为 0,即

$$\frac{\partial E[e^2(n)]}{\partial a_j} = -2E[e(n)s(n-j)] = 0 \tag{5.8}$$

将式(5.6)代入式(5.8)得

$$E\left[s(n)s(n-j) - \sum_{i=1}^{p} a_i s(n-i)s(n-j)\right] = r(j) - \sum_{i=1}^{p} a_i r(j-i) = 0 \quad (i \leqslant j \leqslant p) \tag{5.9}$$

式中,$r(j) = E[s(n)s(n-j)]$ 是 $s(n)$ 的自相关序列.式(5.9)可以写成如下的矩阵形式:

$$r - RA = 0 \tag{5.10}$$

这里自相关矢量 r、自相关矩阵 R 和参数矢量 A 分别为

$$r = \begin{bmatrix} r(1) \\ r(2) \\ \vdots \\ r(p) \end{bmatrix}, \quad R = \begin{bmatrix} r(0) & r(1) & \cdots & r(p-1) \\ r(1) & r(0) & \cdots & r(p-2) \\ \vdots & \vdots & & \vdots \\ r(p-1) & r(p-2) & \cdots & r(0) \end{bmatrix}, \quad A = \begin{bmatrix} a_1 \\ a_2 \\ \vdots \\ a_p \end{bmatrix} \tag{5.11}$$

式(5.11)称为 Yule-Walker 方程.

p 个预测系数可以通过求解式(5.10)得到.由此得到的 $\{a_i\}_{i=1,2,\cdots,p}$ 将使 $A(z)$ 的输出均方值或者输出功率最小.令这个最小均方误差为 E_p,即

$$\begin{aligned} E_p &= E\left[e^2(n)\right]_{\min} \\ &= E\left\{e(n)\left[s(n) - \sum_{i=1}^{p} a_i s(n-i)\right]\right\} \\ &= E[e(n)s(n)] \quad \{E[e(n)s(n-j)] = 0, 1 \leqslant j \leqslant p\} \\ &= E\left\{\left[s(n) - \sum_{i=1}^{p} a_i s(n-i)\right]s(n)\right\} \\ &= r(0) - \sum_{i=1}^{p} a_i r(i) \end{aligned} \tag{5.12}$$

结合式(5.10)和式(5.12)可得

$$\begin{bmatrix} r(0) & r(1) & \cdots & r(p) \\ r(1) & r(0) & \cdots & r(p-1) \\ \vdots & \vdots & & \vdots \\ r(p) & r(p-1) & \cdots & r(0) \end{bmatrix} \begin{bmatrix} 1 \\ -a_1 \\ \vdots \\ -a_p \end{bmatrix} = \begin{bmatrix} E_p \\ 0 \\ \vdots \\ 0 \end{bmatrix} \tag{5.13}$$

式(5.13)是完整的、针对平稳信号的线性预测滤波器的求解方程式.

2. 线性预测分析的求解

下面的方程组是求解线性预测系数的关键:

$$\begin{cases} r(j) - \sum_{i=1}^{p} a_i r(j-i) = 0, & 1 \leqslant j \leqslant p \\ r(0) - \sum_{i=1}^{p} a_i r(i) = E_p \end{cases} \tag{5.14}$$

式中,$r(j)$是待分析语音信号 $s(n)$ 的自相关序列.

$$r(j) = E[s(n)s(n-j)] \tag{5.15}$$

为了求解线性预测系数,第一步,对信号求自相关 $r(j)(0 \leqslant j \leqslant p)$,利用求出的自相关解方程组(5.14),可得到 a_i 和 E_p 的结果,并得到滤波器增益常数 g. 从原理上看,求解方法十分直接,但计算序列自相关是十分复杂的问题. 为此,人们提出了许多算法来解决,其中比较成功的方法有:自相关法、协方差法和格型法.

3. 线谱对(LSP)或线谱频率(LSF)参数

在线性预测声码器中,语音信号的包络可用线性预测系数 a_i 或其等价的反射系数 k_i、对数面积比 Lar_i 来表示. 但目前多数的语音编码算法都不对线性预测系数直接进行编码,而是对其等效的参数如线谱对、对数面积比等参数进行编码,这是因为 LPC 系数对误差比较敏感,极易产生大的误差,而其等效参数相对来说有更好的特性,这里以反射系数为例来进行说明.

反射系数具有较好的量化特性,能产生相对稳定的综合滤波器. 而且只要反射系数 k_i 的值在 -1 和 1 之间,就可保证综合滤波器的稳定性,而这点通过 k_i 的编码和解码处理是完全可以做到的. 但是 k_i 也有很大的缺点:编码 k_i 所需要的比特数比较多,且反射系数的误差会放大,即一个反射系数的误差会使整个话带语音受到影响.

所以,需要找到一种更加理想的参数来描述语音信号. 线谱对就是在这种背景下产生和发展起来的. LSP 参数是 LPC 参数的一种等价形式,二者之间很容易进行转换. 线谱对参数有以下优点:

(1) 线谱对能够很好地反映信号的特性,尤其是频域方面;

(2) 线谱对参数有助于降低编码速率,因为其量化效率极高,例如,目前用十几比特就可以对其进行编码传输,而语音质量几乎不受影响;

(3) 一个线谱对参数的误差不会使整个话带的语音受到影响;

(4) LSP 的失真值较容易进行估量.

线谱对(LSP)和线谱频率(LSF)二者之间可以通过余弦和反余弦的关系进行相互转换,而且具有相似的性质.

5.2.3 CELP 码本搜索算法

相比于其他编码算法,码本搜索技术可以说是 CELP 的最大优势所在. 下面将对 CELP 码本搜索算法进行详细的介绍.

在 CELP 算法中,除了目标信号和码本结构略有差异外,两个码本搜索过程十分相似. 码本搜索是码激励线性预测算法中计算量相对较大的地方,可以说 CELP 编码器的主要计算量都集中在码本搜索这一块. CELP 编码器中的码本搜索是对感觉残差信号进行的,而不是直接对输入信号进行搜索. 下面从数学角度给出分析.

设子帧长度为 L,s,$\hat{s}$ 和 e 分别表示原始信号、合成信号和加权误差信号. 令 v 表示正在搜索的激励矢量,u 表示先前的激励矢量,i 表示码本中码字的索引号,g_i 表示第 i 个码矢量的增益,而对于一个有 N 个码字的码本,可以记为 $x^{(i)}(i=1,2,\cdots,N)$,则 v 可以表示为

$$v^{(i)} = g_i x^{(i)} \tag{5.16}$$

设 H 和 W 是 L 阶方阵,它们的第 j 列元素分别由线性预测(LP)滤波器和感觉加权滤波器对单位冲激响应的截断的冲激响应组成,这里 $\hat{s}^{(0)}$ 表示零输入响应,则合成语音可以表示为

$$\hat{s}^{(i)} = H[u + v^{(i)}] + \hat{s}^{(0)}, \quad 1 \leqslant i \leqslant N \tag{5.17}$$

这里的 u 是自适应码矢量,第一次搜索时是零矢量(u 开始时初始化为 0),第二次搜索时其值是经过幅度调整的自适应激励矢量.

加权误差信号可以表示为

$$e^{(i)} = W[s - \hat{s}^{(i)}] \tag{5.18}$$

目标信号 $e^{(0)}$ 可以表示为

$$e^{(0)} = W[s - \hat{s}^{(0)}] - WHu \tag{5.19}$$

将式(5.17)代入式(5.18)中,并结合式(5.19)可得

$$e^{(i)} = e^{(0)} - WHv^{(i)} \tag{5.20}$$

令 $y^{(i)}$ 表示滤波后的码字,则有

$$y^{(i)} = WHx^{(i)} \tag{5.21}$$

第 i 个码字的加权误差 $e^{(i)}$ 可以通过将式(5.16)代入式(5.20),并结合式(5.21)得到,用式子表示为

$$\begin{aligned}
e^{(i)} &= e^{(0)} - WHv^{(i)} \\
&= e^{(0)} - WHg_i x^{(i)} \quad [v^{(i)} \text{ 用式}(5.16) \text{ 表示}] \\
&= e^{(0)} - g_i WHx^{(i)} \quad [\text{代入式}(5.21)] \\
&= e^{(0)} - g_i y^{(i)}
\end{aligned} \tag{5.22}$$

令 E_i 代表第 i 个码字的误差的平方和,则有

$$\begin{aligned}
E_i &= \|e^{(i)}\|^2 = e^{(i)\mathrm{T}} e^{(i)} \\
&= e^{(0)\mathrm{T}} e^{(0)} - 2g_i y^{(i)\mathrm{T}} e^{(0)} + g_i^2 y^{(i)\mathrm{T}} y^{(i)}
\end{aligned} \tag{5.23}$$

式(5.23)中 T 表示转置,由该式可知 E_i 是增益 g_i 和索引号 i 的函数式.对于给定的 i,最佳增益可以通过对式子进行求导而获得,计算过程如下:

$$\frac{\partial E_i}{\partial g_i} = -2y^{(i)\mathrm{T}} e^{(0)} + 2g_i y^{(i)\mathrm{T}} y^{(i)} = 0 \tag{5.24}$$

由此求得最佳增益是目标矢量与滤波矢量的互相关对滤波码矢量能量之比,即

$$g_i = \frac{y^{(i)\mathrm{T}} e^{(0)}}{y^{(i)\mathrm{T}} y^{(i)}} \tag{5.25}$$

用 $\hat{g}_i$ 表示量化的 g_i,则

$$\hat{g}_i = Q[g_i] \tag{5.26}$$

故只需要搜索使 E_i 最小的序号 i,由式(5.23)知,式子的第一项与索引号无关,故只要满足下式:

$$\text{最佳序号 } i = \max\{\hat{g}_i[2y^{(i)\mathrm{T}} e^{(0)} - \hat{g}_i y^{(i)\mathrm{T}} y^{(i)}]\} \tag{5.27}$$

如果 $\hat{g}_i$ 的量化误差忽略不计,可以用 g_i 来代替 $\hat{g}_i$,将式(5.25)代入式(5.27)中,可以得到

$$\text{最佳序号 } i = \max_i \left\{ \frac{[y^{(i)\mathrm{T}} e^{(0)}]^2}{y^{(i)\mathrm{T}} y^{(i)}} \right\} \tag{5.28}$$

联立式(5.28)和式(5.25),就可以得出最佳增益 g_i.

5.2.4　CELP 中的感知加权滤波

感知加权滤波器（Perceptually Weighted Filter）的理论依据是人耳的听觉掩蔽效应（Masking Effect）. 对那些人耳感知不敏感的地方, 允许存在更大的量化误差, 而在人耳相对敏感的地方, 则进行精细的描述. 这样就能够合理地调节比特分配, 更加符合人的听觉感受. 在语音合成过程中可以采用该原理, 选择合理的误差范围. 这里用 $W(f)$ 来表示感觉加权滤波器, e 表示误差, 则有

$$e = \int_0^{f_s} |S(f) - \hat{S}(f)|^2 W(f) \mathrm{d}f \tag{5.29}$$

其中 f_s 表示采样频率, $S(f)$ 和 $\hat{S}(f)$ 分别表示原始语音和合成语音的傅里叶变换. 为了使式 (5.29) 的值最小, 由数学知识可得 $|S(f) - \hat{S}(f)|^2 W(f)$ 在整个积分域内应保持常数值. 经过计算, 感知加权滤波器在 Z 域的表达式为

$$W(z) = \frac{A(z)}{A(z/r_1)} = \frac{1 - \sum_{i=1}^{P} a_i Z^{-i}}{1 - \sum_{i=1}^{P} a_i \gamma^i Z^{-i}} \tag{5.30}$$

$W(z)$ 的性质可以通过预测系数 $\{a_i\}$ 和加权因子 γ 这二者来进行反映. γ 的值应大于 0 且小于 1, 当 γ 值增加时, 误差信号的频谱包络与语音信号频谱包络差距将增大. 从图 5.3 可以观察到, 感知加权滤波器频率响应中的峰、谷值与语音的频率响应中的峰、谷值刚好相反. 显然, $W(z)$ 使得误差的特性更加接近原始语音的特性, 这样更符合人耳的听觉机理, 从而产生更好的语音效果.

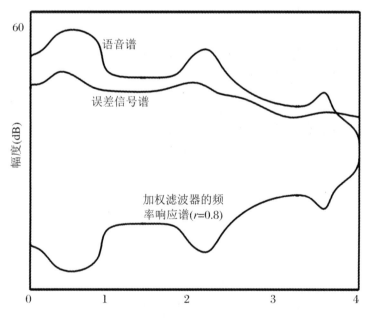

图 5.3　原始语音、误差信号及频率响应的谱

当 $\gamma = 0$ 时, 误差信号的频谱包络与语音信号频谱包络形状比较吻合, 但主观感觉并不

理想. 这是由人耳的机理所造成的, 人耳对语音的共振峰更敏感, 相应地, 对其信噪比要求也更高一些, 如果能够在这些地方提高信噪比, 就可以在一定程度上改善听觉效果.

为了获取更好的效果, 可以采用更加细致的加权滤波器, 其传输函数可以表示为

$$W(z) = \frac{A(z/r_1)}{A(z/r_2)} \tag{5.31}$$

式 (5.31) 相比于式 (5.30) 分子部分增加了一个加权因子, 式中的两个因子 r_1 和 r_2 均要满足大于 0 小于 1 的条件, 调节两个因子可以使得声音听起来更加接近原始的语音.

5.3　MP3 音频码

5.3.1　MPEG 音频编码概述

在 20 世纪 80 年代中期推出数字视频技术和光盘格式之后, 一系列涉及数字音频、视频和多媒体技术的应用开始出现. 对互操作性、高质量的图片配以较低的数据速率的 CD 质量音频和常见的文件格式的需求, 导致了国际标准化组织 (ISO) 和国际电工委员会 (IEC) 联合组成的信息技术委员会 (JTC 1) 成立了一个新标准组. 这个组命名为运动图像专家组 (MPEG), 成立于 20 世纪 80 年代末, 主要开发移动图像、相关音频以及两者组合的编码标准.

MPEG-1 音频编码是国际上制定的第一个高保真立体声音频编码标准, 其目的是降低数据率, 同时保持 CD 质量. 在 MPEG-1 标准之前只有语音压缩算法或提供中等质量的音频压缩算法. MPEG 标准的成功使得在诸如数字广播与互联网等广泛的应用中采用压缩的高品质音频成为可能. MPEG 音频技术的引入从根本上改变了数字音乐的发布方式, 涉及了版权保护与商业模式, 最终影响到我们每一天的生活.

通过对 14 种音频编码方案的比较测试, MPEG 专家组最后选定了以 MUSICAM(掩蔽型通用子带综合编码与复用) 为基础的三层编码结构. 根据不同的应用要求, 使用不同的层来构成其音频编码器. MUSICAM 使用了以下技术: 将数字音频信号分为 32 个子带、使用人耳的听觉特性 (例如掩蔽效应、声音的方向特性等)、比例因子、自适应比特分配等. MPEG-1 的音频编码标准中规定了三种模式: 层 I、层 II、层 III, 编码器在复杂和低码率情况下的音质逐步提高.

MPEG-2 保持了对 MPEG-1 音频标准兼容并进行了扩充, 提高低采样率 (低于 32 kHz) 下的声音质量, 支持多通道环绕立体声和多语言技术. MPEG-2 标准定义了两种音频压缩算法: MPEG-2 BC 和 MPEG-2 AAC. MPEG-2 的多通道环绕立体声是在 MPEG-1 音频编码标准的基础上由双声道扩展到多声道的. 声道数为 5.1, 即左、中、右三个主声道, 左环绕、右环绕两个环绕声道和一个低频增强 (LFE) 声道. MPEG-2 BC(后向兼容) 标准与以前颁布的 MPEG-1 音频标准保持后向兼容, 在对原有的 MPEG-1 两声道增加了独立的环绕声道. 为适应某些低码率应用需求 (譬如体育比赛解说), MPEG-2 BC 增加了 16 kHz、22.05 kHz 与

24 kHz 三种较低的采样频率.但是由于 MPEG-2 BC 的码流设计在很大程度上受到后向兼容条件的制约,在一定程度上影响了它的性能.主观测试显示,MPEG-2 BC 的音频第 2 层在带宽达到 640 kbit/s 时才会产生优质的性能.而 AC3 则仅需 384 kbit/s.这一缺憾制约了它在世界范围内的推广和应用.

MPEG-4 是第一个真正的多媒体内容表示标准,其音频标准允许采用音频对象对真实世界对象进行语义级描述.MPEG-4 音频对象可以描述自然或合成的声音.与前两个音频标准不同,MPEG-4 音频的设计并非面向单一应用,因此它不再单纯追求高压缩比,而是力图尽量多地覆盖现存的音频应用,并充分考虑到可扩展性需求.根据编码的对象,MPEG-4 音频标准(ISO/IEC 14496-3)分为自然音频编码和合成音频编码两大类.在自然音频编码方面提供了三种编码方案,即参数编码(parametric coding)、码本激励线性预测(CELP)编码、时间/频率(T/F)编码.在合成音频编码方面提供了两种编码方案,即结构音频(structured audio,SA)和文语转换(text-to-speech,TTS).每个编码方案都按照两部分来组织标准的内容:标准部分描述解码的语法和解码过程,附录部分描述编码器和接口.

5.3.2 心理声学模型

在第 3 章中,我们了解了人类听力的局限性.我们了解了安静阈值和听力阈值,低于阈值的声音是听不见的.听力阈值对于编码器的设计非常重要,因为它代表的是与频率相关的幅度,低于该幅度的量化噪声将不被人耳听见.这意味着某些频率分量可以用相对较少的比特数进行量化,而不会引起听觉上的失真.

通过掩蔽现象,我们得知响亮的声音会导致其他通常可听见的声音变得听不见.频率掩蔽效应暂时提高了掩蔽者某些频谱区域的听力阈值,使得人耳无法听到更大级别的量化噪声.

我们也了解到,耳朵充当了频谱分析仪,将频率映射到临界带宽,对应于沿基底膜上的物理位置.这表明,人类听力对某些频率的依赖性可能用沿基底膜的物理距离,比用频率来表示更自然.

本小节接下来会描述一个同步掩蔽的启发式模型,该模型是基于我们有限的辨别基底膜激励的微小变化的能力形成的.这种模型的特点由声音激励模式的"形状",即声音在基底膜中产生的活动或激励,以及这种激励模式中可检测到的最小变化量来代表.这些参数对应掩蔽曲线的形状,并且与我们在第 3 章中讨论的声音掩蔽和最小 SMR 有关联.此外,该模型表明,掩蔽曲线用以沿基底膜的距离来表示比用频率来表示更自然.我们定义了一个称为"Bark"尺度的临界频带,将频率值映射到 Bark 尺度中,然后在该尺度上表示掩蔽曲线.随后,我们介绍了音频编码中常用的主要掩蔽曲线形状或"扩展函数",并讨论了如何使用它们来创建总体掩蔽阈值,以指导音频编码器中的比特分配.

1. 激励模式与掩蔽模型

这里我们考虑一个在基底膜上产生一定激励模式的信号,并用一个启发式模型来解释频率掩蔽.由于我们主要是在对数感知尺度上进行声音强度的检测,因此假设:

(1) 我们以分贝为单位"感受"激励模式;

(2) 我们无法检测到模式中小于特定阈值 $\Delta L_{\min}$(以 dB 为单位)的变化.

我们定义了从频率到基底膜空间的映射 $z(f)$，确定沿基底膜的位置 z，该位置具有来自频率 f 的信号的最大激励．假设 $A(z)$，$B(z)$ 分别是原始信号和不相关测试信号在位置 z 处的激励振幅，由于测试信号的加入，基底膜位置 z 处激励模式的分贝变化将等于

$$\Delta L(z) = 10\log_{10}\left[A(z)^2 + B(z)^2\right] - 10\log_{10}A(z)^2 = 10\log_{10}\left[\frac{A(z)^2 + B(z)^2}{A(z)^2}\right]$$

$$\approx \frac{10}{\ln 10}\frac{B(z)^2}{A(z)^2} \tag{5.32}$$

当测试音频激励模式的峰值导致 ΔL 超过阈值 $\Delta L_{\min}$ 时，测试音频将不再被掩蔽．我们期望信号激励模式的峰值与信号强度成正比，因此在与测试信号的峰值激励对应的 z 处，我们应该有

$$\frac{B[z(f)]^2}{A[z(f)]^2} = \frac{I_B}{I_A F[z(f)]} \tag{5.33}$$

其中 I_A，I_B 分别是原始信号 A 和测试信号 B 的强度，$F(z)$ 是描述原始信号沿基底膜激励模式形状的函数，$z(f)$ 表示频率为 f 的信号的峰值激励在沿基底膜的位置．函数 $F(z)$ 被归一化，使其在对应于原始信号激励模式峰值的 z 处具有值等于 1 的峰值．

在测试信号刚刚不被掩蔽的时候，我们有

$$\Delta L_{\min} = \frac{10}{\ln 10}\frac{I_B}{I_A F[z(f)]} \tag{5.34}$$

或者等价于

$$I_B = I_A\left(\frac{\ln 10}{10}\Delta L_{\min}\right)F[z(f)] \tag{5.35}$$

以 SPL 为单位时，上式可以写成

$$SPL_B = SPL_A + 10\log_{10}\left(\frac{\ln 10}{10}\Delta L_{\min}\right) + 10\log_{10}\{F[z(f)]\} \tag{5.36}$$

其中 $F(z)$ 在峰值处被归一化为 1，这意味着最后一项的峰值为 0．低于 SPL_B 水平的测试信号将被掩蔽信号 A 掩蔽．换句话说，上面的等式表明，与掩蔽信号 A 相关的每个频率位置的掩蔽曲线可以通过对掩蔽信号 A 的 SPL 作以下操作得出：

（1）下移一个常数，该常数取决于掩蔽信号 A 的 $\Delta L_{\min}$ 估计值；

（2）增加一个频率相关函数，用于描述掩蔽信号沿基底膜的激励能量的扩散．

方程的第二项描述的下移表示掩蔽信号的最小 SMR．我们在第 3 章中看到，它既取决于掩蔽信号的特性，即它是噪声还是音纯类型的，也取决于它的频率．方程中的最后一项通常称为掩蔽信号"扩散函数"，它是根据实验掩蔽曲线确定的．

现在，我们来描述从频率 f 到基底膜距离 z 的映射，并看到以这个尺度而不是以频率来表示，掩蔽曲线是如何大大简化的．然后，我们描述通常用于从单个掩蔽分量创建掩蔽曲线时的扩展函数和最小 SMR 的模型．最后，我们将讨论如何结合来自多个掩蔽信号的掩蔽曲线的问题．

2. Bark 尺度

在第 3 章我们提到了临界带宽，每一个临界带宽对应于沿基底膜的固定距离，我们可以将以基底膜距离的长度标准 $z(f)$ 定义为一个临界带宽．这个单元被称为"Bark"，以纪念该领域的早期研究人员巴克豪森．

临界带宽表示沿基底膜单位长度的频率变化. 我们可以用下面的表达式近似临界频带率 $z(f)$:

$$z = 13 \arctan(0.76f/1000) + 3.5 \arctan[(f/7500)^2] \qquad (5.37)$$

表 5.3 显示了每单位基底膜距离对应的频率范围, 最高频率为 15500 Hz, 此频率接近人类听力的上限. 每个基底膜距离单位对应的频率范围称为"临界带", Bark 尺度 z 表示临界带数, 是临界带最小频率 f_l 的函数. 假设基底膜约有 25 个临界带, 临床测量显示基底膜实际度长约为 32 毫米, 这就意味着每个临界带代表的基底膜距离约为 1.3 毫米.

表 5.3　临界带、最低频率、最高频率、中心频率与临界带宽

z(Bark)	f_l(Hz)	f_u(Hz)	f_c(Hz)	Δf(Hz)	z(Bark)	f_l(Hz)	f_u(Hz)	f_c(Hz)	Δf(Hz)
0	0	100	50	100	13	2000	2320	2150	320
1	100	200	150	100	14	2320	2700	2500	280
2	200	300	250	100	15	2700	3150	2900	450
3	300	400	350	100	16	3150	3700	3400	550
4	400	510	450	110	17	3700	4400	4000	700
5	510	630	570	120	18	4400	5300	4800	900
6	630	770	700	140	19	5300	6400	5800	1100
7	770	920	840	150	20	6400	7700	7000	1300
8	920	1080	1000	160	21	7700	9500	8500	1800
9	1080	2070	1170	190	22	9500	12000	10500	2500
10	1270	1480	1370	210	23	12000	15500	13500	3500
11	1480	1720	1600	240	24	15500			
12	1720	2000	1850	280					

3. 掩蔽扩展模型

从给定频率和 Bark 尺度之间的转换, 我们可以看到当转换到与基底膜距离线性相关的频率单位时掩蔽的效果如何. 不出意料, 在 Bark 尺度下掩蔽曲线的形状更容易描述. 例如, 图 5.4 显示了在不同频率下窄带噪声掩蔽产生的激励模式. 激励模式是从实验掩蔽曲线中得到的, 具体方法是将它们向上移动到掩蔽信号的声压级, 然后在 Bark 尺度上绘制出它们.

掩蔽模式向低频的斜率与掩蔽中心频率有相当高的独立性, 约为 27 dB/Bark. 当频率低于 200 Hz 时, 斜率更陡; 而当频率高于 200 Hz 时, 斜率保持不变. 如果我们在 Bark 尺度下定义掩蔽曲线对频率的依赖性, 从图中我们可以发现掩蔽曲线的形状是相当独立于掩蔽信号的频率的.

虽然我们可以合理地假设, 当依照 Bark 尺度描述时, 激励模式与频率无关, 但我们不能对声压幅度的依赖性做出类似的假设. 例如, 图 5.5 显示了在 1 kHz 的中心频率、不同掩蔽信号声压幅度下窄带噪声的激励模式. 注意从低水平的对称模式转变到高水平的非常不对

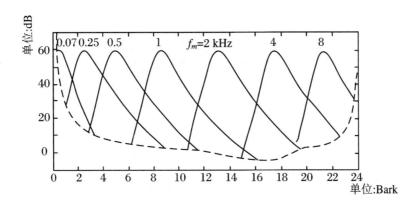

图 5.4　不同频率下窄带噪声掩蔽器产生的激励模式,声压幅度为 60 dB

称模式形状是如何变化的.对于低于 40 dB 的噪声声压电平,激励模式以大约 27 dB/Bark 的斜率对称下降,而噪声声压电平变高时,斜率从 100 dB 声压电平时的 $-5\,\text{dB/Bark}$ 到低于 40 dB 声压电平时的 $-27\,\text{dB/Bark}$ 的范围内变化.

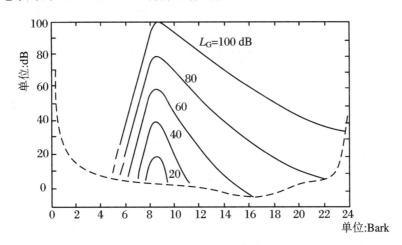

图 5.5　在 1 kHz 的中心频率、不同掩蔽器声压幅度下窄带噪声的激励模式

　　激励模式的扩展函数可以用三角形函数来进行近似.我们可以根据掩蔽信号(masker)和被掩蔽信号之间的尺度差 $dz = z(f_{\text{maskee}}) - z(f_{\text{masker}})$ 来描述这个扩展函数,如下所示:
$$10\log_{10}\left[F(dz, L_M)\right] = \left[-27 + 0.37\max\{L_M - 40, 0\}\theta(dz)\right] | dz | \quad (5.38)$$
其中 L_M 是掩蔽信号的声压电平(SPL),$\theta(dz)$ 是阶跃函数(dz 为负值时等于 0,dz 为正值时等于 1).请注意,当掩蔽信号的频率低于被掩蔽信号时,dz 假定为正值,当掩蔽信号的频率高于被掩蔽信号时,dz 假定为负值.图 5.6 显示了不同声压电平 L_M 的近似扩展函数的形状.

　　研究者施罗德提议使用以下分析函数作为扩展函数:
$$10\log_{10}F(dz) = 15.81 + 7.5(dz + 0.474) - 17.5\left[1 + (dz + 0.474)^2\right]^{1/2} \quad (5.39)$$
这种扩展函数最早应用于语音信号的感知编码工作中.ISO/IEC MPEG 心理声学模型 2 中采用了类似的扩展函数.图 5.7 显示了施罗德扩散函数的曲线图.

　　需要注意的是,该扩展函数独立于掩蔽信号的声压电平.忽略扩展函数对声压电平的依赖性,可以将整个掩蔽曲线计算为 $F(z)$ 和信号强度频谱之间的简单卷积运算,而不是将不

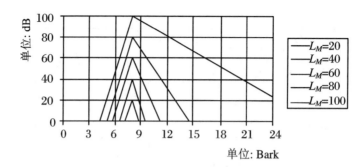

图 5.6 不同声压电平下近似扩展函数形状

同的扩展函数与以 dB 单位表示的信号的不同掩蔽分量相乘,然后再加上不同分量的扩展强度.施罗德方法的优点是,卷积的结果包含了所有掩蔽信号贡献的强度总和,因此无需执行额外的求和以获得最终的激励模式.

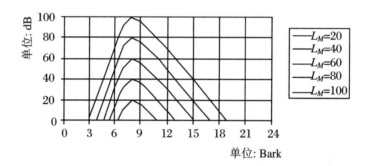

图 5.7 施罗德扩展函数

将掩蔽电平考虑在内,施罗德扩散函数可修改为

$$10\log_{10}\bigl[F(dz,L_M,f)\bigr] = \bigl[15.81 - I(L_M,f)\bigr] + 7.5(dz + 0.474)$$
$$- \bigl[17.5 - I(L_M,f)\bigr]\bigl[1 + (dz + 0.474)^2\bigr]^{1/2} \quad (5.40)$$

其中,电平调节函数 $I(L_M,f)$ 定义为

$$I(L_M,f) = \min\{510^{(L_M-96)/10}\, df/dz, 2\} \quad (5.41)$$

由于 df/dz 随频率变化,它有轻微的频率依赖性.如图 5.8 所示,改进的效果也包括了扩散函数对掩蔽信号电平的依赖性.

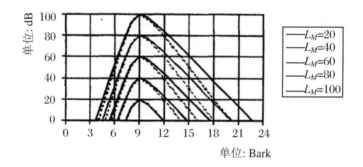

图 5.8 改进施罗德扩展函数(实线)和原始与电平独立的施罗德扩展函数(虚线)

ISO/IEC MPEG 心理声学模型 2 扩展函数由施罗德扩展函数推导而来,如下所示:

$$10\log_{10}\big[F(dz)\big] = 15.8111389 + 7.5 \times (1.05 \times dz + 0.474)$$
$$- 17.5 \times \sqrt{1.0 + (1.05 \times dz + 0.474)^2}$$
$$+ 8 \times \min\{0,(1.05 \times dz - 0.5)^2$$
$$- 2 \times (1.05 \times dz - 0.5)\} \tag{5.42}$$

4. 掩蔽曲线

我们已经从经验中看到,掩蔽曲线的峰值从掩蔽信号的声压级向下移动了一个数量,这个数量取决于掩蔽信号的类型.我们可以将这种向下移动与我们可以检测到的激励模式的最小变化 $\Delta L_{\min}$ 联系起来.通过观察掩蔽信号电平和最大阈值之间的实验值,可以了解到 $\Delta L_{\min}$ 随不同类型信号的变化情况.

在模拟掩蔽曲线峰值与掩蔽信号声压电平之间的偏移时,需要考虑许多因素.首先,从实验数据来看,我们检测到激励电平变化的能力在低频时会降低.掩蔽信号的峰值电平与掩蔽曲线的差值随频率的增加而增大.其次,考虑到掩蔽的不对称性,这种差异是大还是小取决于掩蔽信号是噪声类还是音纯类,噪声是一个"更好的掩蔽者".最后,当掩蔽信号是一个复杂的声音时,可以将激励模式的几个部分的信息组合起来,以改进对被掩蔽信号的检测.

图 5.9 展示了一个简单的来自于三角扩展函数的掩蔽曲线.首先评估掩蔽信号的电平 L_M,然后将掩蔽器电平 L_M 与三角扩散函数进行卷积,以反映激励能量沿基底膜的扩散.最后,通过下移 Δ 来预测相对于被检测的掩蔽信号的掩蔽阈值.

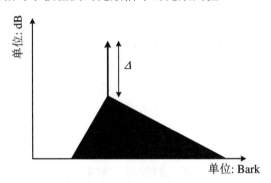

图 5.9　掩蔽信号的掩蔽阈值预测示例

例如,纯音信号掩蔽噪声信号(tone masking noise)和噪声信号掩蔽纯音信号(noise masking tone)的差 Δ 分别由以下公式给出:

$$\begin{cases} \Delta_{\text{tonemaskingnoise}} = 14.5 + z \\ \Delta_{\text{noisemaskingtone}} = C \end{cases} \tag{5.43}$$

根据实验数据,C 的值在 3～6 dB 之间变化.但是,请注意即使在噪声掩蔽的情况下,Δ 也存在一定程度的频率依赖关系.通常,根据掩蔽信号的性质,Δ 采用不同的值.

通常,音频声音可能包含多个纯音频和噪声的成分.一旦在某个时间间隔内识别出不同的成分,就可以推导出各个掩蔽模式,并通过将掩蔽模式向下移动适当的量 Δ 来计算相对掩蔽阈值.我们接下来讨论如何组合这些阈值以创建全局掩蔽阈值.

5. 掩蔽的"加法"

一般来说,当一个复杂的声音呈现给人耳时,我们要承受多个掩蔽信号的同时影响.作为一阶近似,我们可以在临界频带尺度上识别信号的各个掩蔽分量,并创建它们各自的掩蔽曲线,就好像它们彼此独立一样.那么问题就变成了我们应该如何在特定频率位置将这些掩蔽曲线组合在一起.

一种自然方法是假设它们的强度简单地相加.在这种情况下,两条强度相等的掩蔽曲线将组合在一起,产生比任一曲线高 3 dB 的组合效果.另一个合理的加法规则是假设最高掩蔽曲线在每个频率位置占主导地位.在这种情况下,两条相等的掩蔽曲线只会导致两条曲线在每个频率位置处的组合效果等于两条曲线在该位置的最大值.这两种组合都可以用求和公式来表示:

$$I_N = \left(\sum_{n=0}^{N-1} I_n^a\right)^{1/\alpha}, \quad 1 \leqslant \alpha \leqslant \infty \tag{5.44}$$

其中 I_N 表示掩蔽曲线的强度,该掩蔽曲线由 N 条强度为 I_n 的掩蔽曲线组合而成,$n = 0,\cdots,N-1$,α 是定义曲线相加方式的参数.在这个等式中,设置 $\alpha=1$ 对应于强度相加,而 $\alpha \to \infty$ 对应于使用最高掩蔽曲线.将 α 设置为 $1\sim\infty$ 之间的值会给出这两种情况的中间结果.也可以选择将 α 设置为小于 1,在这种情况下,两个相等掩码的组合效果大于其强度的总和,但是需要小心,因为当接近 0 时,这个总和定义会存在问题.

6. 非同步(时间)掩蔽效应的建模

除了同时掩蔽外,感知模型还利用了非同时或时间掩蔽的效果.前面几节已经详细介绍了频率掩蔽效应的建模.时间掩蔽模型考虑了时间滑动窗口.在时间掩蔽模型中,通常会采用一个时间加权函数,该函数赋予发生在窗口中心附近的事件比发生在窗口边缘附近的事件更大的权重.通常假设这种时间平滑发生在听觉过滤之后,也就是说,它被应用于信号频谱,导致输出信号的时间平滑版本.

根据信号频率表示中使用的分析滤波器的时间分辨率,可以同时应用前向和后向掩蔽或只应用前向掩蔽.应用后向掩蔽所需的时间分辨率非常高,通常为毫秒量级.

7. 感知熵

一旦计算出了掩蔽阈值,就可以使用掩蔽电平值来适当地分配量化噪声.只要该临界带中信号的 R 位量化产生的 SNR 高于 SMR,我们就可以假设临界带内的编码噪声听不到.感知熵定义了在不引入任何与原始信号的感知差异的情况下,对信号进行编码所需的每个频率样本的平均最小比特数.给定一个信号强度 I 和每个频率线 f_i 的掩蔽阈值的相对强度 I_T,在确定的时间间隔内,信号的感知熵(PE)可以表示为

$$PE = \frac{1}{N}\sum_{i=0}^{N-1} \max\left\{0, \log_2\left[\sqrt{\frac{I(f_i)}{I_T(f_i)}}\right]\right\} \approx \frac{1}{N}\sum_{i=0}^{N-1}\log_2\left[1+\sqrt{\frac{I(f_i)}{I_T(f_i)}}\right] \tag{5.45}$$

其中 N 是信号表示中频率系数的数量.如上面的表达式所示,PE 表示频率块上阈值加权能量的几何平均值的对数.感知熵测量给出了基于信号时频分析和计算出的掩蔽阈值的音频信号感知编码的下限估计.

5.3.3 MP3 编码

MP3 是 MPEG-1 层Ⅲ(layer Ⅲ)或 MPEG-2 层Ⅲ(layer Ⅲ)的简称.MPEG-1 层Ⅲ支持的采样频率是 32,44.1 和 48 kHz.MPEG-2 层Ⅲ支持的采样频率是 16,22.05 和 24 kHz.下面以 MPEG-1 层Ⅲ描述 MP3 的编码过程.

1. MP3 编码器

图 5.10 给出了 MP3 编码过程的示意图.输入的数字音频信号首先经过 32 子带的滤波器组,接着会经过 MDCT 变换.同时数字音频信号会进行 FFT 变换,接着心理声学模型会对 FFT 频域信号进行感知,计算出掩蔽阈值用来配合后面信号的量化,以及给出信号的稳态与瞬态标识,从而确定 MDCT 块的长度.经过 MDCT 变换的信号接着会经过量化,然后会进行哈夫曼编码,再然后会对哈夫曼编码的信号以及其他附加信号(边信息)进行封装形成 MP3 编码比特流.

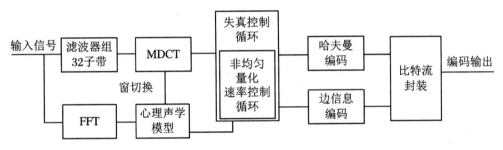

图 5.10　MP3 编码器示意图

MP3 编码标准文档对于 MP3 编码器提供了参考方案,但不是必须按照标准来实现.在 MP3 编码标准中,解码器与 MP3 比特流语法是必须按照标准来实现的,以保证所有的编码器以及 MP3 比特流相互兼容.MPEG 编码层Ⅰ与层Ⅱ中,没有 MDCT 变换,使用了均匀量化,而 MP3 使用了非均匀量化,因此 MP3 解码器可以实现后向兼容,可以用来解码 MPEG 编码层Ⅰ与层Ⅱ的音频流.MPEG 层Ⅰ音频编码主要应用于以前的数字盒式磁带中,MPEG 层Ⅱ音频编码主要应用于 DVD 与数字电视中.

2. 时域至频域变换

图 5.11 给出了 MP3 编码中时域至频域变换的示意图.输入的 PCM 信号首先被分组为 1152 个样本的音频帧.每个音频帧经过 32 个子带的 PQMF 滤波器,经过滤波后,每个子带包含 36 个样本,接下来每 36 个样本会进行加窗,加窗类型取决于输入信号的状态,共有长窗(36 点)、短窗(12 点,3 个)、长至短的过渡窗、短至长的过渡窗四种类型.

长(long)窗的表达式为

$$w[n] = \sin\left[\frac{\pi}{36}\left(n + \frac{1}{2}\right)\right], \quad n = 0,\cdots,35 \tag{5.46}$$

短(short)窗的表达式为

$$w[n] = \sin\left[\frac{\pi}{12}\left(n + \frac{1}{2}\right)\right], \quad n = 0,\cdots,11 \tag{5.47}$$

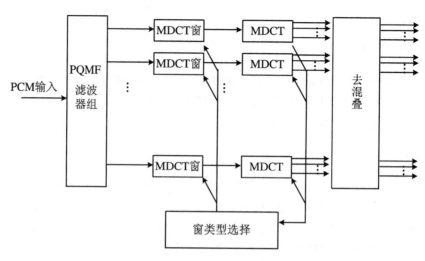

图 5.11   MP3 编码:时域至频域的变换

长至短的过渡窗[也称开始(start)窗]为

$$w[n] = \begin{cases} \sin\left[\dfrac{\pi}{36}\left(n + \dfrac{1}{2}\right)\right], & n = 0, \cdots, 17 \\ 1, & n = 18, \cdots, 23 \\ \sin\left[\dfrac{\pi}{12}\left(n - 18 + \dfrac{1}{2}\right)\right], & n = 24, \cdots, 29 \\ 0, & n = 30, \cdots, 35 \end{cases} \tag{5.48}$$

短至长的过渡窗[也称结束(stop)窗]为

$$w[n] = \begin{cases} 0, & n = 0, \cdots, 5 \\ \sin\left[\dfrac{\pi}{12}\left(n - 6 + \dfrac{1}{2}\right)\right], & n = 6, \cdots, 11 \\ 1, & n = 12, \cdots, 17 \\ \sin\left[\dfrac{\pi}{36}\left(n + \dfrac{1}{2}\right)\right], & n = 18, \cdots, 35 \end{cases} \tag{5.49}$$

图 5.12 显示了长窗以及长窗与短窗的过渡示意图.顶部为长窗,对应于信号的稳态情况.底部显示了长窗与短窗的过渡瞬间,对应于信号的瞬变情况.

加窗的信号接着会经过 MDCT 变换.因为 PQMF 滤波器会带来频谱的混叠,接下来会应用去混叠效应滤波器去除混叠效应.

3. 块模式

相应于加窗时的长窗与短窗,MDCT 变换有长块模式(36 点)与短块模式(12 点).短块长度是长块长度的 1/3.在短块模式中,三个短块替换一个长块,使得一帧音频样本的 MDCT 样本的数量与块类型无关.

对于给定的音频样本帧,MDCT 可以都具有相同的块长度(长或短)或具有混合块模式.在混合块模式中,两个低频子带使用长块,剩下 30 个高频子带使用短块.该模式为较低频率信号提供更好的频率分辨率,而不牺牲较高频率信号的时间分辨率.

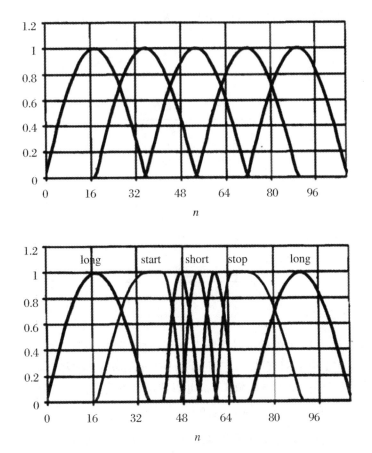

图 5.12　MP3 正弦窗示意图

4. 去混叠

MDCT 变换后,1152 个系数分成前后 2 个子帧(granule),每个子帧具有 576 个频率系数.每个子帧的频率系数会经过如图 5.13 所示的频率去混叠蝶形运算.

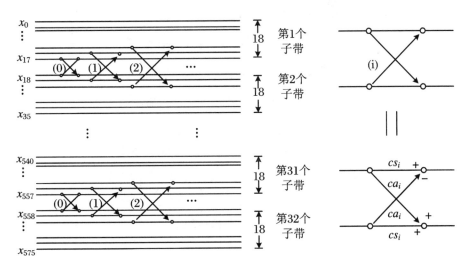

图 5.13　去频率混叠

频率去混叠步骤具有 8 级蝶形运算,其中每级的 cs_i 与 ca_i 的计算公式如下所示:

$$cs_i = \frac{1}{\sqrt{1 + c_i^2}}, \quad ca_i = \frac{c_i}{\sqrt{1 + c_i^2}} \tag{5.50}$$

其中 c_i 的值如表 5.4 所示.

表 5.4 c_i 的值

i	c_i
0	-0.6
1	-0.535
2	-0.33
3	-0.185
4	-0.095
5	-0.041
6	-0.0142
7	-0.0037

5. 掩蔽阈值与感知熵

MP3 声学模型使用 FFT 的输出计算掩蔽曲线,它首先将 FFT 频率系数分区,其宽度约为 1/3 的临界带宽或 1 个 FFT 系数.对于每个分区(partition),接着会应用类似前面描述过的声学模型计算掩蔽阈值.得出掩蔽阈值后,可以使用以下公式计算信号的感知熵:

$$PE = \sum_{\text{partition } b} n_b \log_2(1.0 + \sqrt{energy_b / threshold_b}) \tag{5.51}$$

n_b 是分区 b 频率系数的数量,$energy_b$ 和 $threshold_b$ 是在分区(partition)b 总的信号能量和掩蔽阈值.

感知熵 PE 表示了编码音频信号而不引入相对于原始信号的任何感知差异时每个频率样本所需的平均比特数.PE 可以用来指示 MDCT 块的类型,$PE > 1800$ 表明采用短窗,表明信号处于瞬间变化的状态.图 5.14 显示了块转换状态图.

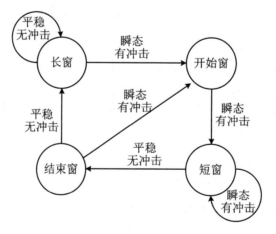

图 5.14 块转换状态图

6. 量化

MP3 编码器采用了如下所示的非均匀量化器:

$$ix_i = \text{sign}(xr_i) \cdot \text{nint}\left[\left(\frac{|xr_i|}{\sqrt[4]{2}^{global\_gain - scale\_factor}}\right) - 0.0946\right] \quad (5.52)$$

其中 xr_i 是 MDCT 系数, ix_i 是量化值, sign 代表符号, nint 表示取邻近整数, $global\_gain$ 是全局量化步长,用于满足比特率的要求. 子带因子 $scale\_factor$ 用于调节每个子带的量化失真,以满足掩蔽阈值的要求. MP3 编码将经过长窗处理的 576 点 MDCT 系数分成 21 个子带,将经过短窗处理的每个 192 点 MDCT 系数分成 12 个子带,每个子带的量化噪声通过子带因子 $scale\_factor$ 来调节. 如何将 MDCT 系数划分为子带取决于抽样频率. 在不同的抽样频率下,子带划分会有不同,表 5.5 显示了在 32 kHz 采样频率下的子带划分. 其他频率下的子带划分可以通过查询 MP3 标准得到.

表 5.5　子带划分(32 kHz、长块)

子带	子带宽度	开始	结束
0	4	0	3
1	4	4	7
2	4	8	11
3	4	12	15
4	4	16	19
5	4	20	23
6	6	24	29
7	6	30	35
8	8	36	43
9	10	44	53
10	12	54	65
11	16	66	81
12	20	82	101
13	24	102	125
14	30	126	155
15	38	156	193
16	46	194	239
17	56	240	295
18	68	296	363
19	84	364	447
20	102	448	549

量化之前将 MDCT 系数取乘方,幂次为 3/4,以便在量化值范围内提供更一致的信噪

比.MP3 的量化过程通常使用两层嵌套循环——内层循环和外层循环——用于确定最佳量化.内层迭代循环的任务是改变全局量化步长,直到给定的频谱数据可以用可用的比特数进行编码.为实现此目的,选择初始量化步长,对频谱数据进行量化,并计算对量化数据进行编码所必需的比特数.如果大于可用的比特数,量化步长 *global_gain* 就会增加,并且重复整个过程.内层迭代循环流程图如图 5.15 所示.

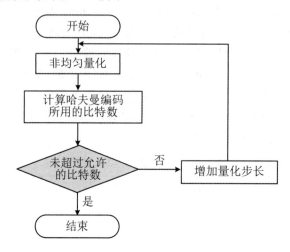

图 5.15   MP3 内层迭代循环流程图

外层迭代循环的任务是放大子带因子,以尽可能满足心理声学模型的要求,外层迭代循环如图 5.16 所示.

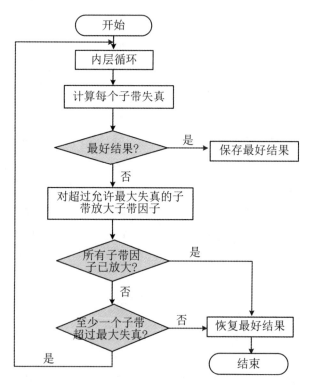

图 5.16   MP3 外层迭代循环流程图

（1）开始时,子带因子带均未放大.

（2）调用内层循环.

（3）对于每个子带,计算量化引起的失真.

（4）将实际失真与通过心理声学模型计算出的允许失真进行比较.

（5）如果这个结果是目前为止的最佳结果（best result）,那么将它存下来.这是很重要的一步,因为迭代过程不一定会收敛.

（6）放大实际失真高于允许失真的子带因子.在这里,可以应用不同的方法来确定要放大的子带.

（7）如果所有的子带因子都被放大,迭代过程停止,并恢复为最佳结果.

（8）如果子带的实际失真都没有高于允许失真,迭代过程也将停止.

（9）否则,这个过程将使用新的放大值进行重复.

以上两个循环交替迭代直到达到比特率与量化失真的要求,或者在速率满足要求的情况下,达到最低失真度.由于频谱的放大部分需要更多的位来编码,但可用的位数是恒定的,量化步长必须在内层迭代循环中改变,以减少使用的位数.这种机制从不需要的频谱区域向需要的频谱区域进行移位.出于同样的原因,在外层循环中,放大后的结果可能比之前的更差,因此在迭代过程结束后必须恢复最佳结果.

7. 哈夫曼编码

编码器将有序的频率系数分为三个不同的区域,称为"连零"（rzero）、"数 1"（count1）和"大值"（big_value）区域.从较高频率开始,编码器将所有零值的量化系数组成一个"连零"区域."连零"区域必须包含偶数个 0.

第二个区域,数 1"count1_region",包含仅由 $-1, 0$ 或 1 组成的连续值.该区域从两个哈夫曼表选一个来进行编码,一次编码 4 个系数,因该区域系数的数量必须是 4 的倍数.数 1 区域 4 个系数的码字结构如下:

```
struct quad_word {
    codeword// hcod[|v|][|w|][|x|][|y|], hlen[|v|][|w|][|x|][|y|]
    signvonly if v not equal 0
    signwonly if w not equal 0
    signxonly if x not equal 0
    signyonly if y not equal 0
}
```

首先是 4 个数 1 的绝对值 $|v|, |w|, |x|, |y|$ 的哈夫曼码字 codeword（或 hcod）.接下来是 4 个数 1 值 v, w, x, y 的符号位.对数 1 区域的哈夫曼编码可以通过查表来实现,标准提供了 2 张哈夫曼表.表 5.6 列出了数 1 区域哈夫曼表 A 的所有码字.数 1 区域哈夫曼表 B 的哈夫曼码字可以通过查阅 MP3 编码标准得到.

表 5.6　数 1 区域哈夫曼表 A

数 1 值	码字长度	码字
0000	1	1
0001	4	0101

数1值	码字长度	码字
0010	4	0100
0011	5	00101
0100	4	0110
0101	6	000101
0110	5	00100
0111	6	000100
1000	4	0111
1001	5	00011
1010	5	00110
1011	6	000000
1100	5	00111
1101	6	000010
1110	6	000011
1111	6	000001

第三个区域覆盖所有剩余值,称为大值"big_values"区域.大值区域会继续划分为几个段(region),如图 5.17 所示,每个段用 30 个哈夫曼表中的一个进行编码,两个连续的量化系数(x,y)一起编码成一个哈夫曼码字.量化幅度绝对值不大于 15 的量化系数对直接用一个哈夫曼表格进行编码,如果量化幅度超过 15,会用转义码(ESC-code)来标识这种情况.如果系数不为 0,还需要在哈夫曼码字后添加符号位.哈夫曼码字的结构如下:

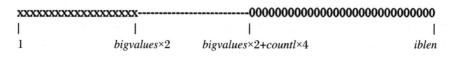

图 5.17 哈夫曼编码的几个区域

如图 5.17 所示,"0000…"为连零区域,0 的个数为偶数."－－－"为数 1 区域,只包含 －1,0 或 ＋1 的数值."xxx"的值没有限定,称为大值区域. $iblen$ 的值为 576.

struct coded_word {

    codeword   //hcod[|x|][|y|],量化系数取绝对值后编码

    linbitsx   //当量化系数大于 15 时,编码对中的 x 为 15,此时这里的无符号整数加上 15 就是原始量化系数的绝对值

    signx   //x 系数的符号位,仅当 x 不为 0 时发送

    linbitsy   //针对编码对中的量化系数 y,同 linbitsx

    signy   //y 系数的符号位,仅当 y 不为 0 时发送

}

量化系数 x,y 取绝对值后通过查阅哈夫曼表格得到码字(codeword). MP3 标准有 30

个哈夫曼表格供选择,编码时可以选择适合编码速率与量化失真的表格.表 5.7 列出了标准提供的哈夫曼编码表 1.其他表格可参照标准.

哈夫曼表中 x,y(绝对值)的最大值为 15,当量化系数绝对值超过 15 时,要用 $linbitsx$,$linbitsy$ 表示量化系数绝对值与 15 的差值.譬如,x 的真实值为 21,21 − 15 = 6.如果哈夫曼表格对应的 $linbits = 4$,则 $linbitsx$ 用 4 比特来表示,即 $linbitsx$ 的二进制表示为 0110. sign x 与 sign y 为 x 与 y 的符号位.

表 5.7　哈夫曼编码表 1($linbits = 0$)

x	y	码字长度	码字
0	0	1	1
0	1	3	0101
1	0	2	0100
1	1	3	00101

在高频段零系数的个数必须是偶数,因为这个数目可以通过其他值得出,所以不对此数值进行编码.

8. MPEG-1 Layer Ⅲ 音频语法

哈夫曼编码产生的码字、辅助信息和帧头被组合以形成 MP3 比特流.MP3 比特流被划分成帧,每个编码帧对应于 1152 个原始音频样本,压缩的音频帧(frame)包括五个部分:头信息(header)、CRC 冗余校验(error_check)、边信息(side_info)、主编码数据(main_data)和辅助数据(ancillary_data):

```
frame( )
{
  header( )
  error_check( )
  side_info( )
  main_data( )
  ancillary_data( )
}
```

side_info( )与 main_data( )合起来称为 audio_data( ).

1) 头信息

头信息描述了用于编码音频的比特率和采样频率.

```
header( )
{
  syncword        12 bits
  ID              1 bit
  layer           2 bits
  protection_bit  1 bit
  bitrate_index   4 bits
```

```
sampling_frequency 2 bits
padding_bit        1 bit
private_bit        1 bit
mode               2 bits
mode_extension     2 bits
copyright          1 bit
original/home      1 bit
emphasis           2 bits
}
```

其中 12 比特的 syncword "1111 1111 1111" 是同步字,用来指示该比特流是 MP3 编码比特流.

1 比特的 ID 用来指示算法编号,"1"代表 MPEG-1 音频,"2"代表 MPEG-2 音频.

2 比特的 layer 用来指示哪一层,"11"代表层Ⅰ(Layer Ⅰ),"10"代表层Ⅱ(Layer Ⅱ),"01"代表层Ⅲ(Layer Ⅲ),"00"作为保留字.

1 比特的 protection_bit 代表音频比特流中是否加入冗余以用来错误检测.如果此位为1,表示没有加入冗余,否则加入了冗余.

4 比特的 bitrate_index 表示比特率,如表 5.8 所示.全零值表示"自由格式"条件,可以使用不在列表中指定的固定比特率.

表 5.8　MP3 编码比特率表

bit_rate_index	比特率
0000	自由数据速率
0001	32 kbit/s
0010	40 kbit/s
0011	48 kbit/s
0100	56 kbit/s
0101	64 kbit/s
0110	80 kbit/s
0111	96 kbit/s
1000	112 kbit/s
1001	128 kbit/s
1010	160 kbit/s
1011	192 kbit/s
1100	224 kbit/s
1101	256 kbit/s
1110	320 kbit/s
1111	禁止

2 比特 sampling_frequency 指示信号的抽样频率,如表 5.9 所示.

表 5.9　MP3 音频抽样频率

sampling_frequency	MPEG-1	MPEG-2
00	44.1 kHz	22.05 kHz
01	48 kHz	24 kHz
10	32 kHz	16 kHz
11	保留	保留

1 比特 padding_bit 用于填充功能.如果此位等于"1",则帧包含一个额外的时隙,以调整平均比特率,否则此位将为"0".只有采样频率为 44.1 kHz 时才需要填充.

1 比特 private_bit 为专用位.ISO 将来不会使用此位.

2 比特 mode 用来指示通道模式,如表 5.10 所示.其中"11"用于单通道模式,"10"用于双通道模式,此时两个通道的内容是一样的,"00"用于两个通道内容不一样的立体声模式,"01"用于联合立体声模式.通常,音频信号中左、右两个信道的内容是相关的,联合立体声编码可以提供更高的编码增益.MP3 编码中的联合立体声模式包括 M/S 和增强立体声编码.M/S 立体声编码不直接编码左、右通道的频率系数 L_i 和 R_i,而是编码归一化的信号 M_i 和差信号 S_i,其中 $M_i = \dfrac{R_i + L_i}{\sqrt{2}}, S_i = \dfrac{L_i - R_i}{\sqrt{2}}$.

表 5.10　通道模式

mode	模式
00	立体声
01	联合立体声
10	双通道
11	单通道

M/S 立体声编码获得的编码增益与信号有关.当左、右信号相等或相移为 π 时可以达到编码的最大增益.由于 M/S 立体声处理是一种无损处理,特别是保留了信号的空间属性,因此可以应用于整个信号频谱.

增强立体声编码主要目的集中在相关去除,其中对高频信号部分的编码通过降低空间分辨率来实现.通常,人类听觉系统主要根据每只耳朵感知声音的相对强度而不是使用相位线索来检测高频方向.在增强立体声编码中,每个临界带宽只传输一个由左、右通道组合而成的通道.方向信息采用与左、右通道独立的比例因子来传递.虽然这种方法保留了主要的空间线索,但可能会遗漏一些细节.增强立体声编码保留了立体声信号的能量,但部分信号分量可能无法正常传输,导致潜在的空间信息丢失.因此,增强立体声编码主要用于低数据速率应用.特别要强调的是,增强立体声编码只适用于编码高频率的系数.将这种方法扩展到低频可能会导致严重的失真,例如空间信息的重大损失.

2 比特的 mode_extension 用来指示应用何种类型的联合立体声编码方法,如表 5.11 所示.

表 5.11　联合立体声模式

	增强立体声	M/S 立体声
00	关	关
01	开	关
10	关	开
11	开	开

1 比特 copyright 用来指示版权. 如果此位等于"0",则编码位流没有版权,"1"表示受版权保护.

1 比特 original/home 指示位流是原始流还是副本. 如果位流是副本,则此位等于"0",如果是原始流,则此位为"1".

2 比特 emphasis 主要用于指示音频中的高频部分是否有加重(为了保证与模拟音频兼容,在模拟信道传输中要对高频分量进行加重,即放大)."00"表示没有加重,"01"采用 50/15 微秒加重模式,"10"作为保留,"11"采用 CCITT J.17 加重模式.

2) 循环冗余校验

error_check 字段包含 16 位数据,主要内容为编码数据的循环冗余校验结果(CRC-16).

3) 音频数据

audio_data 包含边信息与编码数据. 每个音频帧由来自 1 个或 2 个音频子帧(granule)的压缩数据组成. MPEG-1 Layer Ⅲ 音频帧包含 2 个音频子帧,MPEG-2 Layer Ⅲ 包含 1 个音频子帧. 每个子帧由 18×32＝576 个子带样本组成. 压缩音频帧中的音频数据按以下顺序分配:main_data_begin 指针、用于 2 个子帧的边信息、用于子帧 1 的边信息、用于子帧 2 的边信息、子帧 1 的子带因子与哈夫曼编码数据、子帧 2 的子带因子与哈夫曼编码数据. 边信息 side_info 的具体顺序如下所示(以单通道为例):

```
side_info()
{
main_data_begin                    9bits
if (mode == single_channel)
{
  private_bits                     5bits
  for (scfsi_band=0; scfsi_band<4; scfsi_band++)
      scfsi[scfsi_band]            1bit
  for (gr=0; gr<2; gr++)
  {
    part2_3_length[gr]             12bits
    big_values[gr]                9bits
    global_gain[gr]               8bits
    scalefac_compress[gr]         4bits
    blocksplit_flag[gr]           1bit
```

```
    if (blocksplit_flag[gr])
    {
        block_type[gr]                     2bits
        switch_point[gr]                   1bit
        for (region = 0; region<2; region++)
            table_select[region][gr]       5bits
        for (window = 0; window<3; window++)
            subblock_gain[window][gr]      3bits
    }
    else
    {
        for (region = 0; region<3; region++)
            table_select[region][gr]       5bits
        region_address1[gr]                4bits
        region_address2[gr]                3bits
    }
    preflag[gr]                            1bit
    scalefac_scale[gr]                     1bit
    count1table_select[gr]                 1bit
}
```

因为不同的音频帧需要不同的编码比特数,为了满足编码器对编码位的时变需求,MP3 编码器使用了"位库"的方法.编码器可以借用来自过去编码帧用不到的比特位.如图 5.18 所示,MP3 使用一个称为 main_data_begin 的 9 位指针用于确定帧的音频数据的开始位置.这将开始位置指定为从音频同步字开始的负偏移(以字节为单位).

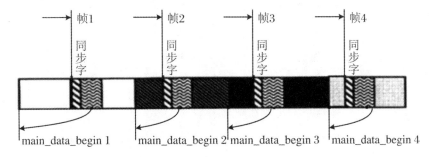

图 5.18　MP3 帧结构

5 比特的 private_bits 供将来使用.

1 比特的子带因子选择信息 scfsi 用来控制子帧(granule)中的子带因子的使用,当 *scfsi* =1 时,只需要传输或存储第一个子帧的子带因子,第二个子帧的子带因子与第一个子帧相同.当 *scfsi* =0 时,需要传输或存储每个子帧的子带因子.为了减少 scfsi 的传输比特数,在 MP3 标准中将子带的 scfsi 分成四个组(scfsi_band),如表 5.12 所示.

表 5.12   子带分组

组(scfsi_band)	子带(scalefactor bands)
0	0,1,2,3,4,5
1	6,7,8,9,10
2	11,12,13,14,15
3	16,17,18,19,20

例如,如果 scfsi[0]=1,只传输第一个子帧的 MDCT 系数子带 0,1,2,3,4,5 的子带因子.第二个子帧的子带因子与第一个子帧相同.

12 比特的 part2_3_length[gr]用于说明子带因子与哈夫曼码字(统称主编码数据)需要的总比特数.因为边信息的长度总是相同的,这个值可以用来计算每个子帧主编码数据的开始位置和辅助信息的位置(如果使用).

9 比特的 big_values[gr]用来指示大值区域结束的位置.

8 比特的 global_gain[gr]是全局量化步长信息,包含在边信息中.

4 比特的 scalefac_compress[gr]用来指示传输子带因子需要多少位.表 5.13 给出了长窗情况下,不同的 scalefac_compress 对应的子带因子的位数.

表 5.13   scalefac_compress 表

scalefac_compress	slen1	slen2
0	0	0
1	0	1
2	0	2
3	0	3
4	3	0
5	1	1
6	1	2
7	1	3
8	2	1
9	2	2
10	2	3
11	3	1
12	3	2
13	3	3
14	4	2
15	4	3

其中 slen1 是子带 $0, \cdots, 10$ 的子带因子所用的比特数. slen2 是子带 $11, \cdots, 20$ 的子带因子所用的比特数.

1 比特 blocksplit_flag[gr], 如果设置为 1, 用来指示没有用长窗.

2 比特 block_type[gr] 指示窗类型.

1 比特 switch_point[gr] 指示信号是否有短长窗变换的分割. 如有, 通常经过 PQMF 滤波后的最低两个子带应用长窗, 其他 30 个子带应用短窗.

5 比特 table_select[region][gr] 指示应用哈夫曼编码表格压缩大值区域的一个段的系数.

3 比特 subblock_gain[window][gr] 主要用于调节短窗时的量化步长. 在短窗时, 576 点的 MDCT 分成 3 个块 (window), 因此, window 的取值为 $0, 1, 2$.

4 比特 region_address1[gr] 与 3 比特 region_address2[gr] 用来将大值区域分成 3 个子区域, 以提高编码效率与纠错的鲁棒性. 取决于最大量化值与局部信号特性, 每个子区域用不同的哈夫曼表格来进行编码.

1 比特的 preflag[gr] 用来调节高频子带的量化步长, 与表 5.14 中的 pretab 配合使用.

表 5.14　pretab 表

scale_factor band[cb]	0	1	2	3	4	5	6	7	8	9	10	11	12	13	14	15	16	17	18	19	20
pretab[cb]	0	0	0	0	0	0	0	0	0	0	0	1	1	1	1	2	2	3	3	3	2

1 比特的 scalefac_scale[gr] 用来调节量化步长.

1 比特的 count1table_select[gr] 用来选择数 1 区域的哈夫曼表格, 从两个表格选择一个来对数 1 区域进行编码.

main_data 主要包含子带因子与哈夫曼编码的数据, 主要组成部分如下:

```
main_data()
{
for (gr=0; gr<2; gr++)
    if (blocksplit_flag[gr] == 1&& block_type[gr] == 2)
    {
     for (cb=0; cb<switch_point_l[gr]; cb++)
      if (scfsi[cb]==0) || (gr==0)
            scalefac[cb][gr]                    0~4 bits
     for (cb=switch_point_s[gr]; cb<cblimit_short; cb++)
      for (window=0; window<3; window++)
       if (scfsi[cb]==0) || (gr==0)
            scalefac[cb][window][gr]    0~4 bits
    }
    else
        for (cb=0; cb<cblimit; cb++)
            if (scfsi[cb]==0) || (gr==0)
scalefac[cb][gr]                    0~4 bits
```

```
Huffmancodebits        (part2_3_length − part2_length) bits
while (position ! = main_data_end)
{
    ancillary_bit         1 bit
}
}
```

0～4 比特的子带因子 scalefac[cb][gr] 用来调节子带的量化噪声（也叫有色量化）. 如果量化噪声有正确的形状, 它将被完全掩蔽. scalefac_compress 表格表明, 对于长窗, 子带 0,…,10 的子带因子在 0～15 之间取值, 子带 11,…,21 的子带因子在 0～7 之间取值. 子带被选择为尽可能接近临界带宽. 如何将频谱分割成子带取决于块的长度与采样频率, 这个分割是固定的, 并且作为表格存储在编码端与存储端.

cblimit = 21, 表明长窗情形下, 576 个 MDCT 系数被分成 21 个子带. cblimit_short = 12, 表明短窗情形下, 576 个 MDCT 系数被分成 12 个子带.

switch_point_s 用来指示长窗与短窗变化的位置. part2_length 是存储与传输子带因子需要的比特数, part2_3_length 包含了传输与存储哈夫曼码字与子带因子需要的比特数.

在量化步骤中, scale_factor 与前面 subblock_gain、scalefac、preflag 等有关:

$$scale\_factor = 64 + 8 \times subblock\_gain[window][gr] + 2 \times (1 + scalefac\_scale[gr]) \times scalefac[cb][windows][gr] - 2 \times preflag[gr] \times (1 + scalefac\_scale[gr]) \times pretab[cb]$$

(5.53)

其中, cb 表示子带号, pretab 用于调节高频段的量化步长, pretab 的值见表 5.14.

5.4 AAC

5.4.1 AAC 简介

随着时间的推移, MP3 越来越不能满足需要了, 存在譬如压缩率落后于 Ogg 与 WMA 等格式、音质不够理想（尤其是低码率下）、仅有两个声道等问题, 于是 FraunhoferIIS 与 AT&T、索尼、杜比、诺基亚等公司展开合作, 共同开发了被誉为"21 世纪的数据压缩方式"的高级音频编码（Advanced Audio Coding, AAC）音频格式, 以取代 MP3.

AAC 算法在 1997 年就完成了, 当时被称为 MPEG-2 AAC, 因为还是把它作为 MPEG-2 标准的延伸. 但是随着 MPEG-4（MP4）音频标准在 2000 年成型, MPEG-2 AAC 也被作为它的编码技术核心, 同时追加了一些新的编码特性, 所以我们又把它叫作 MPEG-4 AAC（M4A）. MPEG-2 AAC 工具也构成 MPEG-4 多种音频配置（Audio Profile）的核心, 包括主配置（Main）、可分级配置（Scalable）、高品质配置（High Quality Audio）、低延迟配置（Low Delay）、自然音频配置（Natural Audio）和移动音频联网配置（Mobile Audio Internetworking）等.

　　AAC 结合了高分辨率滤波器组的编码效率、预测技术和哈夫曼编码,以低数据速率实现了非常高质量的音频压缩.为了定义 AAC 系统,音频委员会选择了一种模块化方法,将整个系统分解成一系列独立模块或工具.其中,工具被定义为一种编码模块,可以将其当作独立于整个系统的单独的组件使用.AAC 参考模型(RM)描述了每种工具的特性以及它们组合在一起的方式,通常 AAC 编码系统包含以下工具:增益控制、滤波器组、预测、量化和编码、无噪声编码、比特流多路复用、时域噪声整形(TNS)、M/S 立体声编码和增强立体声编码.

　　为了在质量和存储器/处理功率的需求之间折中,AAC 系统提供三种 Profile(配置):主配置(Main Profile)、低复杂度配置(Low Complexity,LC Profile)和可分级抽样速率配置(Scalable Sampling Rate,SSR Profile).在主配置中,AAC 系统以任何给定的数据速率提供最佳音频质量.除预处理工具外,AAC 工具的所有部分都可能会用到.此配置中对于内存和预处理功率的要求高于低复杂度配置的相应部分.需要注意的是,主配置的 AAC 解码器可以解码低复杂度配置编码的比特流.在低复杂度配置中,未使用预测和预处理工具,并且 TNS 阶数受到限制.虽然低复杂度配置的质量性能非常高,但在此配置中,内存和处理功率要求大大降低.在 SSR 配置中,需要增益控制工具.增益控制工具执行的预处理由 CQF、增益检测器(gain detector)和增益修正器(gain modifier)组成.此配置中未使用预测工具,并且 TNS 阶数和带宽受到限制.SSR 配置的复杂度低于主配置和低复杂度配置,它可以提供频率可变的信号.

　　AAC 编码器过程如图 5.19 所示.首先,使用基于 MDCT 的滤波器组将输入信号分解为子带频谱分量.基于输入信号,计算掩蔽阈值的估计值.AAC 系统使用类似于 MP3 心理声学模型的感知模型.在量化阶段使用 SMR 值,以便在任何给定的数据速率下使量化信号的听觉失真最小化.

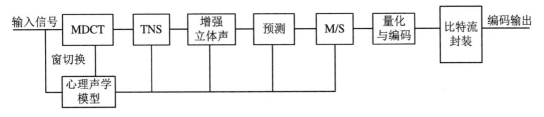

图 5.19　AAC 编码过程示意图

　　在分析滤波器组之后,TNS 对频谱值执行现场滤波操作,即用其预测残差替换频谱系数.TNS 技术允许编码器即使在单个滤波器组时间窗内也可以对量化噪声的时间精细结构进行控制.

　　对于多通道信号,也可以应用增强立体声编码;在此操作中,仅传输能量包络.增强立体编码允许减少传输的空间信息,并且它是在低数据速率下最有效的.

　　AAC 中,可以采用时域预测工具,以便利用后续帧的子采样频谱分量之间的相关性,从而增加稳态信号的冗余压缩效率.传输信号时可以不直接传输左、右两路信号,而是传输归一化的和(简称 Mid 或 M)和差分(简称 Side 或 S)信号.M/S 立体声编码用于低数据速率的多通道 AAC 编码器.

　　接着会对频谱分量进行量化和编码,同时使得量化噪声低于掩蔽阈值.该步骤通过采用分析综合(analysis-by-synthesis)方法和使用额外的无噪声压缩工具来完成.类似于 MP3 中采用的称为"位储存器"(bit reservoir)的机制允许以局部可变数据速率来逐帧满足信号需求.最后,使用比特流格式器(bitstream formatter)来组装比特流,其由量化和编码过的频谱系数和控制参数组成.

MPEG-2 AAC 系统支持多达 48 个音频通道,支持包括单声道、双通道和五通道加低频效应通道配置.AAC 系统支持的采样率从 8 kHz 到 96 kHz 不等,如表 5.15 所示.表 5.15 还展示了每个通道的最大数据速率.

表 5.15　MPEG-2 AAC 采样频率和数据速率

抽样频率(Hz)	每通道最大比特率(kbit/s)
96000	576
88200	329.2
64000	384
48000	288
44100	264.6
32000	192
24000	144
22050	132.3
16000	96
12000	72
11025	66.25
8000	48

5.4.2　AAC 编码

AAC 系统提供了主配置、低复杂度配置与可分级抽样速率配置等配置方式,本小节主要描述主配置编码.

1. 滤波器组分辨率和窗设计

MDCT 滤波器组的频率分辨率取决于窗函数.为了满足 MDCT 完美的重建要求,一个自然而然的选择是正弦窗.正弦窗为信号频谱成分产生具有良好分辨率的滤波器组,提高了对谐波含量密集的信号的编码效率.然而,对于其他类型的信号,具有更好的最终抑制(ultimate rejection)的窗可以提供更好的编码效率.KBD 窗更好地满足了这一要求.在 AAC 中,窗形状可以作为信号的函数动态变化.AAC 系统允许在 KBD 窗和正弦窗之间无缝切换,如图 5.20 所示.在比特流中,每帧中有单独 1 比特来表示窗形状.只有长度为 2048 的变换块,窗的形状才是可变的.由编码器做出的窗形状决定只适用于窗函数的后半部分,因为前半部分受到前一帧窗形状的约束.

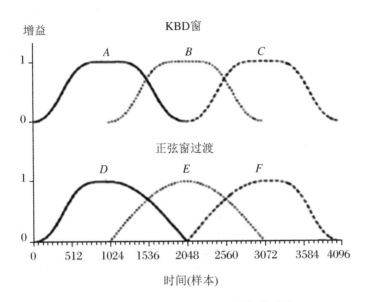

图 5.20   MPEG-2 AAC 窗形状切换过程

滤波器组的时频分辨率适应输入信号的特性是通过在输入长度为 2048 或 256 个样本的变换之间进行切换来实现的.瞬态信号编码的采样长度是 256,这是在每个通道的数据速率约为 64 kbit/s 时频分辨率和预回声抑制之间的最佳折中.块切换是适应滤波器组的时间/频率分辨率的有效工具,但可能会在被编码的不同通道之间产生块同步的问题.如果一个通道使用 2048 变换长度,而在同一时间间隔内另一个通道使用三个 256 变换长度,那么在块切换间隔之后的长块将不再是时间对齐的.通道之间没有对齐是不可取的,因为它会在编码和比特流格式化/去格式化期间造成合并通道的问题.在 AAC 系统中,保持各通道间的块对齐的问题用以下方法来解决.在长变换和短变换的切换过程中,使用了一个开始和停止窗,以保持 MDCT 和 IMDCT 变换的时域混叠消除特性,并保持块对齐.这些转换分别被指定为"开始"和"停止"序列.传统的样本长度为 2048 的长变换称为"长"序列,而短变换是分组进行的,称为"短"序列."短"序列由排列成相互重叠 50% 的八个短块变换组成,并在序列边界处有一半变换与"开始"和"停止"窗形状重叠.这个重叠序列和将变换块分为开始、停止、长和短序列等组,过程如图 5.21 所示.

图 5.21 显示了适用于稳态和瞬态条件的窗重叠过程.曲线 A、曲线 B 和曲线 C 表示在不使用块切换的情况下的过程,其中所有的变换都有 2048 个样本,并且只由"长"序列组成.加窗后的变换块 A,B,C 之间相互有 50% 的重叠.图的下半部分展示了使用块切换的情况下,在样本数量 1600 到样本数量 2496 的区间,平滑过渡到更短的 N = 256 时间样本的变换.图中显示了短变换(♯2~♯9)被分成了一个由 8 个长度为 256 个样本的 50% 重叠变换组成的序列,并使用了一个适当长度的正弦窗.开始(♯1)和结束(♯10)序列允许在短和长变换之间平滑过渡.开始序列的窗函数的前半部分,即编号为 0~1023 的时域样本,是 KBD 窗或正弦窗的前半部分,与之前的长序列窗类型相匹配.在样本 1024~1471 之间窗的值是 1,之后是正弦窗.正弦窗部分由下式给出:

$$w[n] = \sin\left[\frac{\pi}{256} \times (n - 1343.5)\right], \quad 1472 \leqslant n < 1600 \tag{5.54}$$

该区域的后面是包含零值样本的最后区域,这个区域至样本 2047 结束."停止"窗是"开始"

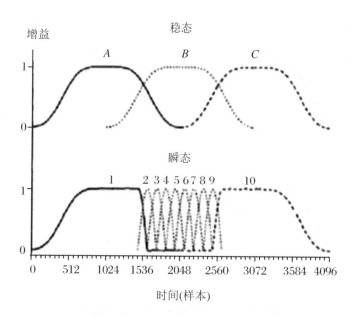

图 5.21　MPEG-2 AAC 块切换过程

窗的时间反转版本,两者的设计都是为了保证两种变换长度之间平滑过渡,以及保证对于使用的变换有合适的时间域混叠消除特性.对于间隔较近的瞬态,可以对含有 8 个短窗的单一序列进行扩展,通过在序列中添加更多连续短窗的方法,但限制是必须以 8 个为一组的短窗进行添加.

2. 预测

预测可用于 AAC 编码方案中,以改善冗余压缩.在信号表现出强平稳成分和对数据速率的要求很高的情况下,预测特别有效.由于滤波器组中使用短窗时表明信号出现变化,即信号的非平稳特性,因此,预测只用于长窗.

对于每个通道,预测应用于滤波器组的频谱分解产生的频谱分量上.

在每个预测器中,对于频谱分量 $x[n]$ 当前值的估计值 $x_{\text{est}}[n]$ 是由之前的重构值 $x_{\text{rec}}[n-1]$ 和 $x_{\text{rec}}[n-2]$ 计算出来的.然后,从实际的频谱分量 $x[n]$ 中减去这一估计值,从而得到用于量化和传输的预测误差 $e[n]$.在解码器中,重新创建 $x_{\text{est}}[n]$,并与反量化的预测误差相加,从而生成当前频谱分量 $x[n]$ 的重构值 $x_{\text{rec}}[n]$.

预测器使用一个栅格结构,其中包含的两个基本元素是级联的.预测器参数使用基于 LMS(least mean square,最小均方)的自适应算法,在逐帧的基础上适应当前信号的统计值,实现方程可以在标准(ISO/IEC 13818-7)中找到.

为了保证预测只在导致编码增益增加的情况下使用,需要适当的预测器控制,并且需要向解码器传输少量预测器控制信息.对于预测器控制,预测器被分组成子带.每一帧的预测器控制信息分两步确定.首先,对于每个子带,确定预测是否给出编码增益,以及属于同一个子带的所有预测器是否相应地打开/关闭.然后,确定当前帧中的预测是否创造了足够多的额外编码增益,以证明此增益大于预测器的边信息所需的额外比特数.只有这样,预测才能被激活,边信息才能被传输.否则,在当前帧中不使用预测,只发送一位边信息来传达该决定.

3. 量化

量化和编码阶段的主要目标是对频谱数据进行量化,使量化噪声满足心理声学模型的要求.同时,编码量化后的信号所需的位数必须低于一定的限制,通常是音频数据块可用的平均位数.这个值取决于采样频率,当然,也取决于期望的数据速率.这两个约束——一方面满足心理声学模型的要求,另一方面保持分配的位数低于某个数字——与量化过程的主要挑战有关.如果可用的位数不能满足心理声学模型的需求,该怎么办?如果不是所有位都需要满足要求,该怎么办?

没有标准化的最佳量化策略,唯一的要求是产生的比特流符合 AAC 比特流的标准.一种可能的策略是使用如同 MP3 编码的两个嵌套迭代循环,其他策略也是可行的.然而,一个重要的问题是心理声学模型和量化过程之间的细调,这可能被视为"音频编码的秘密"之一,因为它需要大量的经验和知识.

AAC 量化过程的主要特点是:

- 非均匀量化.
- 利用不同表格对频谱值进行哈夫曼编码.
- 通过放大频谱值组(所谓的子带)来进行噪声整形.有关放大的信息存储在子带因子中.
- 对子带因子进行差分编码.

AAC 中使用的非均匀量化器的描述如下:

$$ix(i) = \text{sign}[xr(i)] \cdot \text{nint}\left\{ \left[\frac{\left| xr(i) \right|}{\sqrt[4]{2}^{\,quantizer\_stepsize}} \right]^{0.75} - 0.0946 \right\} \tag{5.55}$$

非均匀量化器的主要优点是内置的噪声整形取决于系数幅度.与均匀量化器相比,信噪比在信号能量值范围更广的情况下保持不变.量化值的范围被限制在 $-8191\sim8191$ 之间.在上述表达式中,$quantizer\_stepsize$ 表示量化步长.量化后会对量化系数进行哈夫曼编码,AAC 中可以使用几个哈夫曼表格进行编码,包括二维和四维的表格(有符号或无符号).哈夫曼编码过程将在下面详细描述.为了计算对量化数据进行编码所需的位数,必须执行编码过程,并计算频谱数据编码和边信息所需的位数.

当然,非均匀量化器的使用不足以满足心理声学需求.为了尽可能有效地满足需求,我们希望能够将量化噪声整形为与人类听觉系统的临界带宽相似的单元.因此将频率系数分组,每组频谱的长度非常近似地反映临界带宽,每个分组被称为子带.在 48 kHz 的采样频率下,长块的子带的总数为 49.

解码器中必须进行反量化.由于这个原因,量化步长要传输到解码器.第一个要传输的是全局量化器步长,并编码在一个称为 global_gain 的值中.所有后续的子带因子使用专门的哈夫曼码进行差分编码.

4. 无噪声编码

无噪声编码模块的输入是 1024 个量化频谱系数的集合.作为第一步,可以将一种无噪声的动态范围压缩方法应用于频谱.对于幅度大于 1 的频谱系数,最多可以将四个系数一起编码,符号位额外放到码流中."被剪切"的系数被编码为整数的幅度,同时用相对系数数组起始的偏移量来标记它们的位置.由于用于携带这些剪切系数的边信息要消耗一些位,这种无噪声压缩只有在比特位有净节省时才会应用.

无噪声编码将 1024 个量化的频谱系数分段,然后对每个段用一个单独的哈夫曼表编码(哈夫曼编码的方法将在后文描述).出于编码效率的原因,段的边界只能在子带的边界,所以对频谱的每个段要传输所用哈夫曼编码表的序号以及段的长度(从中可以知道子带的数量).

分段是动态的,并且通常因块而异,因此可以最小化表示全部量化频谱系数所需的位数.这是用贪心合并算法完成的,从最大可能的段数开始,每个段使用索引最小的可能的哈夫曼表.如果生成的合并段所用的总位数较低,那么段就被合并,合并时首先会减少最大的位数.如果要合并的段不使用相同的哈夫曼表,那么必须使用索引更大的表.

段通常只包含值为零的系数.例如,如果音频输入的频带限制在 20 kHz 或更低,则最高的那些频率系数为 0.这样的段是用 0 号哈夫曼编码表编码的,这是一种转义机制,表明所有系数都是 0,并且不需要为该段传送任何哈夫曼码字.

如果窗序列是 8 个短窗,那么 1024 个系数实际上是一个包含 8×128 个频率系数的矩阵,表示信号在 8 个短窗期间的时频演化.虽然分段机制足够灵活,可以有效地表示 8 个零段,但分组和交错提供了更高的编码效率.如前所述,相邻短窗相关的系数可以一起分组,以便在组内的所有子带中,可以共享子带因子.此外,可以通过变换子带和窗的顺序,将一组内的系数进行交错处理.具体地说,假设在交错处理之前,1024 个系数 c 被索引为 $c[g][w][b][k]$,其中,g 是组的索引,w 是一个组内窗的索引,b 是一个窗内的子带的索引,k 是子带内系数的索引,可以看到最右边的变量变化最快.交错后,系数的索引为 $c[g][b][w][k]$.这样做的好处是,由于每个组内的频带限制,可以将所有的零段合并在一起.

在编码过程中,每个子带都使用一个量化器.每个量化器的步长由全局增益 global_gain 与子带因子共同确定.为了提高压缩性能,不传输只有零值系数的子带因子.全局增益和子带因子都以 1.5 dB 的步长量化.将全局增益编码为 8 位无符号整数,子带因子则相对于之前频带的子带因子(第一个子带因子针对全局增益)进行差分编码,然后进行哈夫曼编码.全局增益的动态范围足以表示来自 24 位 PCM 的音频源.

哈夫曼编码从 12 个哈夫曼编码表中选取一个来表示经过量化的 n 元组系数,n 等于 2 或 4.n 元组内的频谱系数由低到高排序.每个哈夫曼编码表所能表示的量化系数的最大绝对值以及每个表的 n 元组中系数的个数如表 5.16 所示.每个最大绝对值都有两个编码表,每个编码表代表一个不同的概率分布函数.编码时选择最合适的表进行编码.为了节省编码表的存储(在批量生产的解码器中需要考虑的一个重要因素),大多数编码表都是无符号值.对于这些编码表,系数的幅度大小使用哈夫曼编码,而每个非零系数的符号位再额外放入码字中.

表 5.16　AAC 哈夫曼编码表

编码表索引	系数数目	最大绝对值	有符号值
0		0	
1	4	1	是
2	4	1	是

续表

编码表索引	系数数目	最大绝对值	有符号值
3	4	2	否
4	4	2	否
5	2	4	是
6	2	4	是
7	2	7	否
8	2	7	否
9	2	12	否
10	2	12	否
11	2	16(ESC)	否

有两个编码表需要特别注意：0 号编码表和 11 号编码表。如前所述，0 号编码表表示一个段内的所有系数都为 0。11 号编码表可以表示绝对值大于或等于 16 的量化系数。如果一个或两个系数的幅度大于或等于 16，则使用一种特殊的转义编码机制来表示这些值。系数的大小限制在不超过 16 的范围内，相应的 2 元组使用哈夫曼编码。符号位根据需要被追加到码字后面。对于每个幅度大于或等于 16 的系数，还会追加一个转义码，如下所示：

escapecode = ⟨escape_prefix⟩⟨escape_separator⟩⟨escape_word⟩

其中，⟨escape_prefix⟩是 N 位二进制"1"的序列，⟨escape_separator⟩是 1 位二进制"0"，⟨escape_word⟩是一个 $N+4$ 位的无符号整数，最重要的比特优先，并且 N 是一个足够大的数，使得量化系数的大小等于 $2^{N+4} + \langle escape\_word \rangle$。

5. 比特流多路复用

AAC 系统具有非常灵活的比特流语法，它定义了两个层：低一层指定"原始"音频信息，高一层指定特定的音频传输机制。由于任何一种传输都不可能适用于所有应用程序，因此底层的原始数据层被设计为可以单独分析。比特流的组成如表 5.17 所示。

表 5.17　AAC 比特流通用结构

⟨stream⟩	{⟨transport⟩}⟨block⟩{⟨transport⟩}⟨block⟩···
⟨block⟩	[⟨prog_config_ele⟩]⟨audio_ele⟩[⟨audio_ele⟩][⟨coupling_ele⟩] [⟨coupling_ele⟩][⟨data_ele⟩][⟨fill_ele⟩]⟨term_ele⟩

比特流中的标记由尖括号(⟨ ⟩)表示。比特流由标记⟨stream⟩表示，它是一系列的⟨block⟩标记，每个⟨block⟩标记包含解码 1024 个音频频率样本所需的所有信息。此外，每个⟨block⟩标记起始于相对比特流中第一个⟨block⟩开始处的字节边界。在⟨block⟩标记之间，可能存在由⟨transport⟩表示的传输信息，例如在中断时进行同步或进行错误控制所需的传输信息。括号{ }表示可选标记，括号[ ]表示标记可能出现零次或多次。

由于 AAC 系统有一个数据缓冲区，允许其瞬时数据速率根据音频信号的要求而变化，因此每个⟨block⟩的长度不是恒定的。在这方面，AAC 比特流使用可变速率头部(头部是

〈transport〉标记).这些头部是字节对齐的,以便允许在任何块边界编辑比特流.〈block〉中的标记示例如表 5.18 所示.

表 5.18 ACC 〈block〉中的标记示例

标　记	含　义
prog_config_ele	配置元素
audio_ele	音频元素
single_channel_ele	单通道
channel_pair_ele	立体声对
low_freq_effects_ele	低音扬声器通道
coupling_ele	多通道耦合
data_ele	数据元素、数据流分割
fill_ele	位填充元素
term_ele	块中止

prog_config_ele 是一个配置元素,它描述如何将音频通道映射到输出扬声器,以便尽可能灵活地实现多通道编码.它可以为多语言编程指定正确的音轨,并指定模拟采样率.

audio_ele 指音频元素,有三种可能的音频元素:single_channel_ele 是单声道音频通道,channel_pair_ele 是立体声对,low_freq_effects_ele 是低音扬声器通道.每个音频元素都用一个 4 位的标签命名,这样最多有 16 个不同的表示,其中的一个表示会分配给特定的输出通道.比特流中必须至少存在一个音频元素.

coupling_ele 是一种对两个或多个音频通道共用的信号成分进行编码的机制.

data_ele 是一个带标签的数据流,可以在任意数量的块上延续下去.和其他元素不同,数据元素包含长度计数,使得音频解码器可以在未知其含义的情况下将其从比特流中剥离.与音频元素一样,数据元素最多支持 16 个不同的数据流.

fill_ele 是一种位填充机制,使编码器能够提高压缩音频流的瞬时速率,从而在恒定速率的通道中填充必要的比特.这样的机制通常是需要的,首先,编码器使用的比特数可能小于比特预算,其次,编码器对数字零的序列的表示远小于平均编码比特预算,因此必须采用比特填充.

term_ele 这个词表示一个块的结束.这是强制性的,因为这让比特流可解析.填充位可以跟在 term_ele 之后,这样下一个〈block〉可以从字节边界开始.

5.1 通道比特流(其中".1"表示低音扬声器通道)的一个〈block〉示例如下:

〈block〉〈single_channel_ele〉〈channel_pair_ele〉

〈channel_pair_ele〉〈low_freq_effects_ele〉〈term_ele〉

虽然对每个元素语法的讨论超出了本节的范围,但所有元素都经常作为条件成分使用.这增加了灵活性,同时将比特流开销保持在最低限度.

6. 时域噪声整形

在感知音频编码中有一个新颖的概念,表示为 AAC 系统工具中的时域噪声整形

(Temporal Noise Shaping, TNS). 该工具的动机是, 处理具有长时间输入块滤波器组的瞬态信号是一个重大挑战. 特别地, 由于掩蔽阈值和量化噪声之间的时间不匹配, 瞬态编码是困难的.

TNS 技术允许编码器对量化噪声的时间精细结构进行控制, 甚至在滤波器组块内也可以. TNS 的概念利用时域和频域之间的对偶性来扩展预测编码技术. 具有"非平坦"频谱的信号, 可以通过直接对频谱值进行编码, 或对时间信号应用预测编码方法来进行有效编码. 因此, 相应的对偶性涉及具有"非平坦"时间结构的信号编码, 即瞬态信号. 对瞬态信号的有效编码, 可以通过直接对时域值进行编码或将预测编码方法应用于其频谱表示来完成. 这种在频率上对频谱系数的预测编码构成了前一节中描述的通道内预测工具的对偶概念. 在时间上的通道内预测会提高编码器的频谱分辨率, 而在频率上的预测会提高其时间分辨率.

如果在频率上对频谱数据应用前向预测编码, 那么量化误差的时间形状将在解码器的输出处与输入信号的时间形状相适应. 这可以对实际信号的量化噪声在时间上有效定位, 避免了瞬态或纯音信号中的时间掩蔽问题. 因此, 此类型的频谱数据预测编码被称为 TNS 方法.

TNS 处理既可以应用于整个频谱, 也可以仅应用于频谱的一部分. 特别地, 可以使用几个在不同频率区域上工作的预测滤波器. 通过向通用感知编码器和解码器的标准结构添加一个构建块, 可以轻松实现频率上的预测编码/解码过程. 图 5.22 的编码器显示了这一点. 在分析滤波器组之后, 立即插入额外的块——TNS 滤波, 该块对频谱值执行就地滤波操作, 即用预测残差替换目标频谱系数 (TNS 应该用于的频谱系数集). 类似地, TNS 解码过程是通过在合成滤波器组之前插入额外的块, 即反向 TNS 滤波来完成的.

图 5.22　MPEG-2 AAC 编码器的 TNS

TNS 技术的特性可以描述如下: 第一, 滤波器组和自适应预测滤波器的组合可以解释为连续信号自适应滤波器组. 事实上, 这种类型的自适应滤波器组动态地提供了一个连续的行为, 介于高的频率分辨率滤波器组 (用于平稳信号) 和低的频率分辨率滤波器组 (用于瞬态信号) 之间. 第二, TNS 方法允许通过使量化噪声的时间精细结构适应掩蔽信号的时间精细结构来更有效地使用掩蔽效应. 特别地, 它能够更好地编码"基于音调" (pitch-based) 的信号, 例如语音, 这些信号由一系列伪平稳的脉冲状事件组成, 而传统的块切换方案无法提供有效的解决方案. 第三, TNS 方法通过利用无关性降低了编码器对瞬态信号段的峰值比特率需求. 第四, 该技术可以与处理时域噪声整形问题的其他方法相结合, 例如块切换和预回声控制.

习题 5

1. 简述 ADPCM 的编码原理.
2. 编写 010 Editor 模板来解析经过 ADPCM 编码的 WAVE 文件.
3. 简述 CELP 的编码原理.

4. 简述 MP3 编码的基本流程.

5. 简述 MP3 中如何实现哈夫曼编码、

6. MP3 中为何使用 MDCT?

7. MP3 中的量化步骤如何实现?

8. 描述 AAC 编码与 MP3 编码的差别.

参 考 文 献

［1］ 蔡安妮,等.多媒体通信技术基础[M]. 3 版.北京:电子工业出版社,2008.

［2］ Bosi M, Golberg R E. Introduction to Digital Audio Coding and Standards[M]. Den Haag: Kluwer Academic Publishers, 2002.

［3］ https://wiki.multimedia.cx/index.php/Microsoft_ADPCM.

［4］ 王炳锡.语音编码[M].西安:西安电子科技大学出版社,2001.

［5］ 梅寒.第三代移动通信中的语音编码(AMR)[D].北京:北京邮电大学,2007.

［6］ 吴乐南.数据压缩[M].北京:电子工业出版社,2012.

［7］ 吴家安.现代语音编码技术[M].北京:科学出版社,2007.

［8］ 王洪,唐凯.低速率语音编码[M].北京:国防工业出版社,2006.

［9］ 蔡杨.基于 PLP 分析的 CELP 编码[D].上海:华东理工大学,2012.

［10］ 鲍长春.数字语音编码原理[M].西安:西安电子科技大学出版社,2007.

［11］ 龚柱.基于码激励线性预测的低速率语音编码算法的设计和实现[D].西安:西安电子科技大学,2014.

第6章　图像与视频编码基础

本章研究数字图像和视频信号的结构和特点,并描述有助于理解视频编码的概念,如采样格式和质量度量.数字视频是自然(现实世界)视觉场景的表现,在空间和时间上进行采样.一个场景在某个时间点被采样,产生一个帧(该时间点完整视觉场景的代表)或一个场(由奇数或偶数行的空间采样组成).采样以一定的间隔(例如,1/25 或 1/30 秒的间隔)重复进行,以产生一个运动的视频信号.通常需要三组样本(成分)来表示一个彩色的场景.以数字形式表现视频的流行格式包括 ITU-R 601 标准和一套"中间格式".为了确定视觉通信系统的性能,必须对视觉场景再现的准确性进行测量,这是一个众所周知的困难和不精确的过程.主观测量很耗时,而且容易受到人类反应变化的影响.客观(自动)测量更容易实现,但还不能准确地匹配"真实"人类的意见.

6.1　图像与视频信号特征

6.1.1　自然视频场景

一个典型的"真实世界"或"自然"视频场景是由多个物体组成的,每个物体都有自己特有的形状、深度、纹理和光照.自然视频场景的颜色和亮度在整个场景中以不同程度的平滑度变化("连续色调").与视频处理和压缩相关的典型自然视频场景的特征(图 6.1)包括空间特征(场景内的纹理变化,物体的数量和形状、颜色等)和时间特征(物体的运动、光照的变化、摄像机或视角的移动等).

6.1.2　图像与视频捕获

一个自然的视觉场景在空间和时间上是连续的. 以数字形式表现一个视觉场景需要对真实场景进行空间上(通常是在视频图像平面的矩形网格上)和时间上(作为一系列静止的帧或以固定时间间隔采样的帧的组成部分)采样真实场景,如图 6.2 所示.数字视频以数字形式表示采样的视频场景.每个时空样本(图片元素或像素)被表示为一个数字或一组数字,

图 6.1　自然视频场景中的静止图像

描述样本的亮度和颜色.

　　为了获得二维采样图像,摄像机将视频场景的二维投影聚焦到传感器上,如电荷耦合器件阵列(CCD 阵列).在彩色图像采集的情况下,每个颜色成分都被单独过滤并投射到一个 CCD 阵列上.

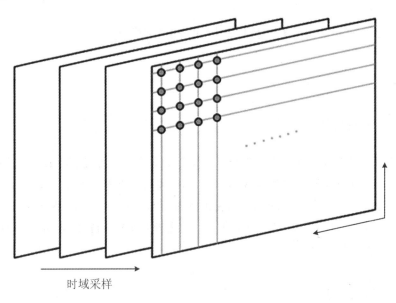

图 6.2　视频序列的空间和时间采样

1. 空间采样

CCD 阵列的输出是一个模拟视频信号，一个表示视频图像的可变电信号. 在某个时间点对信号进行采样，会生成在一组采样点处具有确定值的采样图像或帧. 采样图像最常见的格式是矩形，采样点位于正方形或矩形网格上. 图 6.3 显示了具有两个不同采样网格的连续色调帧. 采样发生在网格的每个交叉点上，并且可以通过将每个样本表示为正方形像素来重构采样图像. 图像的视觉质量受采样点数的影响. 选择"粗糙"的采样网格（图 6.3 中的黑色网格）会产生低分辨率的采样图像（图 6.4）. 稍微增加采样点的数量（图 6.3 中的灰色网格）会提高采样图像的分辨率（图 6.5）.

图 6.3　带两个采样网格的图像

2. 时间采样

一个运动视频图像通过以周期性的时间间隔对信号的矩形"快照"来捕获，回放这一系列帧会产生运动的外观. 较高的时间采样率（帧速率）在视频场景中会呈现明显更平滑的运动，但需要捕获和存储更多的样本. 低于每秒 10 帧的帧速率有时用于极低比特率的视频通信（因为数据量相对较小），但在这种速率下，运动明显不平稳和不自然. 对于低比特率视频通信来说，每秒 10～20 帧更为典型，图像更平滑，但在视频序列中快速移动的部分可以看到抖动. 以每秒 25 或 30 帧的速率采样达到了电视画面的标准（通过隔行扫描来改善运动的外观，见下文）. 每秒 50 或 60 帧采样会产生平滑的运动（以非常高的数据速率为代价）.

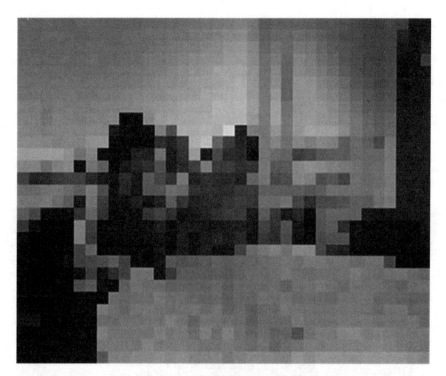

图 6.4　粗分辨率采样的图像（黑色采样网格）

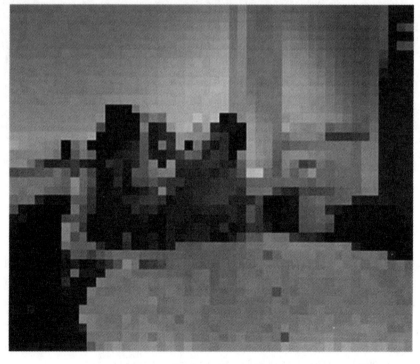

图 6.5　稍好分辨率采样的图像（灰色采样网格）

3. 帧与场

视频信号可以作为一系列完整帧(逐行采样)或作为交错场(隔行采样)的序列进行采样.在隔行扫描视频序列中,在每个时间采样间隔对帧中的一半数据(一个场)进行采样.一个场由一个完整视频帧内的奇数或偶数行组成,隔行扫描视频序列(图6.6)包含一系列场,每个场代表一个完整视频帧中信息的一半(图6.7和图6.8).这种采样方法的优点是,在相同的数据速率下,每秒可以发送两倍于等效逐行扫描视频序列中帧数的场,从而使运动看起来更平滑.例如,PAL视频序列由每秒50个场组成,并且在回放时,运动可能比每秒包含25帧的等效逐行扫描视频序列中的运动看起来更平滑.

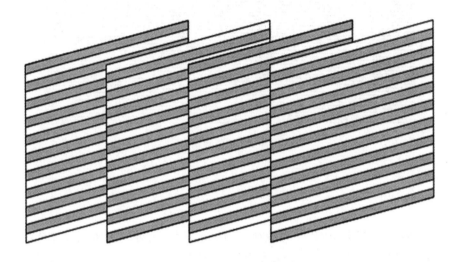

图6.6 隔行扫描视频序列

图6.7 奇数场

图 6.8　偶数场

6.1.3　色彩空间

大多数数字视频应用都依赖于彩色视频的显示,因此需要一种机制来捕获和表示彩色信息.一个单色图像只需要一个数字来表示每个空间样本的亮度.对于彩色图像,每个像素位置至少需要有三个数字才能准确地表示颜色.选择用来表示亮度和颜色的方法被称为一个颜色空间.

1. RGB

在 RGB 颜色空间中,彩色图像样本用三个数字来表示红、绿和蓝(光的三原色)的相对比例.任何颜色都可以由红、绿、蓝按不同比例组合而成.RGB 颜色空间非常适合捕获和显示彩色图像.捕获 RGB 图像需要过滤掉场景中的红色、绿色和蓝色成分,并使用单独的传感器阵列捕获每个成分.彩色阴极射线管(CRTs)和液晶显示器(LCDs)通过根据每个像素的强度分别照亮每个像素的红、绿和蓝成分来显示 RGB 图像.从正常的观察距离来看,这些独立的成分融合在一起,呈现出"真实"的色彩.

2. YCbCr

人类视觉系统(HVS)对颜色的敏感度低于对亮度的敏感度.在 RGB 颜色空间中,三种颜色同样重要,因此通常都以相同的分辨率存储,但是通过将亮度从颜色信息中分离出来,并以比颜色更高的分辨率表示亮度,可以更有效地表示彩色图像.

YCbCr 颜色空间及其变体(称为 YUV)是一种有效表示彩色图像的流行方法. Y 是亮度(luma)分量,可以计算为 R , G 和 B 的加权平均值:

$$Y = k_r R + k_g G + k_b B \tag{6.1}$$

其中 k_r, k_g, k_b 为加权因子.

颜色信息可以表示为色差(或色度)分量,其中每个色度分量是 R, G 或 B 与亮度 Y 之间的差:

$$Cb = B - Y$$
$$Cr = -Y \qquad\qquad (6.2)$$
$$Cg = G - Y$$

彩色图像的完整描述由 Y(亮度分量)和三个色差 Cb, Cr 和 Cg 给出,这三个色差表示每个图像样本的颜色强度和平均亮度之间的差异.

到目前为止,这种表示没有什么明显的优点,因为我们现在有四个成分,而不是 RGB 中的三个成分.然而,$Cb + Cr + Cg$ 是一个常数,因此只需要存储或传输三个色度成分中的两个,因为第三个成分可以由另外两个成分计算出来.在 YCbCr 颜色空间中,仅传输亮度(Y)、蓝色和红色色度(Cb, Cr).YCbCr 相对 RGB 有一个重要的优点,即 Cr 和 Cb 成分可以用比 Y 更低的分辨率来表示,因为 HVS 对颜色的敏感度低于亮度.这减少了表示色度成分所需的数据量,而不会对视觉质量产生明显影响.对于偶然的观察者来说,RGB 图像和色度分辨率降低的 YCbCr 图像没有明显的区别.用这种方法表示亮度(luma)分辨率低的色度是一种简单而有效的图像压缩形式.

为了减少存储和/或传输需求,可以将 RGB 图像转换为 YCbCr.在显示图像之前,通常需要转换回 RGB.在式(6.3)和式(6.4)中给出了用于将 RGB 图像转换成 YCbCr 颜色空间和从 YCbCr 颜色空间转换成 RGB 图像的等式.注意,不需要指定单独的因子 k_g(因为 $k_b + k_r + k_g = 1$),并且可以通过将 Y 减去 Cr 和 Cb 来从 YCbCr 表示中提取 G,这表明不需要存储或传输 Cg 分量.

$$
\begin{cases}
Y = k_r R + (1 - k_b - k_r)G + k_b B \\
Cb = \dfrac{0.5}{1 - k_b}(B - Y) \qquad\qquad (6.3)\\
Cr = \dfrac{0.5}{1 - k_r}(B - Y)
\end{cases}
$$

$$
\begin{cases}
R = Y + \dfrac{1 - k_r}{0.5}Cr \\
G = Y - \dfrac{2k_b(1 - k_b)}{1 - k_b - k_r}Cb - \dfrac{2k_r(1 - k_r)}{1 - k_b - k_r}Cr \qquad\qquad (6.4)\\
B = Y + \dfrac{1 - k_b}{0.5}Cb
\end{cases}
$$

ITU-R 建议 BT.601 中定义了 $k_b = 0.114$ 和 $k_r = 0.299$.

3. YCbCr 采样格式

图 6.9 显示了 MPEG-4 Visual 和 H.264 支持的 Y, Cb 和 Cr 三种采样模式.4∶4∶4 采样意味着三个成分(Y, Cb 和 Cr)具有相同的分辨率,因此每个成分的样本存在于每个像素位置.数字表示水平方向上每个分量的相对采样率,即每四个亮度样本有四个 Cb 和四个 Cr 样本.4∶4∶4 采样保持了色度成分的完全保真度.在 4∶2∶2 采样(有时称为 YUY2)中,色度分量具有与亮度相同的垂直分辨率,但只有水平分辨率的一半(数字 4∶2∶2 表示水平方向上每四个亮度样本有两个 Cb 和两个 Cr 样本).4∶2∶2 视频用于高质量的彩色复制.

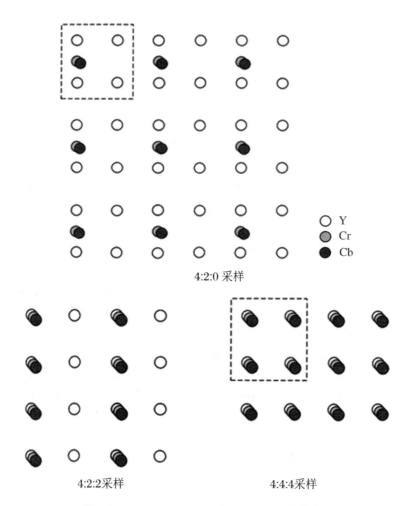

4:2:0 采样

○ Y
◑ Cr
● Cb

4:2:2采样   4:4:4采样

图 6.9 4：2：0,4：2：2 和 4：4：4 采样模式

在流行的 4：2：0 采样格式（"YV12"）中,Cb 和 Cr 的水平和垂直分辨率都是 Y 的一半.术语"4：2：0"是由于历史原因得来的,数字实际上没有逻辑解释.4：2：0 采样广泛用于视频会议、数字电视和数字多功能磁盘(DVD)存储等消费类应用.因为每个色差成分包含 Y 成分中四分之一的样本数,所以 4：2：0 YCbCr 视频需要的样本数正好是 4：4：4（或 R：G：B)视频的一半.

例 6.1

图像分辨率:720×576 像素.

Y 分辨率:720×576 个样本,每个样本用 8 位表示.

4：4：4 Cb,Cr 分辨率:720×576 个样本,每个样本用 8 位表示.

总位数:720×576×8×3=9953280 位.

4：2：0 Cb,Cr 分辨率:360×288 个样本,每个样本用 8 位表示.

总位数:(720×576×8) + (360×288×8×2) = 4976640 位.

4：2：0 版本需要的位数是 4：4：4 版本的一半.

4：2：0 采样有时被描述为"每像素 12 位".其原因可以通过检查一组四个像素(参见图 6.9 中虚线包围的组)来看出.采用 4：4：4 取样,总共需要 12 个样本,Y,Cb 和 Cr 各 4 个,总共需要 12×8＝96 位,平均每像素＝96/4＝24 位.采用 4∶2∶0 取样,只需要 6 个样本,4 个 Y 和 Cb、Cr 各 1 个,总共需要 6×8＝48 位,平均每像素＝48/4＝12 位.

　　在 4∶2∶0 隔行扫描视频序列中,对应于完整视频帧的 Y,Cb 和 Cr 样本被分配到两个字段.图 6.10 显示了将 Y,Cb 和 Cr 样本分配给 MPEG-4 视觉和 H.264 中采用的一对隔行扫描场的方法.从该图中可以清楚地看出,一对场中的样本总数与等效逐行扫描帧中的样本数目相同.

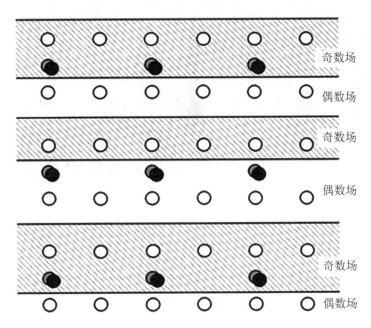

图 6.10　4∶2∶0 采样在奇数场和偶数场的分布

6.2　视频帧格式

　　本书中描述的视频压缩标准可以压缩多种视频帧格式.在实践中,通常在压缩和传输之前将视频捕获或转换为一组"中间格式"中的一种.通用中间格式(CIF)是表 6.1 中列出的一组流行格式的基础.图 6.11 显示了在从 4CIF 到 Sub-QCIF 的分辨率范围内采样的视频帧的亮度成分.帧分辨率的选择取决于应用程序和可用的存储或传输容量.例如,4CIF 适用于标准清晰度电视和 DVD 视频;CIF 和 QCIF 在视频会议应用中很流行;QCIF 或 SQCIF 适用于显示分辨率和比特率受限的移动多媒体应用.表 6.1 列出了表示每种格式的一个未压缩帧的亮度分辨率与每帧位数(假设 4∶2∶0 采样,每个亮度和色度采样 8 位).

　　一种广泛使用的用于对电视制作的视频信号进行数字编码的格式是 ITU-R 建议 BT.601-5.视频信号的亮度成分在 13.5 MHz 处采样,色度成分在 6.75 MHz 处采样,以产生 4∶2∶2 Y∶Cb∶Cr 成分信号.采样数字信号的参数取决于视频帧速率(NTSC 信号为 30 Hz,PAL/SECAM 信号为 25 Hz).

4CIF   CIF   QCIF SQCIF

图 6.11　不同分辨率范围内采样的视频帧

表 6.1　亮度分辨率与每帧位数

格式	亮度分辨率	每帧位数 4:2:0采样,每像素8位
SQCIF	128×96	147456
QCIF	176×144	304128
CIF	352×288	1216512
4CIF	704×576	4866048

6.3　图像与视频质量评价

　　为了规范、评估和比较视频通信系统,有必要确定给观看者显示视频图像的质量.视觉质量的测量是一门很难而且常常是不精确的艺术,因为影响结果的因素太多.视觉质量本身就是主观的,受许多因素的影响,很难获得完全准确的质量测量.例如,观众对视觉质量的看法在很大程度上取决于手头的任务,例如被动地观看 DVD 电影、积极地参加视频会议、使用手语交流或试图在监控视频场景中识别某人.使用客观标准测量视觉质量可以得到准确、可重复的结果,但迄今为止,还没有一种客观的测量系统能够完全再现人类观察者观看视频显示的主观体验.

6.3.1　主观质量测量

1. 影响主观质量的因素

我们对视觉场景的感知是由人类视觉系统(HVS)的组成部分、眼睛和大脑之间的复杂交互作用形成的.视觉质量的感知受空间保真度(如何清晰地看到场景的一部分,是否有任何明显的失真)和时间保真度(运动是否显得自然和"平滑")的影响.然而,观众对"质量"的看法也受到其他因素的影响,如观看环境、观察者的心理状态以及观察者与视觉场景互动的程度.一个用户执行一个特定的任务,需要专注于一个视觉场景的一部分,与一个被动地看电影的用户相比,对"好"的质量有着完全不同的要求.例如,已经证明,如果观看环境舒适且不分散注意力(不管视觉图像本身的"质量"),则观看者对视觉质量的看法可测量得更高.

对感知质量的其他重要影响包括视觉注意力(观察者通过注视图像中的一系列点来感知场景,而不是同时观察所有的东西)和所谓的"近因效应"(我们对视觉序列的看法受最近观看视频的影响比旧视频更大).所有这些因素都使得视觉质量准确和定量的测量变得非常困难.

2. ITU-R 500

ITU-R 建议 BT.500-11 中定义了几种主观质量评估的测试程序.该标准中的一个常用程序是双激励连续质量标度(DSCQS)方法,在该方法中,评估者被依次呈现一对图像或短视频序列 A 和 B,并被要求给出 A 和 B 的"质量分数",即在一条连续的线上,以从"优秀"到"糟糕"的五个区间进行评分.在一个典型的测试环节中,评估员被展示一系列成对的序列,并被要求对每一对进行评分.在每对序列中,一个是未受影响的"参考"序列,另一个是相同的由被测系统或过程修改序列.图 6.12 显示了一个实验装置,该装置适合于在计算机中测试视频编解码器在编码和解码后,将原始序列和经过编码与解码的序列进行比较.选择哪个序列是"A"和哪个序列是"B"是随机的.

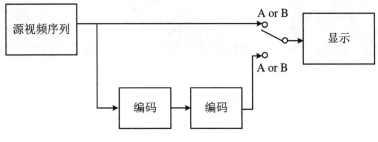

图 6.12　DSCQS 测试系统

原始序列和"受损序列"的顺序在测试过程中是随机的,因此评估员不知道哪个是原始序列,哪个是受损序列.这有助于防止评估人员与参考序列相比来预先判断受损序列.在评判结束时,分数被转换成一个标准化的范围,最终结果是一个分数(有时被称为"平均意见分数"),即表示受损序列和参考序列的相对质量.

像 DSCQS 这样的测试被认为是主观视觉质量的真实测量.然而,这种类型的测试存在实际问题.根据评估人员和测试视频序列的不同,结果可能会有很大差异.这种变化是通过重复几个序列和几个评估员的测试来补偿的."专家"评估员(熟悉视频压缩失真或"人工制品"的性质)可能会给出有偏见的分数,所以最好使用"非专家"评估员.这意味着需要大量的评估人员,因为非专业评估人员将很快学会识别视频序列中的人为加工特征(从而成为"专家").这些因素使得彻底执行 DSCQS 测试既昂贵又耗时.

6.3.2 PSNR

主观质量测量的复杂性和成本使得能够用一种算法自动测量质量(或者称作客观质量测量)变得非常有吸引力.视频压缩和视频处理系统的开发人员严重依赖于所谓的客观(算法)质量度量.最广泛使用的测量方法是峰值信噪比(PSNR),但这种方法的局限性导致许多人努力开发更复杂的测量方法,以接近"真实"人类观察者的反应.

PSNR 在对数标度上测量,公式为

$$PSNR_{dB} = 10\log_{10}\frac{(2^n - 1)^2}{MSE} \tag{6.5}$$

并取决于原始图像和受损图像或视频帧之间的均方误差(MSE),其中 n 是每个图像样本的位数.

PSNR 计算简单、快速,是一种非常流行的质量度量方法,广泛用于比较压缩和解压缩视频图像的质量.图 6.13 显示了 3 幅图像的特写:图像(a)是原始图像,图像(b)和图像(c)是原始图像的降级(模糊)版本.图像(b)的实测峰值信噪比为 30.6 dB,而图像(c)的峰值信噪比为 28.3 dB(反映图像质量较差).

(a) 原始图像　　　　　　　(b) 30.6 dB　　　　　　　(c) 28.3 dB

图 6.13　PSNR 示例

PSNR 度量有许多局限性.PSNR 需要一个未损坏的原始图像进行比较,但这可能不是在每种情况下都可用,它可能不容易验证一个"原始"图像具有完美的保真度.PSNR 与主观视频质量度量(如 ITU-r500 中定义的那些)没有很好的相关性.对于给定的图像或图像序列,高 PSNR 通常表示高质量,低 PSNR 通常表示低质量.然而,PSNR 的特定值不一定等于"绝对"主观质量.例如,图 6.14 显示了图 6.13 中原始图像的失真版本,其中只有图像的背景存在模糊情况.此图像相对于原始图像的 PSNR 为 27.7 dB.大多数观众会认为这张图片的质量明显优于图 6.13 中的图片(c),因为这张图片更清晰,这与 PSNR 评级相矛盾.

这个例子表明,*PSNR* 评级不一定与"真实"的主观质量相关.在这种情况下,人脸区域

图 6.14　图像模糊的背景($PSNR = 27.7 \text{ dB}$)

对人类观察者做质量评判的重要性更高,因为人类对该区域的失真特别敏感.

6.3.3　图像质量评价指标 SSIM

由于 PSNR 等原始指标的局限性,近年来,人们进行了大量的工作,试图开发一种更复杂的客观测试,更接近主观测试结果.其中结构相似性(structural similarity index measure, SSIM)是一种衡量两幅图像相似度的指标.该指标首先由得克萨斯大学奥斯汀分校的图像和视频工程实验室(Laboratory for Image and Video Engineering)提出.

SSIM 使用的两张图像中,一张为未经压缩的无失真图像,另一张为失真后的图像.二者的结构相似性可以看成是失真图像的质量衡量指标.相较于传统所使用的图像质量衡量指标,譬如 PSNR,结构相似性在图像质量的衡量上更能符合人眼对图像质量的判断.

假设 x 和 y 是两个非负图像信号,它们已经相互对齐(例如,从每幅图像中提取的空间斑块).如果我们认为其中一个信号具有完美的质量,那么相似度度量可以作为第二个信号质量的定量度量.该系统将相似度测量从亮度、对比度和结构三方面进行比较,结构相似性定义为

$$SSIM(x,y) = \left[l(x,y)\right]^{\alpha} \cdot \left[c(x,y)\right]^{\beta} \cdot \left[s(x,y)\right]^{\gamma} \tag{6.6}$$

其中 $l(x,y)$ 是亮度比较函数:

$$l(x,y) = \frac{2\mu_x\mu_y + C_1}{\mu_x^2\mu_y^2 + C_1} \tag{6.7}$$

μ_x, μ_y 是 x 和 y 的亮度均值,常数 $C_1 = (k_1 L)^2$,是用来维持稳定的常数,L 是像素值的动态范围,$k_1 = 0.01$. $c(x,y)$ 是对比度函数,定义为

$$c(x,y) = \frac{2\sigma_x\sigma_y + C_2}{\sigma_x^2\sigma_y^2 + C_2} \tag{6.8}$$

σ_x 和 σ_y 是 x 和 y 的方差,$C_2 = (k_2 L)^2$,也是用来维持稳定的常数,$k_2 = 0.03$. 结构比较函数 $s(x,y)$ 是结构比较函数,定义为

$$s(x,y) = \frac{\sigma_{xy} + C_3}{\sigma_x\sigma_y + C_3} \tag{6.9}$$

σ_{xy} 是 x 与 y 的协方差:

$$\sigma_{xy} = \frac{1}{N-1} \sum_{i=1}^{N} (x_i - \mu_x)(y_i - \mu_y) \tag{6.10}$$

C_3 为常数,可设 $C_3 = C_2/2$,通过调整 $\alpha, \beta, \gamma > 0$,可以调整三个模块的重要性.如果令 $\alpha = \beta = \gamma = 1, C_3 = C_2/2$,可得到 $SSIM$ 的简化形式:

$$SSIM(x, y) = \frac{(2\mu_x\mu_y + C_1)(2\sigma_{xy} + C_2)}{(\mu_x^2\mu_y^2 + C_1)(\sigma_x^2\sigma_y^2 + C_2)} \tag{6.11}$$

结构相似性的范围为 $-1 \sim 1$.当两个图像一模一样时,$SSIM$ 的值等于 1.由于表现得出色,$SSIM$ 已经成为广播和有线电视中广为使用的一种衡量视频质量的方法.在超分辨率、图像去模糊中都有广泛的应用.

6.4   图像与视频编码原理

图像与视频压缩(编码)是一种将数字图像与视频序列压缩成更小比特数的过程."原始的"或未压缩的图像或数字视频通常需要占据比较多的存储与通信资源,譬如,1 秒未压缩的相当于电视质量的视频约有 216 Mb,因此,数字视频的实际存储和传输都需要压缩.

数据压缩是通过删除冗余来实现的,即删除那些对于忠实再现数据可有可无的成分.许多类型的数据包含数据冗余,有效地利用无损压缩,可以使解码器输出的重建数据是原始数据的完整副本.但是,现在图片的无损压缩标准只能达到 3~4 倍的压缩比.要想压缩得更小,只能使用有损压缩.在有损压缩系统中,解压后的数据与原始数据不同,而过高的压缩比会损害图像质量.有损视频压缩系统的基本原理是删除主观冗余,即删除不影响观众体验的图像或视频元素.

大多数视频编码方法利用时间和空间冗余来实现压缩.在时间域中,几乎同时被捕获的视频帧之间通常有很高的相关性(相似性).时间相邻帧(时间上的连续帧)通常是高度相关的,尤其是当时间采样率(帧速率)很高时.在空间域中,彼此接近的像素(样本)通常有很高的相关性,即相邻样本的值通常非常相似(见图 6.15).

视频编码器通常由三个主要的功能单元组成:时间模型、空间模型和熵编码器.时间模型的输入是未压缩的视频序列.时间模型试图利用相邻的视频帧之间的相似性,通常是通过构建一个当前视频帧的预测来减少时间冗余.在 MPEG-4 Visual 和 H.264 编码中,预测基于一个或多个先前或未来的帧,通过补偿帧之间的差异(运动补偿预测)而得到提升.时间模型输出一个残差帧(将当前帧减去当前帧的预测后得到)和一组模型参数(通常是一组描述如何补偿运动的运动矢量).

残差帧把输入的序列构建成空间模型,利用其相邻的样本之间的相似性减少空间冗余.MPEG-4 Visual 和 H.264 通过变换残差样本和量化变换的结果达到这种效果.该变换将残差样本转换到另一个域中,由变换系数来表示.系数经过量化处理以去除不重要的值,留下少量的重要系数,得到一个对残差帧更紧凑的表示.空间模型的输出是一组量化的变换系数.

时间模型(通常是运动矢量)和空间模型(系数)的参数接着经过熵编码器压缩.这消除

时间上的相关性

空间上的相关性

图 6.15 视频序列的时间与空间上的相关性

了数据中的统计冗余(例如,通过短的二进制码来表示常用的向量和系数),并产生一个压缩的比特流或文件,可以被发送和/或存储.一个压缩序列由编码的运动矢量参数、编码的残差系数和头信息组成.

视频解码器从压缩的比特流中重建一个视频帧.系数和运动矢量由熵解码器进行解码,之后对空间模型进行解码以重建一个残差帧.解码器使用运动矢量参数,加上一个或多个先前解码的帧,来创建一个当前帧的预测,并通过将残差帧与预测帧相加来重建该视频帧.

6.4.1 时间模型

时间模型的目标是通过形成一个预测帧,并从当前帧减去预测帧,来降低传输帧间的冗余.这个过程输出一个残差帧,而且预测过程越准确,残差帧包含的能量越少.残差帧被编码并发送给解码器,解码器重新创建预测的帧,加上解码后的残差帧,并重构当前帧.预测帧基于一个或多个过去帧或未来帧(参考帧)创建.预测的准确性通常可以通过补偿参考帧(一个或多个)和当前帧之间的运动来提高.

1. 用前一帧做预测

时间预测的最简单方法是使用前一帧作为当前帧的预测.一个视频序列的两个连续帧如图 6.16 和图 6.17 所示.第 1 帧用作第 2 帧的预测,从当前帧(第 2 帧)减去预测(第 1 帧)形成的残差如图 6.18 所示.在该图像中,灰色表示零的差值,而浅灰色或深灰色分别对应于正差值和负差值.这种简单预测的一个明显问题是,在残差帧(由亮区和暗区表示)中保留了大量的能量,这意味着在时间预测之后仍有大量的信息需要压缩.大部分剩余能量是由于两帧之间的物体运动引起的,通过补偿两帧之间的运动可以形成更好的预测.

图 6.16　帧 1

图 6.17　帧 2

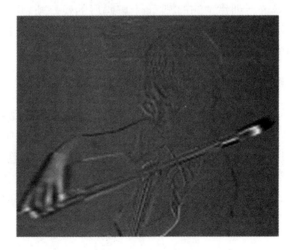

图 6.18　差值

2. 由运动引起的变化

视频帧之间的变化可能由物体的运动(刚性物体的运动,例如移动的汽车和可变形物体的运动,例如移动的手臂)、相机的移动(平移、倾斜、缩放、旋转)、移动物体覆盖的区域和照明变化引起.除了覆盖区域和照明变化外,这些差异对应于帧之间的像素运动.通过估计连续视频帧之间每个像素的轨迹,可以产生一个像素轨迹场,称为光流(optical flow).图 6.19 显示了图 6.16 和图 6.17 中的光流场.完整的场包含每个像素位置的流矢量,但是为了清楚起见,对场进行次采样,以便仅显示每 2 个像素的矢量.

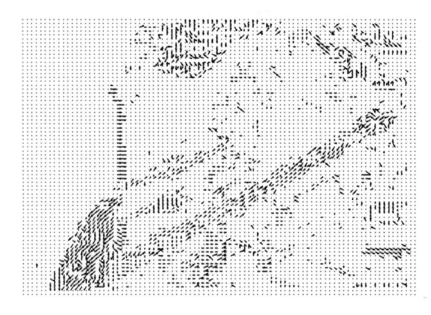

图 6.19　光流场

如果准确地知道光流场,则应该可以通过沿光流矢量从参考帧移动每个像素来形成对当前帧的大多数像素的准确预测.然而,这不是一种实用的运动补偿方法,原因有几个.光流的精确计算是非常密集的(更精确的方法对每个像素需要使用迭代过程),并且需要将每个像素的光流矢量发送到解码器以便解码器重新创建预测帧(导致传输数据量很大,并且抵消了较小的残差的优点).

3. 基于块的运动估计和补偿

一种实用且广泛使用的运动补偿方法是对当前帧的矩形部分或"块"的运动进行补偿.当前帧中的每一个 $M \times N$ 的样本块的处理步骤如下:

• 搜索参考帧(已编码和传输过的过去帧或未来帧),找到一个匹配的 $M \times N$ 样本区.这是通过比较当前帧中的 $M \times N$ 块和搜索区中一些或所有可能的 $M \times N$ 区(通常是集中在当前块位置的区域),找到"最佳"匹配区域.一种流行的匹配准则是从当前 $M \times N$ 块中减去候选区域所形成的残差中的能量,从而选择残差能量最小的候选区域作为最佳匹配.这种寻找最佳匹配的过程称为运动估计.

• 所选择的候选区域成为当前 $M \times N$ 块的预测,并在当前块中减去候选区域,形成一个残差的 $M \times N$ 块(运动补偿).

• 残差块被编码和发送,当前块和候选区域位置之间的偏移(运动矢量)也被发送.解码器使用接收到的运动矢量来重新创建预测区域,解码残差块,将它与预测区域相加,重构一个原始块.

基于块的运动补偿由于以下原因才得以流行:它相对简单,并且易于计算,适于矩形视频帧和基于块的图像变换(例如,离散余弦变换),它为许多视频序列提供了有效的时间模型.然而,它也有一些缺点,例如"真正的"移动对象很少有整齐的边缘来匹配矩形边界,对象经常在帧之间以分数像素移动,许多类型的对象的运动很难通过基于块的方法补偿(例如,变形物体、旋转和扭曲、复杂的运动,如烟云).尽管有这些缺点,基于块的运动补偿是目前所有视频编码标准所使用的时间模型的基础.

4. 宏块的运动补偿预测

宏块,指一帧中的 16×16 像素区域,是包括 MPEG-1、MPEG-2、MPEG-4 Visual、H.261、H.263 和 H.264 在内的重要的视频编码标准中运动补偿预测的基本单元.对于4:2:0格式的源视频而言,一个宏块以图 6.20 所示的方式组织.源帧的 16×16 像素区域由 256 个亮度样本(排列成四个 8×8 块)、64 个蓝色的色度样本(一个 8×8 块)和 64 个红色的色度样本 (一个 8×8 块),总共六个 8×8 块组成.在宏块单元中可用 MPEG-4 或H.264编解码处理每个视频帧.

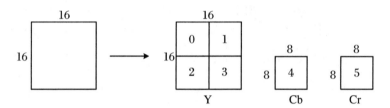

图 6.20 宏块(4:2:0)

宏块的运动估计指在与当前宏块匹配度最高的参考帧中寻找 16×16 样区.参考帧是在视频序列中先前编码过的帧,显示顺序可能在当前帧之前或之后.搜索以当前宏块位置为中心(搜寻区)的参考帧区域,搜索在区内与匹配准则最接近的 16×16 区域作为"最佳匹配".

将当前宏块减去参考帧中选择的"最佳"匹配区域以产生残差宏块(亮度和色度),该残差宏块与描述最佳匹配区域的位置(相对于当前宏块位置)的运动矢量一起被编码和传输.在编码器内,对残差进行编码和解码,并将其添加到匹配区域以形成重构宏块,该重构宏块被存储为用于进一步运动补偿预测的参考.为了确保编码器和解码器使用相同的参考帧进行运动补偿,有必要使用解码后的残差来重构宏块.

基本的运动估计和补偿过程有许多变化.参考帧可以是先前帧(按时间顺序)、未来帧,也可以是来自两个或多个先前编码帧的预测的组合.如果选择未来帧作为参考,则必须在当前帧之前对该帧进行编码(即无序编码).在参考帧和当前帧之间存在显著变化(例如,场景变化)的情况下,直接编码宏块而不进行运动补偿可能更有效,因此编码器可以为每个宏块选择帧内模式(不进行运动补偿)或帧间模式(进行运动补偿).视频场景中的移动对象很少遵循"整齐"16×16 像素边界,因此使用可变块大小进行运动估计和补偿可能更有效.对象可以在帧之间移动小数像素(例如,2.78 像素而不是水平方向上的 2.0 像素),并且可以通过在搜索这些位置以获得最佳匹配之前将参考帧内插到子像素位置来形成更好的预测.

　　一个视频序列的两个连续帧如图 6.21(a)和图 6.21(b)所示.将第 2 帧减去第 1 帧而不进行运动补偿,以产生残差帧,如图 6.22 所示.通过 16×16 宏块的运动补偿,残差中的能量减少,如图 6.23 所示.8×8 块的运动补偿进一步减少残差能量,如图 6.24 所示.4×4 块的运动补偿使得残差能量达到最小,如图 6.25 所示.这些例子表明,较小的运动补偿块大小可以产生更好的运动补偿结果.然而,较小的块大小导致复杂性增加(必须执行更多搜索操作),并且需要传输的运动矢量的数量会增加.发送每个运动矢量需要发送相应描述运动矢量的比特,矢量的额外开销可能会超过减少残差能量的好处.一种有效的折中方法是使块大小适应图片特征,例如在帧的平坦均匀区域中选择大块,并且在高细节和复杂运动区域周围选择小块.

(a) 帧1

(b) 帧2

图 6.21　连续两帧

图 6.22　残差(无运动补偿)

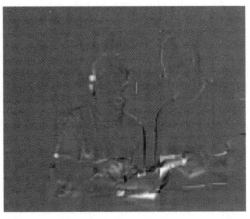

图 6.23　残差(16×16 块大小)

图 6.24　残差(8×8 块大小)

图 6.25　残差(4×4 块大小)

在某些情况下,可以通过从参考帧中的内插样本位置进行预测来形成更好的运动补偿预测.通过搜索内插样本,可以找到与当前宏块更好匹配的子像素运动估计和补偿,包括搜索子采样插值位置和整数采样位置,选择最佳匹配的位置(即最小化残差能量),并使用该位置的整数或子采样值进行运动补偿预测.图 6.26 显示了"四分之一像素"运动估计的概念.在第一阶段,运动估计在整数采样网格(圆)上找到最佳匹配.编码器搜索紧靠此最佳匹配(正方形)的半采样位置,以查看是否可以改进匹配;如果需要,则搜索最佳半采样位置(三角形)旁边的四分之一采样位置.从当前块或宏块中减去最终匹配块(在整数、一半或四分之一采样位置).

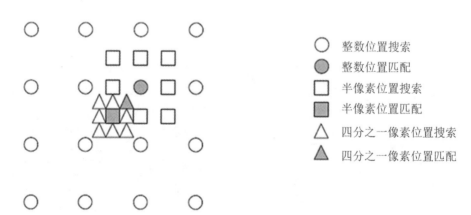

整数位置搜索

整数位置匹配

半像素位置搜索

半像素位置匹配

四分之一像素位置搜索

四分之一像素位置匹配

图 6.26　分数像素运动估计

图 6.27 中的残差是使用 4×4 的块大小进行插值产生半样本,残差能量低于图 6.25.这种方法可以进一步扩展,通过在四分之一样本插值得到更小的残差来进一步扩展(图 6.28).一般来说,"更精细"的插值提供了更好的运动补偿性能(较小的残差),但代价是增加了复杂性.随着插值步长的增加,性能增益趋于减小.半采样插值比整数采样运动补偿有显著的增益,四分之一采样插值有适度的进一步改善,八分之一采样插值仅有轻微的改善.

使用四分之一样本插值搜索匹配的 4×4 块要比不使用插值搜索 16×16 块复杂得多.除了额外的复杂度,因为每个块的运动矢量必须编码并传输到接收器才能正确重建图像,所

图 6.27　半像素运动补偿产生的残差(4×4 块大小)

图 6.28　四分之一像素运动补偿产生的残差(4×4 块大小)

以存在编码代价.随着块的减小,必须传输矢量的数目也相应增加.需要更多的比特来表示一半或四分之一样本矢量,因为矢量的小数部分(例如 0.25,0.5)必须与整数部分一起编码.图 6.29 绘制了需要与图 6.23 的残差一起传输的整数运动矢量.图 6.28 残差所需的运动矢量(4×4 块大小)如图 6.30 所示,每个矢量由两个分数 D_X 和 D_Y 表示,精度为四分之一像素.因为更精确的运动补偿需要更多的比特来编码矢量场,但是需要更少的比特来编码残差,而不精确的运动补偿需要更少的比特来编码矢量场,但是需要更多的比特来编码残差,所以压缩效率与更复杂的运动补偿方案之间存在着折中.

5. 基于区域的运动补偿

"自然"视频场景中的移动对象很少沿块边界整齐对齐,但可能是不规则形状,位于任意位置,并且某些情况下在帧之间改变形状.这个问题如图 6.31 所示,椭圆形物体在移动,矩形物体静止.对于图中显示的宏块,很难在参考帧中找到好的匹配,因为它覆盖了部分运动对象和部分静态对象.参考坐标系中显示的两个匹配位置都不理想.

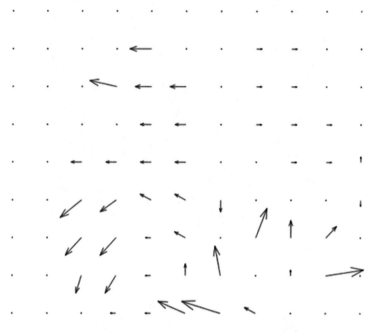

图 6.29　运动矢量图(16×16 块,整数矢量)

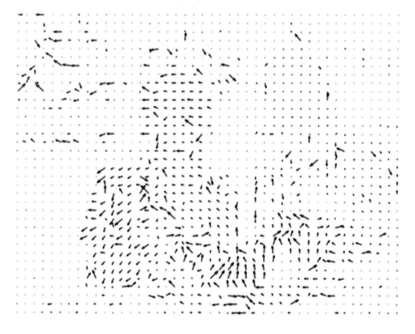

图 6.30　运动矢量图(4×4 块,四分之一像素矢量)

　　通过对图片的任意区域进行运动补偿(基于区域的运动补偿),可以实现更好的性能.例如,如果我们只尝试运动补偿椭圆对象内的像素位置,那么我们可以在参考帧中找到一个很好的匹配.然而,为了使用基于区域的运动补偿,需要克服许多实际困难,包括准确且一致地识别区域边界(分割),向解码器发送(编码)边界的轮廓信号,以及对运动补偿之后的残差进行编码. MPEG-4 Visual 包括许多支持基于区域的补偿和编码的工具.

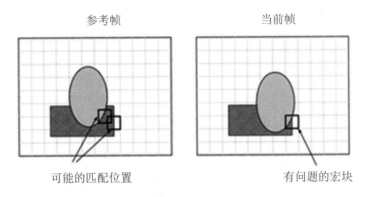

图 6.31　任意形状运动物体的运动补偿

6.4.2　图像模型

　　一个自然的视频图像由一个采样值网格组成. 由于相邻图像样本之间的高度相关性, 自然图像通常很难按原始形式压缩. 图 6.32 显示了自然视频图像的二维自相关函数, 其中每个位置的图形高度表示原始图像和自身空间移动副本之间的相似性. 图形中心的峰值对应于零偏移. 当空间移位的拷贝在任何方向上从原始图像移开时, 如图所示, 该函数衰减, 并且渐变斜率指示局部邻域内的图像样本高度相关.

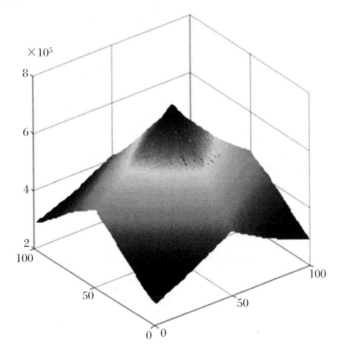

图 6.32　图像的二维自相关函数

　　图 6.33 为运动补偿残差图像的二维自相关函数图像, 该自相关函数随着空间偏移的增加而迅速下降, 表明相邻样本的相关性较弱. 有效的运动补偿降低了残差中的局部相关性,

使其比原始视频帧更易于压缩.图像模型的功能是进一步去除图像或残差数据的相关性,并将其转换为可使用熵编码器有效压缩的形式.实际的图像模型通常有三个主要部分:变换(数据去相关和压缩)、量化(减少转换数据的精度)和重新排序(将数据排列为有效值组).

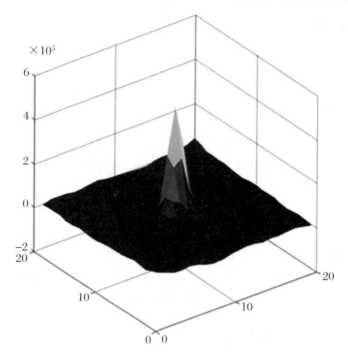

图 6.33　残差图像的二维自相关函数

运动补偿是预测编码的一个例子,其中编码器基于先前(或未来)帧创建当前帧区域的预测,并将当前区域减去该预测以形成残差.如果预测成功,则残差中的能量低于原始帧中的能量,并且残差可以用较少的比特来表示.

以类似的方式,可以从相同图像或帧中先前发送的样本形成对图像样本或区域的预测.预测编码被用作早期图像压缩算法的基础,是 H.264 帧内编码的重要组成部分(应用于变换域,见第 8 章).空间预测有时被描述为"差分脉冲编码调制"(DPCM),这是一个借自电信系统中差分编码 PCM 样本方法的术语.

图 6.34 显示了要编码的像素 X.如果帧是按光栅顺序处理的,那么像素 A,B 和 C(当前行和前一行中的相邻像素)在编码器和解码器中都存在,并可以用来对当前像素进行预测(因为它们应该在 X 之前已经被解码).编码器基于先前编码的像素的一些组合形成对 X 的预测,将 X 减去该预测,并对残差(减法得到的结果)进行编码.解码器形成相同的预测,并与解码后的残差相加以重构像素.

例 6.2

编码预测 $P(X) = (2A + B + C)/4$.

残差 $R(X) = X - P(X)$ 被编码并进行发送.

解码器对 $R(X)$ 进行解码,并形成同样的预测:$P(X) = (2A + B + C)/4$.

重构的像素 $X = R(X) + P(X)$.

如果编码过程是有损的(例如,如果残差被量化),那么解码的像素 A',B' 和 C' 可能与原始的 A,B 和 C 不相同(由于编码过程中的损失),因此上述过程可能导致编码器和解码器

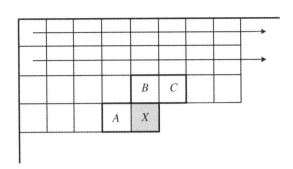

图 6.34　空间预测(DPCM)

之间累积的不匹配(或"漂移").在这种情况下,编码器应该自己解码残差 $R'(X)$,并以此重建每个像素.

编码器使用解码后的像素 A',B' 和 C' 来形成预测,即上例中的 $P(X)=(2A'+B'+C')/4$.这样,编码器和解码器使用相同的预测 $P(X)$,并且避免了漂移.

这种方法的压缩效率取决于预测 $P(X)$ 的精度.如果预测是准确的[$P(X)$ 是 X 的近似值],那么残差能量将很小.然而,通常不可能选择一个适用于复杂图像的所有区域的预测器.要获得更好的性能,可以通过根据图像的局部统计特性(如图像纹理)来设计自适应预测器.编码器必须向解码器指示预测器的选择,因此在有效的预测和发送预测器选择信号所需的额外比特之间存在折中.

6.4.3　变换编码

图像或视频编解码器中变换阶段的目的是将图像或运动补偿残差数据转换到另一域(变换域)中.变换的选择取决于许多条件:

(1) 变换域中的数据应该去相关(分离成相互依赖性最小的分量)和紧凑(变换数据中的大部分能量应该集中到少量的值中间).

(2) 变换应该是可逆的.

(3) 变换应在计算上易于处理(低内存要求、可使用有限精度算法实现、算术运算次数少等).

许多变换已经被提出用于图像和视频压缩,最流行的变换往往分为两类:基于块的和基于图像的.基于块的变换的例子包括 Karhunen-Loeve 变换(KLT)、奇异值分解(SVD)和一直流行的离散余弦变换(DCT).每一个都对 $N \times N$ 图像块或残差样本进行运算,因此对图像以块为单位进行处理.块变换具有较低的内存需求,非常适合基于块的运动补偿残差的压缩,但往往会受到块边缘伪影("块效应")的影响.基于图像的变换对整个图像或帧(或称为"平铺"的图像的很大一部分)进行操作.最流行的图像变换是离散小波变换(DWT 或简称"小波").像 DWT 这样的图像变换已经被证明比静止图像压缩的块变换执行得更好,但是它们往往具有更高的内存要求(因为整个图像或块作为一个单元进行处理),并且不适合基于块的运动补偿.

习题 6

1. 为何 YCbCr 色彩空间比 RGB 色彩空间更有效？
2. 视频编码能够利用哪些冗余度？
3. 请解释 PSNR 与 SSIM.
4. 描述运动估计与补偿的原理.

参 考 文 献

[1] 廖超平.数字音视频技术[M].北京:高等教育出版社,2009.
[2] Richardson I E G. H.264 and MPEG-4 Video Compression[M]. Hoboken: John Wiley & Sons Inc., 2003.
[3] 马华东.多媒体技术原理及应用[M].北京:清华大学出版社,2008.
[4] 蔡安妮,等.多媒体通信技术基础[M].3 版.北京:电子工业出版社,2008.

第7章 图像编码

7.1 JPEG编码

JPEG(Joint Photographic Experts Group)是由国际标准化组织(ISO)和国际电信联盟(ITU)合作构建的一个组织,它制定了第一个国际图像压缩标准,该标准适用于连续色调的静止图像(包括灰度图和彩图). JPEG 的推荐标准致力于通用的应用. 基线方法(the baseline method)是目前为止应用最为广泛的 JPEG 编码方法,能够满足大部分的应用.

早期许多公司都把基于 JPEG 标准的基线顺序编码方法作为动态图像(视频)的压缩方法,即 MJPEG(Motion-JPEG),它将视频的每一帧(每一幅图像)分别编码. 这一类的运动图像编码尽管不像 MPEG 有那么高的帧间压缩率,但是它对视频编辑有更大的灵活性. 尽管这里我们只把 JPEG 视为静止图像标准(如 ISO 打算的那样),MJPEG 几乎也成了实际上的帧内运动编码标准.

7.1.1 基于DCT的编解码过程

图 7.1 和图 7.2 展示了基于 DCT 的图像编解码过程. 我们可以通过灰度图像的一个 8×8 的块压缩来理解基于 DCT 的压缩特性. 彩色图像压缩可以看作多个灰度图像压缩的叠加,它的三个成分可以在同一时间内压缩或者以 8×8 的样本块交织压缩.

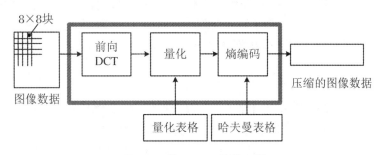

图 7.1　基于 DCT 的编码器

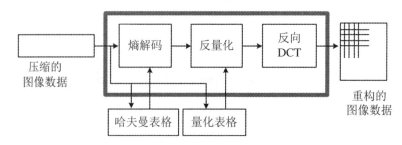

图 7.2　基于 DCT 的解码器

1. 8×8 的 FDCT 和 IDCT

首先,源图像样本被分成 8×8 的块输入到编码器,输入像素值从无符号整数范围 $[0,2^P-1]$ 映射到有符号整数范围 $[-2^{P-1},2^{P-1}-1]$,然后这些映射后的整数会输入到前向 DCT(FDCT).在解码器的输出端,会应用反向 DCT(IDCT)输出 8×8 块形成重构图像.

DCT 是与离散傅里叶变换(DFT)相关的一种变换方式.8×8 FDCT 的输出信号是包含 64 个唯一的二维"空间频率",称作"DCT 系数",由 64 点输入信号值唯一确定.

8×8 FDCT 的数学公式定义为

$$S_{vu} = \frac{1}{4}C_uC_v\sum_{x=0}^{7}\sum_{y=0}^{7}s_{yx}\cos\frac{(2x+1)u\pi}{16}\cos\frac{(2y+1)v\pi}{16} \tag{7.1}$$

其中 s_{yx} 为图像像素,$x=0,\cdots,7$,$y=0,\cdots,7$.S_{vu} 是 DCT 系数,$v=0,\cdots,7$,$u=0,\cdots,7$.当 $u=0,v=0$ 时,$c(u),c(v)=1/\sqrt{2}$.当 u,v 为其他值时,$c(u),c(v)=1$.

在 DCT 频率系数空间中,零频率点处的值被称为"DC 系数",剩下的 63 个系数被叫作"AC 系数".JPEG 压缩以 FDCT 为基础.

在解码器,IDCT 逆转 FDCT 步骤.它以 64 个 DCT 系数重建 64 点图像信号:

$$S_{yx} = \frac{1}{4}\sum_{u=0}^{7}\sum_{v=0}^{7}C_uC_vs_{vu}\cos\frac{(2x+1)u\pi}{16}\cos\frac{(2y+1)v\pi}{16} \tag{7.2}$$

在数学上,DCT 是 64 点图像和频域之间的一一映射.如果 FDCT 和 IDCT 计算足够精确,且 DCT 系数没有用后面所述的方法进行量化,原来的 64 点信号可以完全恢复.原则上,DCT 变换不会使源图像失真,但它们可以被用来更有效地编码.

利用 FDCT 和 IDCT 的一些特性确实提高了压缩率.对于每一个基于 DCT 模式下的操作,JPEG 建议输入数据的每个成分为 8 位和 12 位.12 位的编解码器用来容纳特定类型的医疗和其他图像,需要更高的计算资源以达到所需的 FDCT 或 IDCT 精度.

2. 量化

从 FDCT 输出的数据须由应用程序(或用户)作为输入给编码器进行均匀量化.量化步长可以是 1~255 的任何整数值,量化的目的是实现数据压缩.量化是一种除法,将 DCT 系数 S_{vu} 除以相应的量化步长 Q_{vu},然后进行四舍五入得到量化的 DCT 系数 Sq_{vu}:

$$Sq_{vu} = \text{round}\left(\frac{S_{vu}}{Q_{vu}}\right) \tag{7.3}$$

解码时的反量化是将 Sq_{vu} 乘以量化步长:

$$R_{vu} = Sq_{vu} \times Q_{vu} \tag{7.4}$$

得到的结果 R_{vu} 会进行反向 DCT 变换,即 IDCT.量化步长的取值基于其对应余弦函数响应的感知阈值或可观察到的差别而进行理性选择.心理视觉实验可用来确定最佳阈值.对于基于 CCIR-601 的图像,已通过实验产生了一组量化表.这组量化表已被 JPEG 实验使用,并且出现在 ISO 标准作为推荐使用,但不作强求使用.

3. 直流系数编码和 Zigzag 扫描

量化后,DC 系数与 63 个 AC 系数被分别处理.DC 系数是 64 个图像样本的平均值的度量.因为在相邻的 8×8 块的 DC 系数之间通常有很强的相关性,量化的 DC 系数与编码顺序的前一个块(Block,见图 7.3)的量化 DC 系数进行差分编码.这样处理是值得的,因为 DC 系数通常几乎包含了图像中所有的能量.

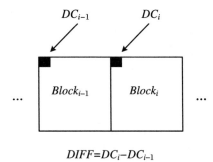

图 7.3　DC 差分编码

所有的量化 AC 系数被排序成 Zigzag(也叫"之"字形)序列,如图 7.4 与图 7.5 所示.这种排序有助于将低频系数排在(这些系数更可能是非零)高频系数(这些系数基本是零)之前,以方便熵编码.

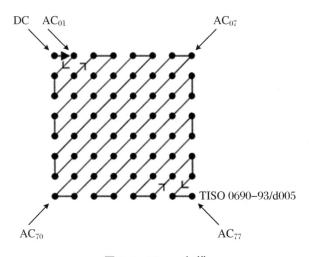

图 7.4　Zigzag 扫描

0	1	5	6	14	15	27	28
2	4	7	13	16	26	29	42
3	6	12	17	25	30	41	43
9	11	18	24	31	40	44	53
10	19	23	32	39	45	52	54
20	22	33	38	46	51	55	60
21	34	37	47	50	56	59	61
35	36	48	49	57	58	62	63

图 7.5　量化后的 DCT 系数 Zigzag 扫描顺序

4. 熵编码

基于 DCT 的编码器的最后处理步骤是熵编码.此步骤基于已量化的 DCT 系数的统计特性来获得进一步的无损压缩.JPEG 标准提案规定了两种熵编码方法——哈夫曼编码和算术编码.基线顺序编解码器使用了哈夫曼编码.

基于 DCT 的熵编码包含两个步骤:第一步,将量化系数的"之"字形序列转换成中间的符号序列;第二步,用哈夫曼编码将符号序列转换成编码比特流.哈夫曼编码需要由应用程序指定一组或多组哈夫曼编码表.压缩和解压缩图像需要相同的表格.JPEG 提案没有指定所需的哈夫曼表.基线顺序编码器的编码在后面章节中有详细的描述.

相比之下,JPEG 提案中指定的特定算术编码方法不需要外部输入表,因为它在对图像编码时能够适应图像的统计特性.对于 JPEG 测试过的许多图像,算术编码产生的压缩效果比哈夫曼编码好 5%~10%,但是算术编码实现起来要复杂些.

5. 压缩和图像质量

对于中等复杂场景的彩色图像,所有基于 DCT 的操作模式通常会在指定的压缩范围内产生以下级别的图像质量:

- 0.25~0.5 位/像素:中等到良好的质量,足以满足一些应用;
- 0.5~0.75 位/像素:好到非常好的质量,足以用于许多应用程序;
- 0.75~1.5 位/像素:优秀的质量,满足大多数应用;
- 1.5~2.0 位/像素:通常与原始图像没有区别,足以满足最严苛的应用.

单位"位/像素",在这里指压缩图像的总位数(包括色度成分)除以亮度分量的总样本数.

7.1.2　多成分控制

前面的章节中讨论了基于 DCT 的针对单成分源图像压缩的关键处理步骤.这些步骤完

成了图像数据压缩.但是,JPEG 建议还涉及处理和控制多个成分的彩色图像,以适应各种来源的图像格式.

1. 源图像模型

JPEG 建议中使用的源图像模型是来自各种图像类型和应用程序的抽象,仅由压缩和重建数字图像数据所必需的内容组成.图 7.6 显示了 JPEG 源图像模型.一幅源图像包含 $1 \sim$ 255 个图像成分,有时称为颜色或光谱波段或通道.每个成分由一个矩形的样本阵列组成.样本定义为精度是 P 位的无符号整数,取值范围为 $[0, 2^P - 1]$.同一源图像中的所有成分的所有样本都必须具有相同的精度 P.对于基于 DCT 的编解码器,P 可以是 8 或 12,对预测的编解码器,P 可以是 $2 \sim 16$.

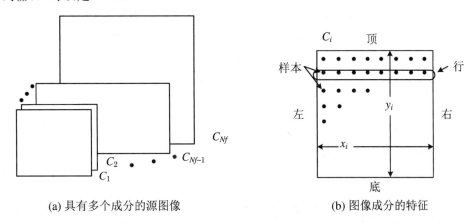

(a) 具有多个成分的源图像　　　　　　　　(b) 图像成分的特征

图 7.6　JPEG 源图像模型

第 i 个成分的样本维度是 $x_i \times y_i$.为了满足不同图像成分不同比例的采样需求,成分可以有不同的维度.成分 C_i 由水平和垂直采样因子 H_i 和 V_i 来指定维度之间的相互关系.整体图像尺寸 X 和 Y 定义为所有成分中最大的 x_i 和 y_i,成分数量可以是高达 2^{16} 的任何值.采样因子 H_i 和 V_i 只允许取 $1 \sim 4$ 的整数值.解码器重建每个成分的尺寸 x_i 和 y_i,可通过以下公式计算:

$$x_i = \left\lceil X \times \frac{H_i}{H_{max}} \right\rceil, \quad y_i = \left\lceil Y \times \frac{V_i}{V_{max}} \right\rceil \tag{7.5}$$

其中 $\lceil \ \rceil$ 是向上取整函数,H_{max} 与 V_{max} 分别为 H_i 与 V_i 的最大值.

2. 编码顺序和交织编码

一个实用的图像压缩标准必须解决在解压缩过程中如何处理数据的问题.许多应用需要在图像的解压缩过程中同时显示和打印多成分图像.在这种情形下,只有将多个成分交织在被压缩的数据流中才可行.

为了使交织机制同时适用于基于 DCT 和预测的编解码器,JPEG 建议定义了"数据单元"的概念.数据单元在基于预测的编解码器中只包含一个样本,而在基于 DCT 的编解码器中是一个 8×8 块.

数据单元通常按图 7.7 所示的顺序从左到右、从上到下进行扫描.如图像成分是非交织的(即不与其他成分交错压缩),压缩的数据单元如 7.7 所示的纯光栅扫描进行排序.

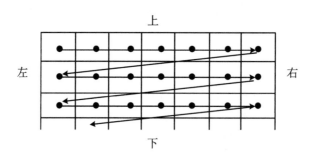

图 7.7　非交织顺序

当两个或多个成分交织在一起时,每个成分 C_i 被分割成 $H_i \times V_i$ 的数据单元矩形区域,如图 7.8 所示.一个成分的数据单元被从左到右、从顶部至底部排序.JPEG 标准定义了最小编码单元(MCU),作为交织数据单元的最小的组.如图 7.8 所示,MCU_1 由成分 Cs_1,Cs_2,Cs_3 与 Cs_4 最左边与最上边的数据单元组成,一个 MCU 中图像成分可交织的最大数量是 4,包含的数据单元的最大数量是 10,也就是需满足如下限制:

$$\sum_i H_i \times V_i \leqslant 10 \tag{7.6}$$

MCU 中数据单元的数量是由交织成分的相对采样因子 H_i 与 V_i 的数量确定的.MCU_2,MCU_3 与 MCU_4 的数据单元组成如图 7.8 所示.

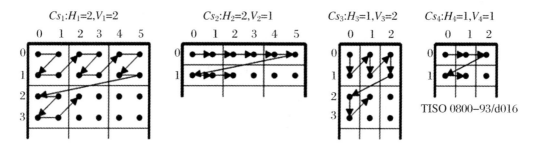

$$MCU_1 = d_{00}^1 \; d_{01}^1 \; d_{10}^1 \; d_{11}^1 \; d_{00}^2 \; d_{01}^2 \; d_{00}^3 \; d_{10}^3 \; d_{00}^4$$
$$MCU_2 = d_{02}^1 \; d_{03}^1 \; d_{12}^1 \; d_{13}^1 \; d_{02}^2 \; d_{03}^2 \; d_{01}^3 \; d_{11}^3 \; d_{01}^4$$
$$MCU_3 = d_{04}^1 \; d_{05}^1 \; d_{14}^1 \; d_{15}^1 \; d_{04}^2 \; d_{05}^2 \; d_{02}^3 \; d_{12}^3 \; d_{02}^4$$
$$MCU_4 = \underbrace{d_{20}^1 \; d_{21}^1 \; d_{30}^1 \; d_{31}^1}_{Cs_1} \; \underbrace{d_{10}^2 \; d_{11}^2}_{Cs_2} \; \underbrace{d_{20}^3 \; d_{30}^3}_{Cs_3} \; \underbrace{d_{10}^4}_{Cs_4}$$

图 7.8　交织数据顺序示例

另外,JPEG 标准允许相同的压缩图像包含一些交织的成分与一些非交织的成分.

3. 多重表

除了前面讨论的交织控制,JPEG 编解码器对成分表格(譬如哈夫曼表与量化表)的采用进行适当的控制.一个成分的所有样本必须采用相同的量化表与熵编码表(或一组表).

JPEG 解码器可以同时存储多达 4 种不同的量化表和多达 4 种不同(套)的熵编码表(基线顺序解码器是个例外,它只能存储最多 2 套熵编码表).为了在编码或解码过程中对某个成分采用合适的表格,必须进行表格的切换(注意在解压缩的规程中不加载表格).图 7.9 演示了多成分交织和表切换的过程(注意区分量化和熵编码表).

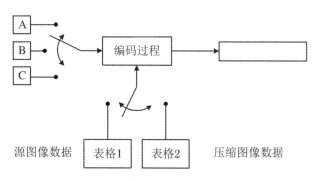

图 7.9　成分交织和表切换控制

7.1.3　基线 DCT 顺序编解码器

DCT 顺序操作模式包括 FDCT、量化与熵编码等步骤.除了基线顺序编解码器,其他 DCT 顺序编解码器可以容纳两个不同的采样精度(8 和 12 位)和两种熵编码方法类型(哈夫曼和算术编码).

基线顺序编码适合于 8 位图像和仅使用哈夫曼编码的情形.它的解码器仅可以存储两组哈夫曼表(每组一个交流系数编码表和一个 DC 系数编码表).这个限制意味着,对于具有三个或四个交织成分的图像,哈夫曼表中的一个必须至少由两个成分共享.

对于确实需要交织三个颜色成分的许多应用中,这个限制几乎不存在.因为用两个颜色成分和一个非颜色成分的色彩空间(YUV,CIELUV,CIELAB)比 RGB 空间更有效,一个哈夫曼表集可以用于非色度成分和另外一个可用于色度成分.对于大多数图像的色度成分而言,DCT 系数的统计特性相似,因此一组哈夫曼表可以用来编码两个色度成分.

跟随在 FDCT、量化、DC 差分和"之"字形排序步骤之后,是熵编码阶段.

在熵编码之前,基本上只有很少的非零系数和大量的零系数.熵编码的任务就是将这些非零系数进行有效编码.基线顺序熵编码按照如下两个步骤进行:

(1) 将量化 DCT 系数变换为中间的符号序列;

(2) 对中间符号进行可变长度编码.

1. 中间符号序列

将"之"字形序列中的非零 AC 系数前面连续零的个数称为游程长度,在 JPEG 编码中,每个这样的游程长度/非零系数的组合由一对中间符号表示:

$$\text{symbol-1} \qquad\qquad \text{symbol-2}$$
$$\text{(RUNLENGTH, SIZE)} \qquad \text{(AMPLITUDE)}$$

符号-1(symbol-1)表示两种信息:游程长度(RUNLENGTH)和大小(SIZE).SIZE 代表编码符号-2(symbol-2)需要的比特数.符号-2 表示信息的幅度(AMPLITUDE),即非零 AC 系数的幅度.

JPEG 标准规定游程长度的取值范围是 0~15.实际连零的个数可能会大于 15,这时 symbol-1 值为(15,0),代表连零的个数为 16.可以有多达三个连续的(15,0),除非最后一串连零系数包含最后一个 AC 系数.这时可用一个特殊的 symbol-1(0,0)代表块结束(EOB),

这个符号可以代表终止8×8样本块,它也被称为转义(ESCAPE)符号.

因此,对于每个8×8的样本块,63个量化AC系数的"之"字形序列被表示为symbol-1、symbol-2的序列对,在EOB的情况下只有一个symbol-1. symbol-1和symbol-2中间表示的结构在表7.1和表7.2分别示出.

表 7.1　基线哈夫曼编码 symbol-1 结构

			SIZE	
			0　1　2　…　9　10	
RUN LENGTH	0 15	EOB X X X ZRL	RUN-SIZE 值	

表 7.2　基线熵编码 symbol-2 结构

SIZE	AC 系数幅度
1	$-1,1$
2	$-3,-2,2,3$
3	$-7,\cdots,-4,4,\cdots,7$
4	$-15,\cdots,-8,8,\cdots,15$
5	$-31,\cdots,-16,16,\cdots,31$
6	$-63,\cdots,-32,32,\cdots,63$
7	$-127,\cdots,-64,64,\cdots,127$
8	$-255,\cdots,-128,128,\cdots,255$
9	$-511,\cdots,-256,256,\cdots,511$
10	$-1023,\cdots,-512,512,\cdots,1023$

量化AC系数的可能范围决定了幅度和大小(SIZE)代表的值的范围.8×8 FDCT方程的数值分析表明,如果在64点(8×8块)输入信号中包含 N 位整数,则输出信号(DCT系数)至多可以增加3位.这也是当量化步长为1时量化的DCT系数的最大可能大小.

基线顺序的整数源样本有8位,范围为 $[-2^7,2^7-1]$,所以量化AC系数的幅度区间为 $[-2^{10},2^{10}-1]$.因此,symbol-2幅度可用1~10位的二进制编码来表示,见表7.2.

一个8×8样本块的差分DC系数的中间表示为

symbol-1　　　symbol-2
　（SIZE）　　（AMPLITUDE）

symbol-1仅代表大小信息;symbol-2表示幅度信息.因为DC系数被差分编码,它的取值范围为 $[-2^{11},2^{11}-1]$,所以SIZE的取值范围为0~11.

2. 可变长度的熵编码

一旦一个8×8块的量化系数用上述的中间符号序列表示,接下来会对中间符号进行可变长度编码.对于每个 8×8 块,DC 系数的 symbol-1 和 symbol-2 表示被首先编码和输出.

DC 和 AC 系数的 symbol-1 用分配给该 8×8 块的图像分量的哈夫曼表组的可变长代码(VLC)来进行编码.symbol-2 用一个"可变长度整数"(VLI)来表示,AC 系数 symbol-2 的位长度在表 7.2 中给出.VLC 和 VLI 都是可变长度码,但是 VLI 不是哈夫曼编码.一个重要的区别是,一个 VLC(哈夫曼码)的长度直到它被解码后才知道,但是一个 VLI 的长度被存储在它前面的 VLC 中.

作为 JPEG 编码器的输入,哈夫曼码(VLCs)必须从外部指定.JPEG 标准建议的信息附件中包含了哈夫曼表的一个样例集,但不是必须使用这个样例集.

3. 基线编码示例

本小节给出基线压缩单个 8×8 采样块的一个例子.需要注意的是,一个完整的 JPEG 基线编码器的许多操作在此省略,包括创建交换格式信息(参数、头信息、量化和哈夫曼表)与字节填充等.

图 7.10(a)是从真实图像获取的 8 位样本的 8×8 块.每个样本的电平减去 128 后被输入到 FDCT.图 7.10(b)表示得到的 DCT 系数(至小数点后一位).除了少数的最低频率系数,幅度是相当小的.

图 7.10(c)是包含在 JPEG 标准中对亮度成分进行量化的示例量化表.图 7.10(d)表示量化的 DCT 系数.在解码器处,首先进行反量化,如图 7.10(e)所示,再将反量化系数进行 IDCT.图 7.10(f)表示重构的采样值,非常类似于图 7.10(a)的原始信号.

当然,在图 7.10(d)的系数要经过哈夫曼编码.块的第一个数字为 DC 项,它首先被差分编码.如果先前块的量化 DC 系数值是 12,则差值为 +3.因此,中间符号表示为(2)(3).接着,将经量化的 AC 系数进行编码.第一个非零系数是 -2,之前有一个 0.因此,表示(-2)的中间符号对为(1,2)(-2).接下来"之"字形顺序连续遇到三个非零系数 -1.(-1)的中间符号对为(0,1)(-1).最后一个非零系数是 -1,之前有两个 0,可用(2,1)(-1)中间符号对来表示该系数.表示此 8×8 块的最后符号是 EOB,即(0,0).因此,该 8×8 块的中间符号顺序是

(2)(3),(1,2)(-2),(0,1)(-1),(0,1)(-1),(0,1)(-1),(2,1)(-1),(0,0)

接着对中间符号序列进行编码.这个例子的差分 DC 系数的 symbol-1 的 VLC 是

(2)011

量化 AC 系数 symbol-1 的 VLCs 分别是

(0,0)1010

(0,1)00

(1,2)11011

(2,1)11100

symbol-2 的 VLIs 用二的补码表示,分别是

(3)11

(-2)01

(-1)0

因此,该 8×8 的样本块的编码比特流为

01111 1101101 000 000 000 111000 1010

139	144	149	153	155	155	155	155
144	151	153	156	159	156	156	156
150	155	160	163	158	156	156	156
159	161	162	160	160	159	159	159
159	160	161	162	162	155	155	155
161	161	161	161	160	157	157	157
162	162	161	163	162	157	157	157
162	162	161	161	163	158	158	158

(a) 源图像

253.6	−1.0	−12.1	−5.2	2.1	−1.7	−2.7	1.3
−22.6	−17.5	−6.2	−3.2	−2.9	−0.1	0.4	−1.2
−10.9	−9.3	−1.6	1.5	0.2	−0.9	−0.6	−0.1
−7.1	−1.9	0.2	1.5	0.9	−0.1	0.0	0.3
−0.6	−0.8	1.5	1.6	−0.1	−0.7	0.6	1.3
1.8	−0.2	1.6	−0.3	−0.8	1.5	1.0	−1.0
−1.3	−0.4	−0.3	−1.5	−0.5	1.7	1.1	−0.8
−2.6	1.6	−3.8	−1.8	1.9	1.2	−0.6	−1.4

(b) DCT 系数

16	11	10	16	24	40	51	61
12	12	14	19	26	58	60	55
14	13	16	24	40	57	69	56
14	17	22	29	51	87	80	62
18	22	37	56	68	109	103	77
24	35	55	64	81	104	113	92
49	64	78	87	103	121	120	101
72	92	95	98	112	100	103	99

(c) 量化表格

15	0	−1	0	0	0	0	0
−2	−1	0	0	0	0	0	0
−1	−1	0	0	0	0	0	0
0	0	0	0	0	0	0	0
0	0	0	0	0	0	0	0
0	0	0	0	0	0	0	0
0	0	0	0	0	0	0	0
0	0	0	0	0	0	0	0

(d) 量化系数

240	0	−10	0	0	0	0	0
−24	−12	0	0	0	0	0	0
−14	−13	0	0	0	0	0	0
0	0	0	0	0	0	0	0
0	0	0	0	0	0	0	0
0	0	0	0	0	0	0	0
0	0	0	0	0	0	0	0
0	0	0	0	0	0	0	0

(e) 反量化DCT系数

144	146	149	152	154	156	156	156
148	150	152	154	156	156	156	156
155	156	157	158	158	157	156	155
160	161	161	162	161	159	157	155
163	163	165	163	162	160	158	156
163	164	164	164	162	160	158	157
160	161	162	162	162	161	159	158
158	159	161	161	162	161	159	158

(f) 重构图像

图 7.10 DCT 和量化示例

需要注意的是,这里用了 31 位代表 64 个系数,所以达到了低于 0.5 比特/采样的压缩.

7.1.4 操作模式

前面的描述主要是基于基线顺序 DCT 操作模式的. JPEG 各类编码过程被定义为四种不同的操作模式:基线顺序 DCT、基线渐进 DCT、无损和层次,现实应用中不要求提供所有这些实现.

1. 顺序 DCT 模式和渐进 DCT 模式

顺序 DCT 模式中,8×8 采样块通常是从左到右、从上到下输入的.在一个块已被前向 DCT 变换、量化和熵编码后,所有 64 个量化 DCT 系数可立即进行熵编码,并输出作为压缩图像数据的一部分(如在上一节中描述),从而最大限度地减少系数存储需求.

渐进 DCT 模式包括顺序 DCT 模式中使用的相同的 FDCT 和量化步骤.关键的区别是,每个图像分量进行多次扫描编码而不是一次扫描.第一次扫描编码一个粗糙但可识别的图像版本且可以被迅速传输,通过随后的扫描,达到精细的图像水平.

渐进模式图像的输出典型序列如图 7.11 所示.

为了实现这一点,需要有一个图像尺寸的缓存,用来存储在输入到熵编码器之前的量化系数.缓冲存储器必须有足够的尺寸,以将图像存储为量化的 DCT 系数.如果直接存储,每一个系数的存储空间比源图像样本大 3 比特.在每一个 DCT 系数被量化后,它被存储在系数缓冲区中.缓冲的系数在多次扫描中被编码.

有两种互补的方法来部分编码量化的 DCT 系数.第一,在某一给定的扫描中,仅从"之"字形序列中选择特定的频带来编码.此过程被称为"光谱选择",因为每个频带包含的空间频谱通常是 8×8 块的较低或较高的部分的系数.第二,在给定的扫描中不需要以完整(量化)精度编码当前频带中的系数.对每个系数做首次编码时,N 个最重要的比特首先被编码,其中 N 可指定.后续扫描中对次重要的位进行编码.此过程被称为"逐次逼近".两个过程可单独使用,或灵活组合.

渐进(progressive)

顺序(sequential)

图 7.11　渐进与顺序操作模式

每个量化 DCT 系数块的信息可以被看作矩形,该矩形轴分别是 DCT 系数和它们的幅度,如图 7.12 所示.图 7.12 右边显示了顺序编码的示意图.图 7.13 显示了渐进编码的示意图.

2. 层次模式

层次模式以多种分辨率为一个图像提供了一个"金字塔"的编码,它相邻两层编码的水平或垂直分辨率存在 2 倍关系,如图 7.14 所示.编码过程可以概括如下:

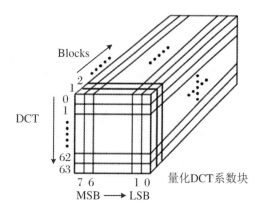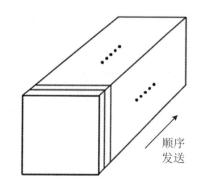

图 7.12   顺序模式

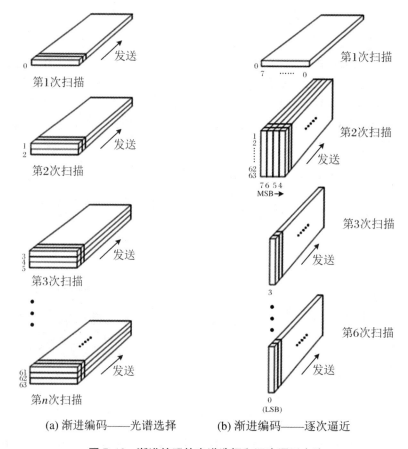

(a) 渐进编码——光谱选择   (b) 渐进编码——逐次逼近

图 7.13   渐进编码的光谱选择和逐次逼近方法

（1）对原始图像进行滤波，并以 2 倍的采样因子对图像的每一维度进行下采样，并重复以上操作 N 次.

（2）对下采样的图像进行编码，编码的模式可以为顺序 DCT、渐进 DCT 或无损.

（3）解码这个下采样图像，然后以 2 倍的因子进行水平和/或垂直内插进行上采样，解码端使用相同的内插滤波器向上采样.

（4）使用这个上采样图像作为此分辨率原始下采样图像的预测，编码此分辨率下采样图像[步骤(2)]与此预测[步骤(3)]的差值,编码的模式可以为顺序 DCT、渐进 DCT 或无损.

（5）重复步骤(3)和(4),直到源图像完整分辨率的差值已经被编码.

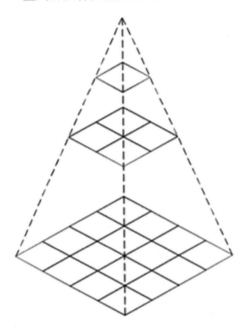

图 7.14　分层多分辨率编码

7.1.5　JPEG 码流句法与语义

1. 图像、帧、扫描

压缩的图像数据只包含一幅图像.在顺序和渐进的编码处理的情况下图像只包含一个帧,层次模式下的图像包含多个帧.一帧包含一次或多次扫描.在顺序过程下,一次扫描包含一个或多个图像成分的完整编码.在非交织情况下,一帧可包含三次扫描;在交织情况下,一帧包含一次扫描.一帧还可以包括两次扫描:一次扫描包含非交织成分,一次扫描包含两个交织成分.

2. 标记

标记用来识别压缩数据格式的各个结构部分.大多数标记会启动 JPEG 码流的一个段,这时一个段包含一组相关的参数;有些标记则单独运行.任何标记前面可以有任意数目的 $X'FF$ 填充字节(可选).

通过这种特殊的结构,标记有可能被用来解析压缩数据并找到应用需要的部分,而不必去解码图像数据的其他片段.

标记分配:所有标记应分配两个字节码:第一个字节为 $X'FF$,第二个字节不等于 0 或 $X'FF'$.第二个字节如表 7.3 所示.星号(＊)指示那个标记是独立的,也就是说,这不是一个标记段(见下文描述)的开始标记.

标记段:一个标记段包含一系列相关参数的标记.在标记段的第一个参数是两字节长度的参数.这个长度参数指示除两字节的标记外标记段包含的字节数.标记段以 SOF 和 SOS 开始的为帧头和扫描头.

3. 高级语法

图 7.15 规定了所有非层次编码的交换格式的高级组成部分的顺序.

表 7.3　标记码分配

标记	符号	含义
帧开始标记、非差分、哈夫曼编码		
$X'FFC0'$	SOF_0	基线 DCT
$X'FFC1'$	SOF_1	扩展顺序 DCT
$X'FFC2'$	SOF_2	渐进 DCT
$X'FFC3'$	SOF_3	无损(顺序)
帧开始标记、差分、哈夫曼编码		
$X'FFC5'$	SOF_5	差分顺序 DCT
$X'FFC6'$	SOF_6	差分渐进 DCT
$X'FFC7'$	SOF_7	差分无损(顺序)
帧开始标记、非差分、算术码		
$X'FFC8'$	JPG	作为扩展保留
$X'FFC9'$	SOF_9	扩展顺序 DCT
$X'FFCA'$	SOF_{10}	渐进 DCT
$X'FFCB'$	SOF_{11}	无损(顺序)
帧开始标记、差分、算术码		
$X'FFCD'$	SOF_{12}	差分顺序 DCT
$X'FFCE'$	SOF_{13}	差分渐进 DCT
$X'FFCF'$	SOF_{14}	差分无损(顺序)
哈夫曼表规定		
$X'FFC4'$	DHT	定义哈夫曼表
算术码条件规定		
$X'FFC4'$	DHT	定义哈夫曼表
重启标记		
$X'FFD0'$至 $X'FFD7'$	RSTm *	以模 8 重新开始
其他标记		
$X'FFD8'$	SOI *	图像开始
$X'FFD9'$	EOI *	图像结束

续表

标记	符号	含义
X′FFDA′	SOS	扫描开始
X′FFDB′	DQT	定义量化表格
X′FFDC′	DNL	定义行的数量
X′FFDD′	DRI	定义重启间隔
X′FFDE′	DHP	定义分层级数
X′FFDF′	EXP	扩展参考成分
X′FFE0′~X′FFEF′	APP_n	为应用段保留
X′FFF0′~X′FFFD′	JPG_n	为 JPEG 扩展保留
X′FFFE′	COM	注释

在图 7.15 所示的三个标记的定义如下:

SOI:标记图像开始——标志着交换格式或缩略格式表示的压缩图像的开始.

EOI:标记图像结束——标志着交换格式或缩略格式表示的压缩图像的结束.

RSTm:重启标记——JPEG 每一次扫描中的数据被分割成如图 7.15 所示的熵编码段(ECS_m).熵编码段包含几个最小编码单元的编码数据,RST_m 为放置在熵编码段中的条件标记,只有当重启允许时才起作用.8 个唯一的重启标记($m = 0 \sim 7$)重复出现.

图 7.15 的最顶层说明了非层次交换格式应该以一个 SOI 标记开头,包含一个帧,并且以一个 EOI 标记结尾.

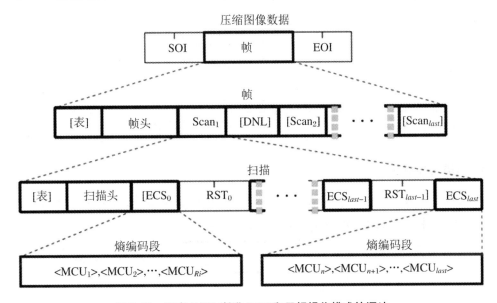

图 7.15 顺序 DCT、渐进 DCT 和无损操作模式的语法

4. 帧头部语法

图 7.16 显示了帧开始部分——帧头.这个头部指定源图像特征、帧中的成分、每个成分

的采样因子,以及使用的量化表. SOF 段各参数的长度和意义如表 7.4 所示.

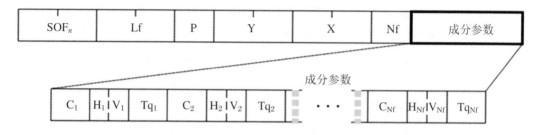

图 7.16 帧头部语法

表 7.4 SOF 各参数的长度和意义

标记结构	字节数	含 义
0xFFC0	2	SOF 标记
Lf	2	SOF 标记段长度,不包括前两个字节 0xFF,0xC0
P	1	像素精度,对基本系统来说,相当于 0x08
Y	2	图片高度
X	2	图片宽度
Nf	1	一帧中成分的数目,可以是 1 或 3,1 为灰色图片,3 为彩色图片
C_1	1	成分 1
(H_1, V_1)	1	第一个成分的水平和垂直采样因子
Tq_1	1	第一个成分采用的量化表编号
C_2	1	成分 2
(H_2, V_2)	1	第二个成分的水平和垂直采样因子
Tq_2	1	第二个成分采用的量化表编号
C_n	1	成分 n
(H_n, V_n)	1	第 n 个成分的水平和垂直采样因子
Tq_n	1	第 n 个成分采用的量化表编号

5. 扫描头部语法

图 7.17 显示了扫描头. 这个头部指定了在扫描中包含的成分,每个成分采用的熵编码表,以及扫描过程中包含的部分 DCT 量化系数(DCT 渐进模式).

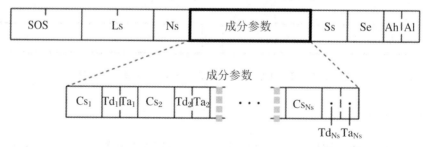

图 7.17 扫描头信息

SOS 段参数长度和各参数的含义如表 7.5 所示.

表 7.5　SOS 各参数的长度和含义

标记	长度(字节)(Byte)	含　　　义
0xFFDA	2	SOS 标记
Ls	2	SOS 标记段长度,不包括前两个字节 0xFF,0xDA
Ns	1	扫描中成分的数量
Cs_n	1	成分 n
(Td_n, Ta_n)	1	Td_n 为高 4 位,Ta_n 为低 4 位,分别表示 DC 和 AC 系数采用的哈夫曼表的编号
Ss	1	在基线系统中的默认值分别为[00][3F][00]
Se	1	
(Ah,Al)	1	

6. 量化表标记段语法

图 7.18 显示了一个量化表格的标记段,可包含多个量化表.量化表的信息需要被编码在 JPEG 码流中,以 DQT 标记(0xFFDB)开始,紧接着是段的长度、量化表的数据精度、量化值等.

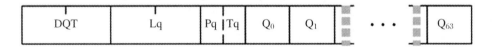

图 7.18　量化表标记段

DQT 段各参数的长度和含义如表 7.6 所示.

表 7.6　DQT(量化表标记段)标记和含义

标记	长度(字节)	含　　　义
0XFFDB	2	DQT 标记
Lq	2	DQT 标记段长度,不包括前两个字节 0XFF,0XDB
(Pq,Tq)	1	高 4 位 Pq 为量化精度,Pq = 0 时,$Q_0 \sim Q_n$ 的值为 8 位数据,Pq = 1 时,Q_l 的值为 16 位数据;低 4 位 Tq 表示量化表的编号,为 0~3.在基线系统中,Pq = 0,Tq = 0~1,也就是说最多有两个量化表
Q_0	1 或 2	量化表的值,Pq = 0 时,占一个字节;Pq = 1 时,占两个字节.n 的值为 0~63,表示量化表中的 64 个值("之"字形排列)
Q_1	1 或 2	
Q_n	1 或 2	

7. 哈夫曼表标记段语法

图 7.19 指明了定义一个或更多哈夫曼表规格的标记段.

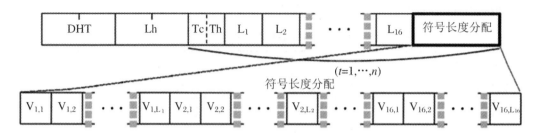

图 7.19　哈夫曼标记段

DHT 段的各参数的长度和含义如表 7.7 所示.

表 7.7　DHT 各参数的长度和含义

标记	长度(字节)	含　　　义
0xFFC4	1	DHT 标记
Ls	2	DHT 标记段长度,不包括前两个字节 0xFF,0xC4
(Tc,Th)	1	Tc 为高 4 位,Th 为低 4 位.Tc 可为 0 或 1,为 0 时指 DC 系统的哈夫曼表或无损编码表;为 1 时指 AC 系统的哈夫曼表.Th 表示哈夫曼表的编号,在基线系统中,其值为 0 或 1.在基本系统中,最多有 4 个哈夫曼表,分别为 DC_0(00),AC_0(10),DC_1(01),AC_1(11)
L_1	1	L_n 表示哈夫曼码字为 n 比特长的个数,$n=1\sim16$
L_2	1	
...	...	
L_{16}	1	
V_1	1	V_t 表示每个哈夫曼码字所对应的值,对 DC 来说该值为(SIZE),对 AC 来说,该值为(RUNLENGTH,SIZE). $t=L_1+L_2+\cdots+L_{16}$
V_2	1	
...	...	
V_t	1	

8. 应用程序标记段

APP_n(应用程序)段是为应用程序使用预留的,图 7.20 指定了应用程序标记段的结构.

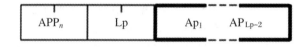

图 7.20　应用程序数据标记段

图 7.20 中的标记和参数定义如下:

APP_n:应用程序数据标记,标记一个应用程序数据段的开头.

Lp:应用程序数据段长度.

Ap_i:应用程序数据字节——对应用程序的解释说明.

9. JPEG 文件交换格式

前面描述的 JPEG 码流语法为 JPEG 数据交换格式. JPEG 数据交换格式没有编码足够的信息来作为一个完整的图像表示. 例如,JPEG 数据交换格式没有指定或编码关于像素宽高比、颜色空间或图像采集特征的任何信息.

JPEG 文件交换格式是在各种平台和应用程序中允许 JPEG 比特流交换的最小文件格式. 这个简化格式的唯一目的就是允许 JPEG 压缩图像间的转换. 尽管任何 JPEG 编码操作模式或过程都有 JPEG 文件交换格式(JFIF)的语法作支撑,还是强烈建议使用 JPEG 编码基线过程作为文件交换的目的. 这样可以确保所有支持 JPEG 的应用程序的最大兼容量.

JPEG 文件交换格式几乎完全兼容 JPEG 数据交换格式,唯一的附加要求是在 SOI 标记之后强加 APP$_0$ 标记. 注意,JPEG 交换格式要求(JFIF 也如此)所有在编码过程中使用的表格使用前要在比特流中编码描述. APP$_0$ 标记用来定义诸如水平/垂直分辨率,是否包含缩略图,以及缩略图的像素值等,具体参数与含义如表 7.8 所示.

表 7.8　APP$_0$ 标记和含义

Marker	长度(字节)	含　　义
0xFFE0	2	APP$_0$ 标记
Lp		APP$_0$ 标记段长度,不包括前两个字节 0xFF,0xE0
Identifier	5	JFIF 识别码 0x4A,0x46,0x49,0x46,0x00
Version	2	JFIF 版本号可为 0x0101 或者 0x0102
Units	1	单位,为 0 时表示未指定,为 1 时表示英寸,为 2 时表示厘米
Xdensity	2	水平分辨率
Ydensity	2	垂直分辨率
Xthumbnail	1	缩略图的水平点数
Ythumbnail	1	缩略图的垂直点数
RGB$_0$	3	缩略图像素的 RGB 值
RGB$_1$	3	缩略图像素的 RGB 值
RGB$_n$	3	缩略图像素的 RGB 值

7.1.6　JPEG 文件示例

JPEG 文件大体上可以分成以下两个部分:标记码(marker)加压缩数据. 标记码部分给出了 JPEG 图像的所有信息(有点类似于 BMP 中的头信息,但要复杂得多),如图像的宽、高、哈夫曼表、量化表等. 标记码有很多,但绝大多数的 JPEG 文件只包含几种.

一幅 JPEG 图像文件的标记码的结构大体为:

SOI(图像开始)

APP$_n$(应用标记) JFIF(联合文件交换格式)

DQT(定义量化表) SOF$_n$(帧标记)

DHT(定义哈夫曼表) SOS(扫描开始)

EOI(图像结束)

使用 winhex 打开文件 jvt.jgp,可看到该 JPEG 文件的数据如图 7.21 所示.分析数据,重要标记的信息如表 7.9 所示.

```
Offset     0  1  2  3  4  5  6  7   8  9  A  B  C  D  E  F
00000000  FF D8 FF E0 00 10 4A 46  49 46 00 01 01 00 00 01
00000010  00 01 00 00 FF DB 00 84  00 08 06 06 07 06 05 08
00000020  07 07 07 09 09 08 0A 0C  14 0D 0C 0B 0B 0C 19 12
00000030  13 0F 14 1D 1A 1F 1E 1D  1A 1C 1C 20 24 2E 27 20
00000040  22 2C 23 1C 1C 28 37 29  2C 30 31 34 34 34 1F 27
00000050  39 3D 38 32 3C 2E 33 34  32 01 09 09 09 0C 0B 0C
00000060  18 0D 0D 18 32 21 1C 21  32 32 32 32 32 32 32 32
00000070  32 32 32 32 32 32 32 32  32 32 32 32 32 32 32 32
00000080  32 32 32 32 32 32 32 32  32 32 32 32 32 32 32 32
00000090  32 32 32 32 32 32 32 32  32 32 FF C0 00 11 08 03
000000A0  00 04 00 03 01 11 00 02  11 01 03 11 01 FF C4 01
000000B0  A2 00 00 01 05 01 01 01  01 01 01 00 00 00 00 00
000000C0  00 00 00 00 01 02 03 04 05  06 07 08 09 0A 0B 10 00
000000D0  02 01 03 03 02 04 03 05  05 04 04 00 00 01 7D 01
000000E0  02 03 00 04 11 05 12 21  31 41 06 13 51 61 07 22
000000F0  71 14 32 81 91 A1 08 23  42 B1 C1 15 52 D1 F0 24
00000100  33 62 72 82 09 0A 16 17  18 19 1A 25 26 27 28 29
00000110  2A 34 35 36 37 38 39 3A  43 44 45 46 47 48 49 4A
00000120  53 54 55 56 57 58 59 5A  63 64 65 66 67 68 69 6A
00000130  73 74 75 76 77 78 79 7A  83 84 85 86 87 88 89 8A
00000140  92 93 94 95 96 97 98 99  9A A2 A3 A4 A5 A6 A7 A8
00000150  A9 AA B2 B3 B4 B5 B6 B7  B8 B9 BA C2 C3 C4 C5 C6
00000160  C7 C8 C9 CA D2 D3 D4 D5  D6 D7 D8 D9 DA E1 E2 E3
00000170  E4 E5 E6 E7 E8 E9 EA F1  F2 F3 F4 F5 F6 F7 F8 F9
00000180  FA 01 00 03 01 01 01 01  01 01 01 01 01 00 00 00
00000190  00 00 00 01 02 03 04 05  06 07 08 09 0A 0B 11 00
000001A0  02 01 02 04 04 03 04 07  05 04 04 00 01 02 77 00
000001B0  01 02 03 11 04 05 21 31  06 12 41 51 07 61 71 13
000001C0  22 32 81 08 14 42 91 A1  B1 C1 09 23 33 52 F0 15
000001D0  62 72 D1 0A 16 24 34 E1  25 F1 17 18 19 1A 26 27
000001E0  28 29 2A 35 36 37 38 39  3A 43 44 45 46 47 48 49
000001F0  4A 53 54 55 56 57 58 59  5A 63 64 65 66 67 68 69
00000200  6A 73 74 75 76 77 78 79  7A 82 83 84 85 86 87 88
00000210  89 8A 92 93 94 95 96 97  98 99 9A A2 A3 A4 A5 A6
00000220  A7 A8 A9 AA B2 B3 B4 B5  B6 B7 B8 B9 BA C2 C3 C4
00000230  C5 C6 C7 C8 C9 CA D2 D3  D4 D5 D6 D7 D8 D9 DA E2
00000240  E3 E4 E5 E6 E7 E8 E9 EA  F2 F3 F4 F5 F6 F7 F8 F9
00000250  FA FF DA 00 0C 03 01 00  02 11 03 11 00 3F 00 B7
00000260  FD 8B 7E 3A 5A 4B FF 00  7C 1A ED E6 47 9B F5 79
00000270  08 74 7B EF F9 F4 9B FE  F8 34 B9 90 FE AF 21 3F
00000280  B2 2F 47 FC BA CB FF 00  7C 1A 39 90 7D 5E 5D 80
00000290  E9 77 9B BF E3 DA 5F FB  E0 D1 CC 83 EA F2 EC 21
000002A0  D3 2E 87 FC BB C9 FF 00  7C 1A 7C C8 5E C2 42 FF
000002B0  00 67 5D 13 8F B3 C9 FF  00 7C 9A 2E 87 EC 64 27
000002C0  F6 6D C8 FF 00 96 12 7F  DF 26 9F 32 17 D5 E4 1F
000002D0  60 B8 FF 00 9E 12 7F DF  26 95 D0 7D 5E 42 7D 86
```

图 7.21　JPEG 文件数据

表 7.9 JPEG 文件的标记示例

地址	数据	含义
0x00000000	FF D8	SOI
0x00000002	FF E0	APP$_0$
0x00000006	4A 46 49 46 00	JFIF
0x00000014	FF DB	DQT
0x0000009A	FF C0	SOF
0x000000AD	FF C4	DHT
0x00000251	FF DA	SOS

7.2 JPEG 2000

JPEG 2000 是基于小波变换的图像压缩标准,由 Joint Photographic Experts Group 组织创建和维护.JPEG 2000 通常被认为是取代 JPEG(基于离散余弦变换)的下一代图像压缩标准.JPEG 2000 的压缩比更高,而且不会产生原先基于离散余弦变换的 JPEG 标准产生的块状模糊瑕疵.JPEG 2000 同时支持有损压缩和无损压缩.另外,JPEG 2000 也支持更复杂的渐进式显示和下载.

7.2.1 JPEG 2000 与 JPEG 的区别

JPEG 是最常用的图像文件格式(文件尺寸较小,下载速度快),能够将图像压缩在很小的储存空间,但也可能会造成某些信息丢失,因此有数据损伤的风险.

JPEG 2000 属于 JPEG 的升级版本,与 JPEG 相比,其最明显的特点为压缩率有显著的提升,比 JPEG 高出 30%,同时支持了有损和无损的压缩方式.JPEG 2000 格式一个极其重要的特征在于它能实现渐进传输,即先传输图像的轮廓,然后逐步传输数据,不断提高图像质量,让图像由朦胧到清晰显示.

在低压缩比的情形下(比如压缩比小于 10∶1),传统的 JPEG 图像质量有可能比 JPEG 2000 好.JPEG 2000 在压缩比较高的情形下,优势才开始明显.一般在压缩比达到 100∶1的情形下,采用 JPEG 压缩的图像已经严重失真并开始难以识别了,但 JPEG 2000 的图像仍可识别.

总的来说,两者主要有如下区别:

(1) 在有损压缩下,JPEG 2000 没有 JPEG 压缩中的马赛克失真效果.

(2) JPEG 2000 在压缩比较高的情形下,清晰程度要明显优于 JPEG.图 7.22 给出了原始图像、经过 JPEG 压缩后解码和经过 JPEG 2000 压缩与解码之后的区别.

(3) JPEG 2000 克服了块效应的问题,不过同时也失去了 8×8 块对于运算效率有帮助

图 7.22 JPEG 2000 图像、原始图像与 JPEG 图像

的部分,造成运算时间加长,此外 $8×8$ 块也可以帮助减少硬件的需求.

(4) 由于 JPEG 2000 的压缩率更高,而亮度成分都以原始分辨率存储,两个彩色成分以较低的分辨率存储,导致 JPEG 2000 看起来褪色更加严重.

(5) JPEG 2000 没有使用 $8×8$ 的矩形框,避免了块效应,但是随之而来引入了模糊与振铃效应问题:

• 模糊(blurring),是指 JPEG 2000 图像看起来锐度更低,图片更加平滑,但使得图片的细节和质地有所缺失.如图 7.23 所示,可以看出 JPEG 2000 的图片更加模糊平滑.模糊失真产生的主要原因是在编码过程中高频成分有一定程度的衰减.

图 7.23 JPEG 2000 图像的模糊现象

• 振铃效应(ringing artifacts):图像处理中,对一幅图像进行滤波处理,若选用的频域滤波器具有陡峭的变化,则会使滤波图像产生"振铃".所谓"振铃",就是指输出图像的灰度剧烈变化处产生的振荡,就好像钟被敲击后产生的空气振荡,从图 7.24 中可以看出 JPEG 2000 的振铃效应更加明显.

7.2.2 编码过程

JPEG 2000 由五个基本模块组成,图 7.25 是其基本组成模块示意图,其中包括预处理、小波变换(DWT)、量化、自适应算术编码(Tier-1)以及码流组织(Tier-2)五个模块,下面将对这些模块分别进行简要介绍.

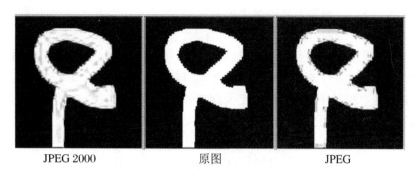

JPEG 2000　　　　　原图　　　　　JPEG

图 7.24　JPEG 2000 图像的振铃效应

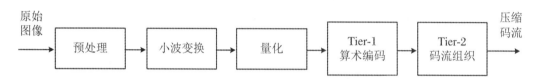

图 7.25　JPEG 2000 基本组成模块

1. 预处理

预处理为不同类型的图像提供了一个统一的接口,便于后续使用同样的编码器进行处理,这一步骤是将多种类型的图像压缩加入统一框架中的关键.如图 7.26 所示,它主要包括三个步骤:图像分片、直流平移和分量变换.

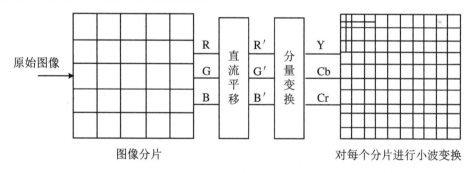

图像分片　　　　　　　　　　对每个分片进行小波变换

图 7.26　JPEG 2000 中的预处理

图像分片:"分片"是指将大图像分割成互不重叠的矩形块,矩形块的尺寸不受限制,其上界直至整幅图像.把每一块看作一幅完全独立的图像,以"块"为单位独立进行编码.采用分片处理能够减少存储器容量,易于并行处理,而且在解码端可以只对部分图像进行解码.与 JPEG 不同,JPEG 2000 算法并不需要将图像强制分成 8×8 的小块,但为了降低对内存的需求和方便压缩域中可能的分块处理,可以将图像分割成若干互不重叠的矩形块(tile,也称片).分块的大小任意,可以整个图像是一个块,也可以一个像素是一个块.一般分成 64~1024 像素宽的等大方块,不过边缘部分的块可能小一些,而且不一定是方的.图像分块的大小会影响重构图像的质量.一般来说,分块大比分块小的质量要好一些.在解码过程的后处理中,需要将分块的图像数据重新无缝地拼接在一起.

直流平移:图像进行分片之后,如果分量的样本值是无符号的数值,则分片中的所有分量都要进行直流平移,目的是去除图像中的直流分量,使小波变换后系数的正、负取值的概率基本相等,以提高后续的自适应编码效率.当样本值有符号时则无需处理.

分量变换:对于彩色图像或多成分图像,在小波变换之前还必须逐点进行成分变换,目的是去除成分间的相关性.分量变换可以采取不可逆分量变换(ICT)或可逆分量变换(RCT).这里的可逆和不可逆不是指逆变换存在和不存在,而是指有无精度损失.不可逆变换把图像数据从 RGB 空间变换到 YCbCr 空间,是实数到实数的变换,运算中有精度损失,将(8:8:8)彩色信号转换为(4:2:2)信号,只能与 9/7 不可逆小波变换一起使用,适用于有损压缩.正向和反向不可逆变换分别通过下面的公式实现.RGB 空间变换到 YCbCr 空间正变换的公式表示为

$$\begin{bmatrix} Y \\ Cb \\ Cr \end{bmatrix} = \begin{bmatrix} 0.299 & 0.587 & 0.114 \\ -0.16875 & -0.33126 & 0.500 \\ 0.500 & -0.41869 & -0.08131 \end{bmatrix} \times \begin{bmatrix} R \\ G \\ B \end{bmatrix} \tag{7.7}$$

反变换表示为

$$\begin{bmatrix} R \\ G \\ B \end{bmatrix} = \begin{bmatrix} 1.0 & 0 & 1.402 \\ 1.0 & -0.34413 & 0.71414 \\ 1.0 & 1.772 & 0 \end{bmatrix} \times \begin{bmatrix} Y \\ Cb \\ Cr \end{bmatrix} \tag{7.8}$$

可逆变换把图像数据从 RGB 空间变换到 YUV 空间,这种变换只能和 5/3 小波一起使用,适用于无损压缩.正向和反向可逆变换分别通过下面公式实现.正变换为

$$Y = \left\lceil \frac{R + 2G + B}{4} \right\rceil, \quad U = R - G, \quad V = B - G \tag{7.9}$$

反变换为

$$G = Y - \left\lceil \frac{U + V}{4} \right\rceil, \quad R = U + G, \quad B = V + G \tag{7.10}$$

分量变换和直流平移后,开始对每个分片的数据进行前向离散小波变换.

2. 离散小波变换

与 JPEG 相比,JPEG 2000 的最大改进是以离散小波变换(DWT)代替了离散余弦变换(DCT)编码.DCT 变换作为准最优变换,在图像处理中占据非常重要的位置,但它明显的缺点是不具有时频局部性,它考查的是整个时域过程的频域特性,或者整个频域过程的时域特性.因此对于平稳信号,它有很好的效果,但对于非平稳信号,就有明显的不足.对于细节丰富、频率变化大的图像,压缩效果差(图像有块效应),而且也无法实现感兴趣域(ROI)编码.离散小波变换是近十年来兴起的现代谱分析工具,它的一个最大特点就是具有良好的时频局部性,既能考查局部时域过程的频域特性,也能考查局部频域过程的时域特性,并且可以在高频时考查窄的时域窗,在低频时考查宽的时域窗,因此不论是对于平稳过程还是对于非平稳过程,它都是强有力的分析工具.

JPEG 2000 中使用的离散小波变换(DWT)可以是不可逆的,也可以是可逆的.不可逆离散小波变换采用浮点 9/7 小波变换,适用于有损压缩;可逆离散小波变换采用整数 5/3 小波变换,适用于图像的无损压缩,也可以适用于有损压缩.在有损压缩应用领域,前者比后者表现优异.

传统的小波计算采用卷积运算,构造和傅里叶变换相似,是通过对小波母函数进行平移和缩放得到的,我们称这样的小波为第一代小波,通过提升构造的小波为第二代小波.提升方案是一种简单的小波变换方法,它不需要傅里叶分析的背景知识,与第一代小波变换方法相比,提升算法具有如下几个优点:

- 可以实现更快速的小波变换算法.
- 提升算法可以实现完全的同址计算,即经过提升变换后得到的小波系数和尺度系数可以覆盖掉原来的输入信号而不影响变换结果.
- 利用提升算法,正向小波变换和反向小波变换结构是非常一致的,只有正负号区别.
- 提升小波变换的描述非常简单,可以避开傅里叶变换.

小波变换由三个步骤组成,分别是分裂、预测、更新,如图 7.27 所示.

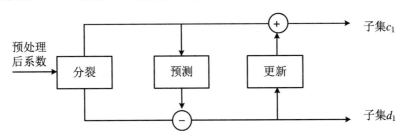

图 7.27 小波变换示意图

分裂过程:将给定数据集 c_0 分解成为两个小的子集,一般按照数据的奇偶序列号对数据进行间隔采样,如下所示.

(1) 偶数集合 $c_1 = \{c_{1,k} = c_{0,2k}, k \in \mathbf{Z}\}$;

(2) 奇数集合 $d_1 = \{d_{1,k} = c_{0,2k+1}, k \in \mathbf{Z}\}$.

这种小波变换称为惰性小波分解.

预测过程:预测的方法是用 c_1 预测 d_1,预测误差形成新的 d_1.设有一个与数据无关的预测算子 P,使得 $d_1 \approx P(c_1)$,则用 d_1 和它的预测差值,即 d_1(原) $- P(c_1)$ 来代替 d_1(原),那么我们就可以用 c_1 表示原始的图像数据,c_1 称为尺度系数,d_1 称为小波系数.由于原始数据 c_1 和 d_1(原)有较强的相关性,通过预测使数据的能量分布降低.

更新过程:更新过程的目的是保障某一全局性质.更新过程是通过更新 c_1,从而使得对于某一个度量标准 $Q(c_1)$,例如平均值,使 c_0 和 c_1 具有相同的值,则更新过程要求 $Q(c_1) = Q(c_0)$,也就是变换前后能量保持不变.

综上所述,提升小波变换的每一级都由分裂、预测和更新三个步骤构成,设提升小波级数 j 的取值为 $1 \sim n$,将三个过程用公式表示,则每一级分解过程可表示如下.

正变换为

$$\begin{cases} \{c_{j+1}, d_{j+1}\} := split(c_j) \\ d_{j+1} := d_{j+1} - P(c_{j+1}) \\ c_{j+1} := c_{j+1} + U(d_{j+1}) \end{cases} \tag{7.11}$$

其中 $U(d_{j+1})$ 是为了保证能量不变.得到了正变换,很容易得到反变换,需要做的只是改变加减的符号.

反变换为

$$\begin{cases} c_{j+1} := c_{j+1} - U(d_{j+1}) \\ d_{j+1} := d_{j+1} + P(c_{j+1}) \\ c_j := join(c_{j+1}, d_{j+1}) \end{cases} \tag{7.12}$$

小波变换通过特定滤波器组结构来实现,图 7.28 为一维双子带 DWT 分析综合滤波器组框图.分析滤波器组(h_0, h_1)中的 h_0 是一个低通滤波器,它的输出保留了信号的低频成分而去除或降低了高频成分;h_1 是一个高通滤波器,它的输出保留了信号中的边缘、纹理、细节等高频成分而去除或降低了低频成分.在 JPEG 2000 中,分析滤波器的阶数为奇数.与之相对应,综合滤波器组(g_0, g_1)中 g_0 和 g_1 分别为低通和高通滤波器.为了实现信号的完全重建,要求分析综合滤波器组满足一定的关系:

$$\begin{cases} H_0(z)G_0(z) + H_1(z)G_1(z) = 2 \\ H_0(-z)G_0(z) + H_1(z)G_1(z) = 0 \end{cases} \tag{7.13}$$

其中 $H_0(z), G_0(z), H_1(z), G_1(z)$ 分别是 h_0, g_0, h_1, g_1 的 Z 变换.

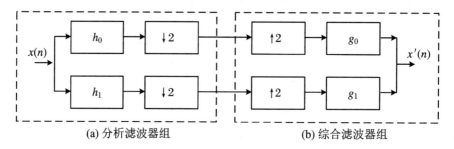

(a) 分析滤波器组　　　　　　　　(b) 综合滤波器组

图 7.28　DWT 滤波器组

当一维信号被分解为两个子带后,低子带信号仍然有很高的相关性,可以对它再进行双子带分解,降低其相关性;与之相反,高子带信号的相关性较弱,因此不再进行分解.

对图像进行二维 DWT 是用一维 DWT 以可分离的方式进行的,每一次分解中先用一维分析滤波器组(h_0, h_1)对图像进行水平(行)方向的滤波,然后对得到的每个输出再用同样的滤波器组进行垂直(列)方向的滤波,所得到的图像被称为一次分解的四个子带.

由于滤波是线性的,因此采用先行后列或先列后行的次序所得到的结果是相同的.在二维二元小波分解中,对每次分解得到的最低子带可以继续分解,直到不再能得到显著的编码增益为止.图 7.29 为三次小波变换的过程.

DWT 分解的图像提供了 JPEG 2000 的多分辨率解决方案,可以重建的最低分辨率称为零分辨率.对于 N 次 DWT 分解,它可以提供 N 个分辨率等级.图像经过小波变换后,生成小波系数,编码前需要对小波系数进行量化.

3. 量化

量化是实现数据有损压缩的一个非常重要的步骤.JPEG 2000 的量化方法为"死区标量量化"(deadzone scalar quantization),指待量化系数在"死区"范围内,被量化为 0.而这个"死区"就是量化步长的两倍,量化表达式为

$$q_b(u,v) = \text{sign}(a_b(u,v)) \times \lceil |a_b(u,v)| / \Delta_b \rceil \tag{7.14}$$

$a_b(u,v)$ 为要量化的系数,量化输出为 $q_b(u,v)$,$\lceil \ \rceil$ 为向下取整,Δ_b 就为量化步长,其表达式为

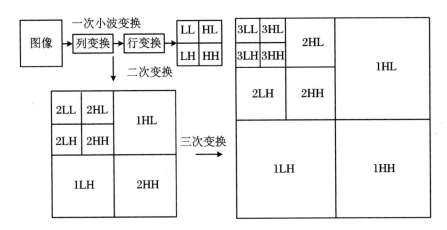

图 7.29　DWT 分解过程

$$\Delta_b = 2^{R+G_b} \times 2^{-\epsilon} \times (1 + \mu/2^{11}) \tag{7.15}$$

其中 G_b 为标称动态范围,在 9/7 小波变换中,$G_b = 0$.但在 5/3 小波中,G_b 随子带不同而不同.R 为原先图像的比特深度.2^{R+G_b} 作用是将输入系数归一化到 $[-1/2, 1/2]$.Δ_b 的值通过调节指数 ϵ 和尾数 μ 的值而改变.

量化的关键是根据变换后图像的特征、重构图像质量要求等因素设计合理的量化步长.量化操作是有损的,会产生量化误差.不过有一种情况除外,那就是量化步长是 1,并且在 JPEG 2000 中,小波系数都是整数,利用可恢复整数 5/3 小波滤波器进行小波变换得到的结果就符合这种情况.

在 JPEG 2000 标准中,对每一个子带可以有不同的量化步长.但是在一个子带中只有一个量化步长.量化以后,每一个小波系数由两部分来表示:符号和幅值.对量化后的小波系数进行编码.对于无损压缩,量化步长必须是 1.

4. 编码

在 JPEG 2000 中,主要采用了最佳截断嵌入码块编码(embedded block coding with optimized truncation,EBCOT),该算法适用于涉及远程浏览大型压缩图像的应用.EBCOT 算法有助于针对 MSE(均方差)以及更逼真的心理视觉指标进行显式优化,从而能够对空间变化的视觉掩蔽现象进行建模.

EBCOT 算法将小波系数划分为大小相等的码块(code-block),并对每个码块进行独立编码.码块大小只需满足如下条件:长和宽必须是 2 的整数次幂;码块中小波系数不超过 4096 个;码块高度不小于 4.EBCOT 结构不仅大大降低了编解码系统的复杂度,其灵活的码流格式还提供了对多分辨率与多失真度的支持.如要得到某分辨率下的图像,就仅解码该分辨率下对应的码块;如要得到某失真度下的图像,就仅解压各码块中对应该失真度的部分.

假设对每一个编码块 B_i 进行独立编码产生基本的码流为 C_i,码流 C_i 可以根据需要取不同的长度 $L_i^{(z)}$,相应的失真为 $D_i^{(z)}$,每一个编码块可以自由选择截断点,图像最终压缩数据的长度最大允许值为 $L_{\max}$,即满足

$$\sum L_i^{(z)} \leqslant L_{\max} \tag{7.16}$$

如果用每一个编码块 B_i 的失真和来表示重建图像的失真,则重建图像的失真为

$$D = \sum D_i^{(z)} \tag{7.17}$$

截断点的选择可以在每一个编码块压缩完成后进行,所以这种优化截断方案被称为"压缩后率失真优化".

Tier-1 编码

第一层块编码过程实际上是一种位平面编码方案,它充分利用了小波变换子带系数的强相关性,用基于上下文的算术编码达到优秀的压缩结果.块编码过程可以分为两部分:系数比特建模和基于上下文的MQ算术编码.系数比特建模按每列4个系数从上到下、从左到右的顺序(见图 7.30),从高位平面(Most Significant Bit,MSB)到低位平面(Least Significant Bit,LSB)扫描码块内像素比特(见图7.31),为每个比特生成相应的上下文和0,1符号.这些上下文根据相应系数比特的8个或4个邻居系数的重要状态产生.

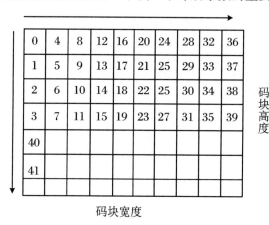

图 7.30　位平面扫描顺序(图中 0~41 数字表示扫描顺序)

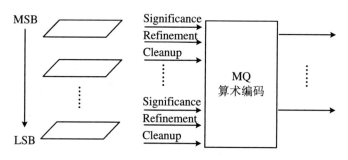

图 7.31　Tier-1 编码过程

在系数比特建模之前,把量化的小波变换系数用符号和绝对值表示.在整个编码过程中,码块内的系数都有一个相应的重要状态,初始化为0.当编码到系数的第一个非0比特时,该系数的对应重要状态变为1.

在进行位平面编码时,为了获得细化的嵌入式码块位流,每个位平面又进一步分成子位平面,称为编码通道(code pass).位平面上的每个系数必须而且只能在其中的一个编码通道上编码.与EBCOT稍微有点不同的是,在JPEG 2000编码系统中去掉了反向重要性传播通道(reverse significance propagation pass),而只采用了3个通道进行编码,这3个通道分别是:重要性通道(significance pass)、幅度细化通道(magnitude refinement pass)和清除通道

(cleanup pass). 在这 3 个编码通道上分别进行 4 种编码操作：重要性编码(significance coding)、符号编码(sign coding)、幅度细化编码(refinement coding)和清除编码(cleanup coding). 在清除编码中可以根据适当的条件,进行游程编码(run length coding),来减少进行算术编码的二进制符号个数. 无论原小波系数是否有符号,在编码通道将所有的小波系数值看作有符号系数,符号位用一个符号扩展位表示. 在开始编码时,所有小波系数设置一个状态位,并全部初始化为 0,也就是系数都处于无效状态. 每种编码操作都采用基于上下文的模板匹配进行编码,上下文模板是根据当前编码系数邻域上的系数的重要状态来建立的. 模板匹配后就将得到的索引值和量化数据进行算术编码.

图 7.32 是上下文模板, X 是当前待编码系数,扫描模板实际上就是一个八邻域的模型, H 为水平邻域, V 为垂直邻域, D 为角邻域,每个编码操作都使用这个模板配合上下文模型表产生上下文. 经过大量的试验,JPFG 2000 对 256 种上下文进行了选择与合并,简化了编码通道所使用的上下文种类,降低了算术编码的复杂度,缩短了编码时间.

D_0	V_0	D_1
H_0	X	H_1
D_2	V_1	D_3

图 7.32 上下文模板

上文所说的四个编码具体描述如下：

重要性编码(significance coding)：当一个系数的位平面值第一次由 0 变为 1 时,此系数将变为重要系数. 如果当前待编码的系数处于非重要状态,但八邻域内至少有一个系数是重要的,则对该系数进行重要性编码操作. 如果该系数位重要性是 1,则此系数状态从非重要转为重要,并对该系数进行符号编码操作；否则对下一系数进行操作,同时根据产生的上下文进行算术编码.

符号编码(sign coding)：符号编码和重要性编码配合使用,只要发现这个位是重要的,重要性编码结束后对这个系数进行符号编码. 根据周围系数的重要状态和符号,分为两步建立符号算术编码的上下文.

幅度细化编码(refinement coding)：当一个系数已经处于重要状态,会对该系数的其余比特位编码. 注意在同一个位平面内,对在重要性编码通道(见下文描述)上编码后变为重要状态的系数位,不能进行幅度细化编码操作.

游程编码(run length coding)：在编码时,首先判断同一列系数中连续的 4 个系数是否满足游程编码条件,即这 4 个系数均为非重要状态,并且与它们相邻的系数也都处于非重要状态. 若满足此条件,则进行游程编码,否则,对每个系数位,采用上述相应的上下文,进行重要性编码和符号编码操作.

上文所说的三个编码通道具体算法如下：

重要性通道(significance pass)：重要性通道包含两种编码操作,重要性编码操作和符号编码操作,对要编码的位平面系数首先做重要性编码操作,如果待编码的位平面系数是 0,依据上下文执行重要性编码,待编码的位平面系数是 1,先执行重要性编码,然后编码符号位.

重要性编码通道在每一个位平面首先被执行,但是不包含最高位平面(MSB).

幅度细化通道(magnitude refinement pass):幅度细化通道只包含幅度细化编码操作,是对已经处于重要状态的系数进行幅度细化编码操作.

清除通道(cleanup pass):在清除通道上,包含三种编码操作——重要性编码、符号编码和游程编码操作,对当前位平面上没有进行重要性编码和幅度细化编码的所有剩余系数进行编码.每一个码块只有最高位平面采用清除通道,其余位平面是在重要性通道和幅度细化通道后可使用清除编码.首先对每一列判断是否可以使用游程编码,如果可以,就对这 4 个系数作游程编码,否则进行重要性编码和符号编码操作.

在 Tier-1 编码块内的小波系数被组织成位平面,这些位平面从具有第一个非零元素的最重要的位平面(MSB)开始到最不重要的位平面(LSB)为止.用 $v^p(k)$ 表示点 $k=(k_1,k_2)$ 的像素 $v(k)$ 在第 p 个位平面上的值,像素的符号为 $x(k)$.在编码时,首先编码最重要位平面(MSB)上的值 $v^{pmax}(k)$,然后是次重要位平面上的值,直至所有位平面上的值都被编码完毕.

在编码过程中码块中的每一个系数都有一个称为"重要性状态"的二进制状态,$\sigma(k)$ 被初始化为 0,表示当前系数不重要;当系数在 p 位平面上的值变为 1,即 $v^p(k)=1$ 时,重要性状态 $\sigma(k)$ 置 1,表示当前系数是重要的.

除最高位平面上有清除通道外,其余位平面的编码都由重要性通道、幅度细化通道和清除通道三个编码通道组成,位平面上的每个系数根据其自身的重要性状态 $\sigma(k)$ 和上下文系数的重要性状态 $\sigma_b(k)$ 决定其在哪一个通道中编码,重要性通道处理那些还没有成为"重要的",且八邻域内已经有了标记为"重要的"系数 $[\sigma(k)=0,\sigma_b(k)\neq 0]$,编码时首先查看该系数在当前位平面是否变为"重要的",如果是,则 $\sigma(k)$ 置 1,并编码该系数的符号 $x(k)$;否则检查其周围系数的分布情况决定是否进一步使用游程编码来减少符号数目.幅度细化通道处理那些已经被标记为"重要的",但未被编码的系数 $[\sigma(k)=1]$ 编码的 $v^p(k)$.清除通道处理那些还没被标记为"重要的",且在当前位平面中未被访问过的系数 $[\sigma(k)=0,\sigma_b(k)=0]$,首先判断该系数在当前平面是否变为"重要的",是否对 $\sigma(k)$ 置 1,编码系数的符号 $x(k)$ 或进行游程编码.

小波量化系数通过以上 3 个通道编码后,然后分别进行算术编码,形成代码流.这样每个子过程的边界就可以成为候选的截断点,从而便于嵌入式编码.

Tier-2 编码

Tier-2 编码的目的就是按率失真最优的原则,选取合适的截断点截取每一分块的压缩码流,装配成具有分辨率可伸缩或者质量可伸缩的满足预定编码长度的最终码流.编码时对每一个截断点都根据率失真优化算法进行计算,使其在任意点截取都可以得到率失真最优的质量,然后将截断点和失真值以压缩的形式同码块位流保存在一起,形成码块的嵌入式压缩位流.设输出码流中包含 $\lambda=1,2,\cdots,L$ 个层("层"见后文描述),每层包含若干数据包 $k_\lambda^{l,c}$,其中 l 代表小波分解的分辨率层次,c 代表图像中的各分量(如 RGB).每个数据包都由数据头和数据体组成,数据头中包括了有用的概要信息,JPEG 2000 采用了一种称为"Tag Tree"方法对数据头的概要信息进行编码.

1) 率失真优化算法

设压缩后总失真可以表示为

$$D = \sum_i D_i^{n_i} \tag{7.18}$$

其中 D 是最终重构图像的失真,n_i 是码块 B_i 在码率中的截断点,$D_i^{n_i}$ 表示码块 B_i 在码率中的截断点 n_i 处的失真.通常失真用加权均方差(MSE)表示,即

$$D_i^{n_i} = G_{b_i} \sum_j (\tilde{s_i}[j] - s_i[j])^2 \tag{7.19}$$

其中 $s_i[j]$ 与 $\tilde{s_i}[j]$ 分别为原始与恢复的系数值,b_i 为 B_i 所在的子带,G_{b_i} 为子带 b_i 的能量增益因子.

图像码流的长度

$$R = \sum_i R_i^{n_i} \tag{7.20}$$

其中 $R_i^{n_i}$ 表示码块 B_i 在截断点 n_i 截断时得到的码流长度.

率失真优化,就是要找出一系列的截断点 n_i,在满足 $R \leqslant R_{max}$ 的条件下使得图像失真 D 最小.使用拉格朗日法求解条件极值问题,可以找到满足要求的一系列截断点 n,满足压缩码率 $R = R_{max}$ 的条件下,使得 $\sum_i R_i^{n_i} + \lambda D_i^{n_i}$ 的值达到最小.调节 λ 的值,使得压缩码率逼近于目标码率 R_{max}.求 $\sum_i R_i^{n_i} + \lambda D_i^{n_i}$ 最小化的解就是对每个码块最小化求解问题,原因是每个码块是独立编码的,也就是

$$\min\left(\sum_i R_i^{n_i} + \lambda D_i^{n_i}\right) = \sum_i \min(R_i^{n_i} + \lambda D_i^{n_i}) \tag{7.21}$$

在给定的 λ 值下对每个码块 B_i 求截断点 n_i,使得 $R_i^{n_i} + \lambda D_i^{n_i}$ 最小.

实际上由于码流内可以被截断的点很多,如果直接计算会花费很长的时间.由信息论可知率失真函数是单调递减的,如果根据此性质首先收集可以作为截断点的子集,缩小截断点集合范围,就可以大大减少计算量.在 JPEG 2000 图像编码系统中,把每个码块位平面编码通道上形成的码流在整个码块码流中的截断位置作为候选截断点的集合.

2) 层

为了使压缩码流具有质量上的可分级性,实现网络浏览、图像的渐进式传输,将熵编码后产生的位流数据按率失真最优的原则分组,这样的组被称为层(layer).每个层包含来自每个码块的附加贡献(一些贡献可能为空,一般来说,由码块贡献的比特位的数目是可变的),图 7.33 为各码块根据率失真特性进行最优截取的贡献分层示意图.将编码数据分成 L 层,数值为 $0 \sim L-1$.不同的码块对不同的层有不同的贡献,即使是同一码块,对不同的层,贡献也可能不同,有的码块甚至对某一层根本就没有贡献.每一层含有一定的质量信息,原则上,每一个后继层比前一个层提供更高的质量:基本数据在低层,细节在高层.

3) 数据包

数据包(packet)是被压缩的码流数据的基本单位.数据包可以理解为对某一个子图像进行小波分解、量化、位平面编码及分层之后所得到的某一层上的一部分数据.每个数据包由两部分构成:头和体.头表明包里面的是哪个编码通道,而体包含的是真正的编码通道数据本身.

从上面描述可知,每个编码通道都是和特定的分量、分辨率级、子带与码块相关联的.也就是说,每个分量的某一个分辨率级的某一层的某一个连通区域形成一个包.区域指的是某一分辨率空间中某连续区域在所有子带中对应块的集合.每个分辨率级都有一个区域尺寸,宽和高通常是 2 的幂.因为不同区域的编码通道要编码到不同的包里,所以使用小的区域就会减少每个包里所含的数据量.这样,相对而言,一个包里的比特错误不会影响到其他包的

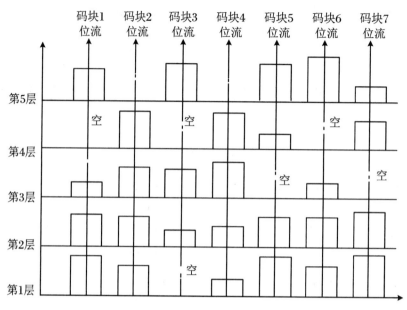

图 7.33　码块位流分层示意图

解码,可以提高误码恢复能力.不过包的个数增加要引入额外的包头开销,会降低压缩比.

5. 码流组织

码流组织是对经过算术编码后得到的压缩码流进行处理,将数据打包生成标准中规定的 * .jp2 或者 * .jpc 格式的文件,虽然它处于 JPEG 2000 编码的后端,实际上从图像分片时就得考虑.

1) 码流结构

图 7.34 给出了码流的结构,码流起始于主头(包括码流开始标记 SOC、主头标记段),中间为片区头与片区位流,最后是码流结束标记 EOC.

2) 头、标记和标记段

头(header)是标记(marker)和标记段(marker segments)的集合.JPEG 2000 中定义了两种类型的头,主头(main header)位于码流的开始,片区头(tile-part headers)位于每个片区(tile-part)的开始.

标记段由标记和标记参数组成,位于标记后的头两个字节为无符号整数,定义了标记参数的字节长度(包含两个起始字节).

标记和标记段有以下六种类型:

- delimiting marker and marker segments:用于头和数据的界定;
- fixed information marker segments:给出了图像的必要信息;
- functional marker segments:描述使用的编码方法;
- in bit stream markers and marker segments:用于容错处理;
- pointer marker segments:指出了比特流中特定的偏移;
- informational marker segments:提供一些额外的信息.

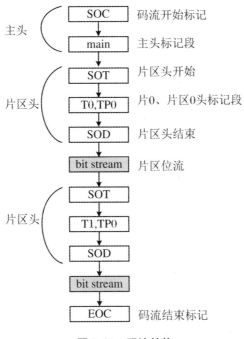

图 7.34　码流结构

7.2.3　文件格式

JPEG 2000 的格式是由很多的盒子(box)组成的,每个盒子代表着一些图片信息,如 File Type box 表示文件的类型,Contiguous Codestream box 表示压缩图片内容数据流.图 7.35 是一个 JP2 格式的图片的二进制码流形式,接下来通过这个图片的码流形式进行解析,来说明每一个字节所代表的含义.

1. JPEG 2000 Signature box(标签盒子)

该盒子表明了该文件的格式是 JPEG 2000 协议的图片格式,该盒子的类型标识由' j', 'P', ",," 四个字符组成,对应的十六进制为 0x6A50 2020,盒子的内容一般为 0x0D0A 870A,总长度为 12 个字节,整体内容固定为 0x0000 000C 6A50 2020 0D0A 870A.

2. File Type box(文件类型盒子)

该盒子类型标识为"ftyp"(0x6674 7970),内容为"jp2"(0x6A70 3220),长度为 12 个字节.

3. JP2 Header box (JP2 头盒子,superbox)

该盒子包含了图片的很多基本信息,如通道数、颜色空间、分辨率等.盒子类型标识为"jp2h"(0x6A70 3268),该盒子是一个超级盒子(superbox),意思是该盒子是一个复合盒子,内部包含了若干其他的盒子.

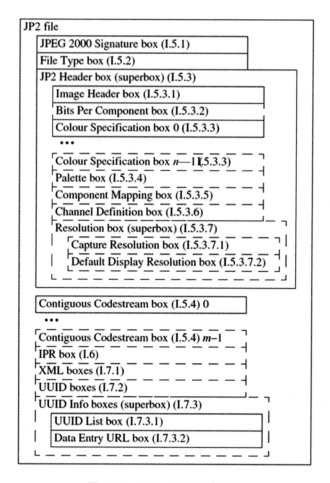

图 7.35　JPEG 2000 文件格式

4. Image Header box(图像头盒子)

该盒子紧跟 JP2 Header box 之后,标识为"ihdr"(0x6968 6472),该盒子包含了图片的基本尺寸信息,如图像大小、通道数等.盒子内容如图 7.36 所示,紧跟"ihdr"之后的是图像的高度 HEIGHT(占 4 个字节)、宽度 WIDTH(占 4 个字节)、通道数 NC(占 2 个字节)以及 BPC、C、UnkC、IPR(分别占 1 个字节),共 14 个字节.

图 7.36　图像头盒子

5. Colour Specification box(颜色规格盒子)

该盒子标识为"colr"(0x0x636F 6C72).每个颜色规格盒子定义了一种方法,应用程序可以通过该方法解释解压缩图像数据的颜色空间.此颜色规范将应用于图像数据解压的图像数据.一个 JP2 文件可能包含多个颜色规格盒子,但必须至少包含一个,指定不同的方法以实现"等效"结果. 合格的 JP2 读取器应在读取第一个颜色规格盒子之后忽略之后的所有颜色规格盒子, 但符合其他标准的读取器可以使用其他标准中定义的其他盒子.

6. Resolution box(分辨率盒子, superbox)

该盒子又是一个超级盒子, 包含两个子盒子, 标识为"res"(0x7265 7320). 此盒子指定此图像的捕获和默认显示分辨率. 如果该盒子存在, 则它将包含一个 Capture Resolution box, 或一个 Default Display Resolution box, 或者包含二者. 在 Image Header box 中应最多包含一个 Resolution box.

7. Capture Resolution box(捕获分辨率盒子)

该盒子的标识为"resc"(0x7265 7363). 当图像源被数字化创建为图像码流时, 该盒子指定其分辨率. 例如, 它可以指定用扫描仪从书本捕获页面时的分辨率, 还可以指定数码相机或卫星相机的分辨率. Default Display Resolution box 是指示默认使用的分辨率的盒子.

8. Contiguous Codestream box(连续码流盒子)

该盒子之后就是压缩的连续数据流了, 盒子类型标识为"jp2c"(0x6A70 3263), 之后就是 FF4F 开始的数据流部分.

7.3　BMP

BMP(bitmap-file)图形文件是 Windows 采用的图形文件格式, 在 Windows 环境下运行的所有图像处理软件都支持 BMP 图像文件格式. Windows 系统内部各图像绘制操作都是以 BMP 为基础的. Windows 3.0 以前的 BMP 图形文件格式与显示设备有关, 因此把这种 BMP 图像文件格式称为设备相关位图 DDB(device-dependent bitmap)文件格式. Windows 3.0 以后的 BMP 图像文件与显示设备无关, 因此把这种 BMP 图像文件格式称为设备无关位图 DIB(device-independent bitmap)文件格式(注: Windows 3.0 以后, 在系统中仍然存在 DDB 位图, 只不过如果你想将图像以 BMP 格式保存到磁盘文件中时, 微软公司极力推荐你以 DIB 格式保存), 目的是让 Windows 能够在任何类型的显示设备上显示所存储的图像. BMP 位图文件默认的文件扩展名是. BMP 或者. bmp(有时它也会以. DIB 或. RLE 作扩展名).

7.3.1　BMP 格式结构

BMP 文件的数据按照从文件头开始的先后顺序分为四个部分:

(1) 位图文件头(bitmap file header): 提供文件的格式、大小等信息.

(2) 位图信息头(bitmap information header): 提供图像数据的尺寸、位平面数、压缩方式、颜色索引等信息.

（3）调色板（color table）：可选，如使用索引来表示图像，调色板就是索引与其对应的颜色的映射表.

（4）位图数据（bitmap data）：图像数据区.

BMP 图片文件格式如表 7.10 所示.

表 7.10　BMP 图片文件格式

数据段名称	大小（字节数）	开始地址	结束地址
位图文件头（bitmap file header）	14	0000h	000Dh
位图信息头（bitmap information header）	40	000Eh	0035h
调色板（color table）	由 biBitCount 决定	0036h	未知
图片点阵数据（bitmap data）	由图片大小和颜色决定	未知	未知

7.3.2　BMP 文件头

BMP 文件头结构体定义如下：

typedef structtagBITMAPFILEHEADER

｛

UINT16 bfType；　　　　//2Bytes，必须为"BM"，即 0x424D 才是 Windows 位图文件

DWORD bfSize；　　　　//4Bytes，整个 BMP 文件的大小

UINT16 bfReserved1；　//2Bytes，保留，为 0

UINT16bfReserved2；　//2Bytes，保留，为 0

DWORD bfOffBits；　　//4Bytes，文件起始位置到图像像素数据的字节偏移量

｝BITMAPFILEHEADER；

BMP 文件头数据表如表 7.11 所示.

表 7.11　BMP 文件头

变量名	地址偏移	字节数	含　义
bfType	0000h	2	文件标识符，必须为"BM"，即 0x424D 才是 Windows 位图文件
bfSize	0002h	4	整个 BMP 文件的大小（以位为单位）
bfReserved1	0006h	2	保留，必须设置为 0
bfReserved2	0008h	2	保留，必须设置为 0
bfOffBits	000Ah	4	说明从文件头 0000h 开始到图像像素数据的字节偏移量（以字节 Bytes 为单位），位图的调色板长度根据位图格式不同而变化，可以用这个偏移量快速从文件中读取图像数据

7.3.3 BMP 信息头

BMP 信息头结构体定义如下:

```
typedef struct_tagBMP_INFOHEADER
{
DWORD    biSize；          //4Bytes,INFOHEADER 结构体大小
LONG     biWidth；         //4Bytes,图像宽度(以像素为单位)
LONG     biHeight；        //4Bytes,图像高度
WORD     biPlanes；        //2Bytes,图像数据平面,BMP 存储 RGB 数据,总为 1
WORD     biBitCount；      //2Bytes,图像像素位数
DWORD    biCompression；   //4Bytes,0:不压缩,1:RLE8,2:RLE4
DWORD    biSizeImage；     //4Bytes,4 字节对齐的图像数据大小
LONG     biXPelsPerMeter；//4Bytes,用像素/米表示的水平分辨率
LONG     biYPelsPerMeter；//4Bytes,用像素/米表示的垂直分辨率
DWORD    biClrUsed；       //4Bytes,实际使用的调色板数,0:使用所有的调色板
DWORD biClrImportant；    //4Bytes,重要的调色板数,0:所有调色板都重要
}BMP_INFOHEADER；
```

BMP 信息头数据表如表 7.12 所示.

表 7.12　BMP 信息头

变量名	地址偏移	字节数	含　　　义
biSize	000Eh	4	BMP 信息头所需要的字节数
biWidth	0012h	4	说明图像的宽度(以像素为单位)
biHeight	0016h	4	说明图像的高度(以像素为单位).该值还指明位图是正向的还是倒向的,该值为正数说明是倒向的,即图像存储是由下到上的;值为负数说明是正向的,图像存储是由上到下的.大多数 BMP 位图是倒向的位图
biPlanes	001Ah	2	为目标设备说明位面数,值总为 1
biBitCount	001Ch	2	说明一个像素点占几位(以比特位/像素为单位),值可为 1,4,8,16,24 或 32
biCompression	001Eh	4	说明图像数据的压缩类型,取值范围为:0,BI_RGB 不压缩(最常用);1,BI_RLE8 8 比特游程编码(BLE),只用于 8 位位图;2,BI_RLE4 4 比特游程编码,只用于 4 位位图;BI_BITFIELDS 比特域(BLE),只用于 16/32 位位图

变量名	地址偏移	字节数	含　　义
biSizeImage	0022h	4	说明图像的大小,以字节为单位.当用 BI_RGB 格式时,总设置为 0
biXPelsPerMeter	0026h	4	说明水平分辨率,用像素/米表示,有符号整数
biYPelsPerMeter	002Ah	4	说明垂直分辨率,用像素/米表示,有符号整数
biClrUsed	002Eh	4	说明位图实际使用的调色板索引数,0:使用所有的调色板索引
biClrImportant	0032h	4	说明对图像显示有重要影响的颜色索引的数目,如果是 0,表示都重要

7.3.4　BMP 调色板

BMP 调色板结构体定义如下:

```
typedef struct_tagRGBQUAD
{
    BYTE   rgbBlue；          //指定蓝色强度
    BYTE   rgbGreen；         //指定绿色强度
    BYTE   rgbRed；           //指定红色强度
    BYTE   rgbReserved；      //保留,设置为 0
}RGBQUAD；
```

1,4,8 位图像才会使用调色板数据,16,24,32 位图像不使用调色板数据,即调色板最多只需要 256 项(索引 0～255).

颜色表的大小根据所使用的颜色模式而定:2 色图像为 8 字节;16 色图像为 64 字节;256 色图像为 1024 字节.其中,每 4 字节表示一种颜色,并以 B(蓝色)、G(绿色)、R(红色)、alpha(32 位位图的透明度值,一般不需要)表示,即头 4 字节表示颜色号 1 的颜色,接下来表示颜色号 2 的颜色,以此类推.

颜色表中 RGBQUAD 结构数据的个数由 $biBitCount$ 来确定,当 $biBitCount = 1,4,8$ 时,分别有 2,16,256 个表项.

当 $biBitCount = 1$ 时,为 2 色图像,BMP 位图中有 2 个数据结构 RGBQUAD,一个调色板占用 4 字节数据,所以 2 色图像的调色板长度为 $2 \times 4 = 8$ 字节.

当 $biBitCount = 4$ 时,为 16 色图像,BMP 位图中有 16 个数据结构 RGBQUAD,一个调色板占用 4 字节数据,所以 16 色图像的调色板长度为 $16 \times 4 = 64$ 字节.

当 $biBitCount = 8$ 时,为 256 色图像,BMP 位图中有 256 个数据结构 RGBQUAD,一个调色板占用 4 字节数据,所以 256 色图像的调色板长度为 $256 \times 4 = 1024$ 字节.

当 $biBitCount = 16,24$ 或 32 时,没有颜色表.

7.3.5　BMP 图像数据区

位图数据记录了位图的每一个像素值,记录顺序在扫描行内是从左到右,扫描行之间通常是从下到上.位图的一个像素值所占的字节数如下:

当 $biBitCount = 1$ 时,8 个像素占 1 个字节;

当 $biBitCount = 4$ 时,2 个像素占 1 个字节;

当 $biBitCount = 8$ 时,1 个像素占 1 个字节;

当 $biBitCount = 24$ 时,1 个像素占 3 个字节.

Windows 规定一个扫描行所占的字节数必须是 4 的倍数(即以 long 为单位),不足的以 0 填充.

位图数据的大小(不压缩情况下)$DataSize = DataSizePerLine \times biHeight$.

颜色表接下来为位图文件的图像数据区,在此部分记录着每点像素对应的颜色号,其记录方式也随颜色模式而定,即 2 色图像每像素占 1 位(8 位为 1 字节);16 色图像每像素占 4 位(半字节);256 色图像每像素占 8 位(1 字节);真彩色图像每像素占 24 位(3 字节).所以,整个数据区的大小也会随之变化.究其规律而言,可得出如下计算公式:图像数据信息大小 =(图像宽度×图像高度×记录像素的位数)/8.

7.4　GIF

GIF 是图像交换格式(Graphics Interchange Format)的简称,它是由美国 CompuServe 公司在 1987 年所提出的图像文件格式,它最初的目的是希望每个电子公告板 BBS 的使用者能够通过 GIF 图像文件轻易存储并交换图像数据,这也就是它被称为图像交换格式的原因.

GIF 文件格式采用了可变长度的压缩编码和其他一些有效的压缩算法,按行扫描迅速解码,且与硬件无关.它支持 256 种颜色的彩色图像,并且在一个 GIF 文件中可以记录多幅图像.GIF 文件包括文件头(Head Block)、注释块(Comment Block)、循环块(Loop Block)、控制块(Control Block)、GIF 图像块(Image Block)、文本块(Plain Text Block)、附加块(Application Block).

GIF 文件格式采用了一种经过改进的 LZW 压缩算法,通常我们称之为 GIF-LZW 算法.这是一种无损的压缩算法,压缩效率也比较高,并且 GIF 支持在一幅 GIF 文件中存放多幅彩色图像,并且可以按照一定的顺序和时间间隔将多幅图像依次读出并显示在屏幕上,这样就可以形成一种简单的动画效果.尽管 GIF 最多只支持 256 色,但是由于它具有极佳的压缩效率并且可以做成动画而早已被广泛接纳采用.

GIF 图像文件以块的形式来存储图像信息,其中的块又称为区域结构.按照其中块的特征又可以将所有的块分成三大类,分别是控制块(Control Block)、图像描述块(Graphic Rendering Block)和特殊用途块(Special Purpose Block).控制块包含了控制数据流的处理以及硬件参数的设置,其成员主要包括文件头信息、逻辑屏幕描述块、图像控制扩充块和文件结尾块.图像描述块包含了在显示设备上描述图像所需的信息,其成员包括图像描述块、全局调色板、局部调色板、图像压缩数据和图像说明扩充块.特殊用途块包含了与图像数据处理无直接关系的信息,其成员包括图像注释扩充块和应用程序扩充块.下面详细介绍每一个块的详细结构.

1. 文件头信息

GIF 的文件头只有六个字节,其结构定义如下:

```
typedef struct gifheader
{
    BYTE bySignature[3];
    BYTE byVersion[3];
} GIFHEADER;
```

其中,bySignature 为 GIF 文件标示码,其固定值为"GIF",使用者可以通过该域来判断一个图像文件是否是 GIF 图像格式的文件.byVersion 表明 GIF 文件的版本信息.其取值固定为"87a"和"89a",分别表示 GIF 文件的版本为 GIF87a 或 GIF89a.这两个版本有一些不同,GIF87a 公布的时间为 1987 年,该版本不支持动画和一些扩展属性,GIF89a 是 1989 年确定的一个版本标准,只有 GIF89a 版本才支持动画、注释扩展和文本扩展.

2. 逻辑屏幕描述块

逻辑屏幕(Logical Screen)是一个虚拟屏幕(Virtual Screen),它相当于画布,所有的操作都是在它的基础上进行的,同时它也决定了图像的长度和宽度.逻辑屏幕描述块共占有七个字节,其具体结构定义如下:

```
typedef struct gifscrdesc
{
    WORD wWidth;
    WORD wDepth;
    struct globalflag
    {
        BYTE PalBits:3;
        BYTE SortFlag:1;
        BYTE ColorRes:3;
        BYTE GlobalPal:1;
    } GlobalFlag;
    BYTE byBackground;
    BYTE byAspect;
} GIFSCRDESC;
```

其中,wWidth 用来指定逻辑屏幕的宽度,wDepth 用来指定逻辑屏幕的高度,GlobalFlag 为全域性数据,它的总长度为一个字节,其中前三位(第 0 位到第 2 位)指定全局调色板的位数,可以通过该值来计算全局调色板的大小.第 3 位表明全局调色板中的 RGB

颜色值是否按照使用率从高到低的次序进行排序.第 4～6 位指定图像的色彩分辨率.

第 7 位指明 GIF 文件中是否具有全局调色板,其值取 1 表示有全局调色板,为 0 表示没有全局调色板.一个 GIF 文件可以有全局调色板也可以没有全局调色板,如果定义了全局调色板并且没有定义某一幅图像的局部调色板,则本幅图像采用全局调色板;如果某一幅图像定义了自己的局部调色板,则该幅图像使用自己的局部调色板.如果没有定义全局调色板,则 GIF 文件中的每一幅图像都必须定义自己的局部调色板.全局调色板必须紧跟在逻辑屏幕描述块的后面,其大小由 GlobalFlag.PalBits 决定,其最大长度为 768(3×256)字节.全局调色板的数据是按照 RGBRGB……RGB 的方式存储的.

byBackground 用来指定逻辑屏幕的背景颜色,也就相当于画布的颜色.当图像长宽小于逻辑屏幕的大小时,未被图像覆盖部分的颜色值由该值对应的全局调色板中的索引颜色值确定.如果没有全局调色板,该值无效,默认背景颜色为黑色.byAspect 用来指定逻辑屏幕的像素的长宽比例.

3. 图像描述块

一幅 GIF 图像文件中可以存储多幅图像,并且这些图像没有固定的存放次序.为了区分两幅图像,GIF 采用了一个字节的识别码(Image Separator)来判断下面的数据是否是图像描述块.图像描述块以 0x2C 开始,定义紧接着它的图像的性质,包括图像相对于逻辑屏幕边界的偏移量、图像大小以及有无局部调色板和调色板的大小.图像描述块由 10 个字节组成:

```
typedef struct gifimage
{
  WORD wLeft;
  WORD wTop;
  WORD wWidth;
  WORD wDepth;
  struct localflag
  {
    BYTE PalBits:3;
    BYTE Reserved:2;
    BYTE SortFlag:1;
    BYTE Interlace:1;
    BYTE LocalPal:1;
  } LocalFlag;
} GIFIMAGE;
```

其中,wLeft 用来指定图像相对逻辑屏幕左上角的 X 坐标,以像素为单位.wTop 用来指定图像相对逻辑屏幕左上角的 Y 坐标.wWidth 和 wDepth 分别用来指定图像的宽度和高度.localflag 用来指定区域性数据,也就是一幅图像的具体属性.localflag 的总长度为一个字节,其中前三位用来指定局部调色板的位数,可以根据该值来计算局部调色板的大小.第 4 位、第 5 位为保留位,没有使用,其值固定为 0.第 6 位指明局部调色板中的 RGB 颜色值是否经过排序,其值为 1 表示调色板中的 RGB 颜色值按照其使用率从高到低的次序进行排序.

第 7 位表示 GIF 图像是否以交错方式存储,其取值为 1 表示以交错的方式进行存储.当图像按照交错方式存储时,其图像数据的处理可以分为 4 个阶段:第一阶段从第 0 行开始,每次间隔 8 行进行处理;第二阶段从第 4 行开始,每次间隔 8 行进行处理;第三阶段从第 2 行开始,每次间隔 4 行进行处理;第四阶段从第 1 行开始,每次间隔 2 行进行处理,这样当完成第一阶段时就可以看到图像的概貌,当处理完第二阶段时,图像会变得清晰一些;当处理完第三阶段时,图像处理完成一半,清晰效果也进一步增强,当完成第四阶段时,图像处理完毕,显示出完整清晰的整幅图像.以交错方式存储是 GIF 文件格式的一个重要特点,也是 GIF 文件格式的一个重要优点.以交错方式存储的图像的好处就是无需将整个图像文件解压完成就可以看到图像的概貌,这样可以减少用户的等待时间.第 8 位指明 GIF 图像是否含有局部调色板,如果含有局部调色板,则局部调色板的内容应当紧跟在图像描述块的后面.

4.图像压缩数据

图像压缩数据是按照 GIF-LZW 压缩编码后存储于图像压缩数据块中的.GIF-LZW 编码是一种经过改良的 LZW 编码方式,它是一种无损压缩的编码方法.GIF-LZW 编码方法是将原始数据中的重复字符串建立一个字符串表,然后用该重复字符串在字符串表中的索引来替代原始数据以达到压缩的目的.由于 GIF-LZW 压缩编码的需要,必须首先存储 GIF-LZW 的最小编码长度以供解码程序使用,然后再存储编码后的图像数据.编码后的图像数据是以一个个数据子块的方式存储的,每个数据子块的最大长度为 256 字节.数据子块的第一个字节指定该数据子块的长度,接下来的数据为数据子块的内容.如果某个数据子块的第一个字节数值为 0,即该数据子块中没有包含任何有用数据,则该子块称为块终结符,用来标识数据子块到此结束.

5.图像控制扩充块

图像控制扩充块是可选的,只应用于 89a 版本,它描述了与图像控制相关的参数.一般情况下,图像控制扩充块位于一个图像块(包括图像标识符、局部颜色列表和图像数据)或文本扩展块的前面,用来控制跟在它后面的第一个图像(或文本)的渲染(Render)形式,组成结构如下:

```
typedef struct gifcontrol
{
    BYTE byBlockSize;
    struct flag
    {
        BYTE Transparency:1;
        BYTE UserInput:1;
        BYTE DisposalMethod:3;
        BYTE Reserved:3;
    } Flag;
    WORD wDelayTime;
    BYTE byTransparencyIndex;
```

　　BYTE byTerminator;

　} GIFCONTROL;

　　其中,byBlockSize 用来指定该图像控制扩充块的长度,其取值固定为 4. flag 用来描述图像控制相关数据,它的长度为 1 个字节. 它的第 0 位用来指定图像中是否具有透明性的颜色,如果该位为 1,则表明图像中某种颜色具有透明性,该颜色由参数 byTransparencyIndex 指定. 第 1 位用来判断在显示一幅图像后,是否需要用户输入后再进行下一个动作. 如果该位为 1,则表示应用程序在进行下一个动作之前需要用户输入. 第 2~4 位用来指定图像显示后的处理方式,当该值为 0 时,表示没有指定任何处理方式;当该值为 1 时,表明不进行任何处理动作;当该值为 2 时,表明图像显示后以背景色擦去;当该值为 3 时,表明图像显示后恢复原先的背景图像. 第 5~7 位为保留位,没有任何含义,固定为 0. wDelayTime 用来指定应用程序进行下一步操作之前延迟的时间,单位为 0. 01 秒. 如果 Flag, UserInput 和 wDelayTime 都设定了,则以先发者为主,如果没有到指定的延迟时间即有用户输入,则应用程序直接进行下一步操作. 如果到达延迟时间后还没有用户输入,应用程序也直接进入下一步操作. byTransparencyIndex 用来指定图像中透明色的颜色索引,指定的透明色将不在显示设备上显示. byTerminator 为块终结符,其值固定为 0.

6. 图像说明扩充块

　　图像说明扩充块又可以称为图像文本扩展块,它用来绘制一个简单的文本图像,这一部分由用来绘制的纯文本数据(7 位的 ASCII 字符)和控制绘制的参数等组成. 绘制文本借助于一个文本框(Text Grid)来定义边界,在文本框中划分多个单元格,每个字符占用一个单元,绘制时按从左到右、从上到下的顺序依次进行,直到最后一个字符或者占满整个文本框(之后的字符将被忽略,因此定义文本框的大小时应该注意到是否可以容纳整个文本),绘制文本的颜色使用全局颜色列表,没有则可以使用一个已经保存的前一个颜色列表. 另外,图像说明扩充也属于图像描述块(Graphic Rendering Block),可以在它前面定义图像控制扩充对它的表现形式做进一步修改. 图像说明扩充块的组成如下:

　typedef structgifplaintext

　{

　　BYTE byBlockSize;

　　WORD wTextGridLeft;

　　WORD wTextGridTop;

　　WORD wTextGridWidth;

　　WORD wTextGridDepth;

　　BYTE byCharCellWidth;

　　BYTE byCharCellDepth;

　　BYTE byForeColorIndex;

　　BYTE byBackColorIndex;

　} GIFPLAINTEXT;

　　其中,byBlockSize 用来指定该图像说明扩充块的长度,其取值固定为 13. wTextGridLeft 用来指定文字显示方格相对于逻辑屏幕左上角的 X 坐标(以像素为单位). wTextGridTop 用来指定文字显示方格相对于逻辑屏幕左上角的 Y 坐标. wTextGridWidth 用来指定文字显示方格的宽度. wTextGridDepth 用来指定文字显示方格的高度. byCharCellWidth 用来指定字符的宽度. byCharCellDepth 用来指定字符的高度. byForeColorIndex 用来指定字符的前景色. byBackColorIndex 用来指定字符的背景色.

7. 图像注释扩充块

图像注释扩充块包含了图像的文字注释说明,可以用来记录图形、版权、描述等任何的非图形和控制的纯文本数据(7 位的 ASCII 字符),注释扩展并不影响对图像数据流的处理,解码器完全可以忽略它. 存放位置可以是数据流的任何地方,最好不要妨碍控制和数据块,推荐放在数据流的开始或结尾. 在 GIF 中用识别码 0xFF 来判断一个扩充块是否为图像注释扩充块. 图像注释扩充块中的数据子块个数不限,必须通过块终结符来判断该扩充块是否结束.

8. 应用程序扩充块

应用程序扩充块包含了制作该 GIF 图像文件的应用程序的信息,GIF 中用识别码 0xFF 来判断一个扩充块是否为应用程序扩充块. 它的结构定义如下:

```
typedef struct gifapplication
{
    BYTE byBlockSize;
    BYTE byIdentifier[8];
    BYTE byAuthentication[3];
} GIFAPPLICATION;
```

其中,byBlockSize 用来指定该应用程序扩充块的长度,其取值固定为 12. byIdentifier 用来指定应用程序名称. byAuthentication 用来指定应用程序的识别码.

9. 文件结尾块

文件结尾块为 GIF 图像文件的最后一个字节,其取值固定为 0x3B.

习题 7

1. 简述 JPEG 的编码过程.
2. 编写 010 Editor 模板来解析经过 JPEG 编码的 jpg 文件.
3. 描述 JPEG 编码的几种操作模式.
4. 描述 JPEG 编码的熵编码过程.
5. 描述 JPEG 编码与 JPEG 2000 编码的区别,并描述 JPEG 2000 的编码过程.
6. 编写 010 Editor 模板来解析经过 JPEG 2000 编码的 jp2 文件.
7. 用 010 Editor BMP 模板来解析 BMP 文件,并理解 BMP 文件构成.
8. 用 010 Editor GIF 模板来解析 GIF 文件,并理解 GIF 文件构成.

参 考 文 献

[1] 廖超平. 数字音视频技术[M]. 北京:高等教育出版社,2009.

［2］ 马华东.多媒体技术原理及应用［M］.北京:清华大学出版社,2008.

［3］ 蔡安妮,等.多媒体通信技术基础［M］.3 版.北京:电子工业出版社,2008.

［4］ 杨子扬.基于 JPEG 2000 的 EBCOT 编码优化研究［D］.阜新:辽宁工程技术大学,2007.

［5］ https://blog.csdn.net/GrayWang83/article/details/2407482.

［6］ http://www.cppblog.com/deane/articles/99844.html.

第8章 视频编码

8.1 视频编码概述

8.1.1 视频编码标准的发展

当前国际上有两个负责视频编码的标准化组织:一是国际电信联合会(ITU-T)下的视频编码专家组(Video Code Expert Group,VCEG),二是国际标准化组织(ISO)和国际电工委员会(IEC)下的运动图像专家组(Motion Picture Expert Group,MPEG).VCEG 和MPEG 这两个音视频编码标准化组织都对音视频的编解码做出了非常重要的贡献,共同推动了音视频编解码技术的发展及应用.联合视频小组(Join Video Team,JVT)是在 2000 年底由 ISO/IEC MPEG 专家组与 ITU-T VCEG 专家组合作成立的联合视频工作组.

VCEG 小组制定了以下标准:

H.261:由 VCEG 于 1990 年正式推出的国际标准.H.261 标准被 ITU-T 选定为基于ISDN(综合业务数字网)上的视讯电话与视频会议的视频压缩标准,是 MPEG-1 与 MPEG-2的基础.

H.262:该标准同下文描述的 MPEG-2 标准完全一样,是 JVT 制定的压缩标准,由VCEG 发布.

H.263:1996 年由 VCEG 正式推出的第一版视讯电话视频压缩标准.1998 年通过了第二个版本 H.263+.2000 年第三个版本 H.263++被通过.H.263 基于 H.261 的基础开发,相比后者,H.263 应用了半像素(half-pel)运动估计技术及四种新的编码选项,其效能比H.261高出很多,以相同的压缩比用于小于 64 kbit/s 的编码,可提升 3~4 dB 的画面品质.

H.264:MPEG 与 VCEG 联合成立 JVT 专家组共同研究开发这个标准,于 2003 年正式被定为国际标准,成为新一代交互式视频通信的标准.H.264 的技术特点可以归纳为三个方面:一是注重实用,采用成熟的技术,追求更高的编码效率、简洁的表现形式;二是注重对移动和 IP 网络的适应,采用分层技术,从形式上将编码和信道隔离开来,实质上是在源编码器算法中更多地考虑信道的特点;三是在混合编码器的基本框架下,对其关键部件做了重大改进,如多模式运动估计、帧内预测、多帧预测、统一 VLC、4×4 二维整数变换等.

H.265:ITU-T VCEG 继 H.264 之后制定了新的视频编码标准 H.265.H.265 标准围

绕着现有的视频编码标准 H.264,保留原来的某些技术,同时对一些相关的技术加以改进.新技术使用先进的技术用以改善码流、编码质量、延时和算法复杂度之间的关系,达到最优化设置.具体的研究内容包括:提高压缩效率、提高鲁棒性和错误恢复能力、减少实时的时延、减少信道获取时间和随机接入时延、降低复杂度等.H.264 由于算法优化,可以低于1 Mbit/s 的速度实现标清(分辨率在 1280×720 以下)数字图像传送;H.265 则可以实现利用 1~2 Mbit/s 的传输速度传送 720P(分辨率 1280×720)普通高清音视频.

H.323 与 H.324:是为了交谈式多媒体通信应用(例如视讯电话及视讯会议)制定的通信协议标准,H.324 应用于电路交换网络,如传统电话及 ISDN 网络,H.323 则应用于包交换网络,如 IP-based 网络,是 IP 网络电话(Voice Over IP,VOIP)的通用国际标准之一.

MPEG 小组标准制定了以下标准:

MPEG-1:1992 年被正式批准为国际标准,它是针对 1.5 Mbit/s 以下数据传输率的数字存储媒体运动图像及其伴音编码而设计的国际标准.我们通常所见到的 VCD 制作标准,使用 MPEG-1 的压缩算法,可以把一部 120 分钟长的电影压缩到 1.2 GB 左右大小.

MPEG-2:1995 年成为国际标准,其设计目标为高级工业标准的图像质量以及更高的传输率.这种格式主要应用在 DVD/SVCD 的制作(压缩)方面,同时在一些 HDTV(高清晰电视广播)和一些高要求视频编辑与处理中也有广泛的应用.

MPEG-3:最初是为 HDTV 开发的编码和压缩标准,但由于 MPEG-2 的出色性能表现,已能适用于 HDTV,使得 MPEG-3 还没出世就被抛弃了.

MPEG-4:MPEG 专家组于 1999 年 2 月正式公布了 MPEG-4(ISO/IEC 14496)V1.0 版本,该标准是为交互式多媒体通信制定的压缩标准,为播放高质量流式媒体做了专门的优化,它可以在很窄的带宽条件下,利用帧重建技术压缩和传输数据,以求使用最少的数据获得最佳的图像质量.

VCEG 制定的压缩标准 H.26X 都是针对单一矩形视频对象的,其追求的是更高的压缩效率.MPEG 制定的标准 MPEG-x 是基于多个视音频对象的压缩编码标准,这非常适合于互联网上的多媒体应用.

VCEG 在 1997 年发布 H.263 的压缩标准后,制定了短期开发计划 H.26N 和长期开发计划 H.26L,H.26N 发展成 H.263+ 和 H.263++,H.26L 经过 5 年时间的发展,在 2002 年 5 月作为 H.264 压缩标准进行发布,2013 年 H.265 标准颁布.

MPEG 在 VCEG 发布 H.263 之后,发布了 MPEG-4 SP(即 MPEG-4 第一版).2001 年,MPEG 同 VCEG 再次组成联合视频编码专家组(JVT).2003 年,VCEG 发布了 H.264 的压缩标准后,MPEG 在 JVT 对 H.26L 压缩算法修改的基础上,将该技术规范纳入 MPEG-4 的标准中,作为 MPEG-4 PART10 发布,即 MPEG-4 的第三版(MPEG-4 AVC).针对单一矩形视频对象,H.264 比 MPEG-4 第二版(MPEG-4 ACE)的压缩效率提高了 30% 以上,2013 年颁布的 H.265 相比 H.264 的压缩效率可以提高 50% 左右.

除了以上标准,还有中国制定的 AVS 标准,该标准是针对中国音视频产业的需求,按国际开放型规则制定的中国自主标准,2003 年 11 月 28 日,中国数字音视频编解码技术标准工作组(AVS)正式公布了其数字视频标准最终草案.

其他标准包括 Real Video、Windows Media Technology 以及 QuickTime 等.

8.1.2　MPEG-1 与 MPEG-2

电影专家组（MPEG）最初是由 ISO 设立的,目的是在数字存储媒体（例如 CD-ROM）上压缩电影（视频）和相关音频制定标准.由此产生的标准,通常被称为 MPEG-1,在 1991 年最终确定,并达到大约 1.5 Mbit/s 的 VHS（录像带）视频和音频的质量.

MPEG-1 是 ISO 开发的第一个视频压缩算法.主要的应用是在数字媒体（如视频 CD）上存储和检索活动图片和音频,视频格式为 CIF（分辨率 352×240,29.97 帧/秒或分辨率 352×288,25 帧/秒）,传输速率约为 1.15 Mbit/s.MPEG-1 类似于 H.261,但与典型的视频电话相比,编码器通常需要更多的性能来支持电影内容中较剧烈的动作.

与 H.261 相比,MPEG-1 支持 B 帧编码.它还使用自适应感知量化.例如,为优化人类视觉感知,对每个频率系数应用一个单独的量化步长.MPEG-1 只支持逐行扫描的视频,因此,一个新的标准 MPEG-2 开始努力,支持逐行扫描和隔行扫描的视频,并支持更高的分辨率和更高的比特率.

MPEG-2 是针对数字电视开发的.作为视频标准工作的第二阶段,MPEG-2 最初的目的是作为 MPEG-1 的扩展,开发用于传统电视的隔行扫描和高达 10 Mbit/s 的比特率的视频.第三阶段是为更高比特率的应用程序（如 HDTV）设想的,但人们认识到,这些应用程序也可以在 MPEG-2 的环境中解决,因此第三阶段被包装回 MPEG-2（因此没有 MPEG-3 标准）.MPEG-1 和 MPEG-2 实际上都是由许多部分组成的,包括视频、音频、系统和合规测试等.这些标准的视频压缩部分通常被称为 MPEG-1 视频和 MPEG-2 视频,或者简称为 MPEG-1 和 MPEG-2.目前北美、欧洲和亚洲大部分地区已采用 MPEG-2 视频作为数字电视（TV）和高清晰度电视（HDTV）标准的视频部分.MPEG-2 视频也是数字视频光盘（DVD）标准的视频部分的基础.

MPEG-2 是 MPEG-1 的超集,支持更高的比特率、更高的分辨率和隔行扫描的图像（用于电视）.对于隔行扫描视频,可以将奇偶场分别编码,也可以将一对奇偶场合并编码为一帧.对于基于场的编码,MPEG-2 提供了基于场的运动补偿预测、块 DCT 和交替的"之"字形扫描方法.此外,MPEG-2 还提供了许多增强功能,包括可伸缩性的扩展,以及用于提高错误弹性和促进错误隐藏的工具.下面的讨论集中在 MPEG-1 和 MPEG-2 视频压缩系统的显著特征上,除非特别提到,以下的描述针对逐行扫描视频.

MPEG-2 既解决了标准的逐行扫描视频问题（其中视频序列由连续的帧组成,每个帧以有规律的间隔进行采样）,也解决了在电视世界流行的隔行扫描视频问题.在隔行扫描视频中,图像中两组交替的像素行（每一行称为场）被捕获并交替显示.MPEG-2 支持标准电视分辨率,包括美国和日本使用的 NTSC 制式（每秒 60 场,分辨率为 720×480）、欧洲国家和其他国家使用的 PAL 制式（每秒 50 场,分辨率为 720×576）.MPEG-2 在 MPEG-1 基础上进行扩展,支持隔行扫描的视频和更广泛的运动补偿范围.由于更高分辨率的视频是一个重要的应用,MPEG-2 支持比 MPEG-1 更广泛的搜索范围.与早期标准相比,这大大增加了对运动估计的性能要求.编码器充分利用了更宽的搜索范围和更高的分辨率,比 H.261 和 MPEG-1 需要更多的处理.MPEG-2 中的逐行编码工具包括优化运动补偿的能力,支持基于场和帧的预测,并支持基于场和帧的 DCT/IDCT.MPEG-2 在 30∶1 左右的压缩比下性能表现良好.MPEG-2 以 4～8 Mbit/s 的编码速率所达到的质量对于消费者视频应用来说是可以接受的,而且它很快就被应用到数字卫星、数字电缆、DVD 和高清电视中.

此外,MPEG-2 增加了可伸缩视频编码工具,支持多层视频编码,即时间可扩展性、空间可扩展性、信噪比可扩展性和数据分区.尽管 MPEG-2 中为可伸缩的视频应用程序定义了相关配置,但支持单层编码的主(Main)配置是目前在大众市场中广泛部署的唯一 MPEG-2 配置.MPEG-2 主(Main)配置文件通常被简单地称为 MPEG-2.MPEG-2 解码的处理要求最初是非常高的通用处理器,甚至数字信号处理器(DSP).因此,具有固定功能的优化的 MPEG-2 解码器被开发出来.随着时间的推移,由于产量多,价格也越来越低.MPEG-2 证明了具有成本效益的芯片解决方案是视频编解码标准成功和部署的关键因素.

8.1.3　MPEG 编码结构

MPEG 以称为序列、图片组(GOP)、图片、片、宏块和 DCT 块的单元层次对视频进行编码,这些编码单元如图 8.1 所示.MC 预测在一个 16×16 像素的宏块上执行.每个宏块都会经过 8×8 DCT 变换(通常包含 4 个 8×8 亮度像素块,2 个 8×8 色度像素块),MC 预测可能使用正向或反向的运动矢量(MV).宏块从左到右、从上到下进行扫描.这些宏块的序列形成一个片(slice),也称为条带.帧中的所有片组成一幅图(或一帧),多幅连续的图片形成一个 GOP,所有 GOP 形成一个序列.

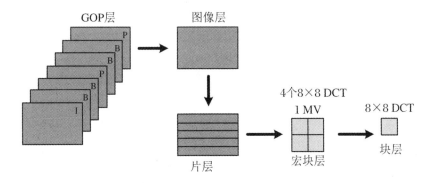

图 8.1　MPEG 编码单元

MPEG 通过运动补偿预测来利用相邻视频帧之间的时间冗余度.多幅视频帧组成一个图片组(GOP),GOP 具有重新初始化编码中使用的时间预测的特性,这对随机访问视频编码流非常重要.GOP 的第一帧始终以帧内模式(与其他帧的编码独立)编码,称为 I 帧(帧内编码).GOP 中的其他帧可以采用帧内或帧间编码,帧间编码的帧采用前向或双向预测来实现,分别称为 P 帧(前向预测)或 B 帧(双向预测).MPEG 语法允许一个 GOP 可以包含任意数目的帧,但是通常会包含 9~15 帧.一个通用的编码结构如图 8.2 所示.在这个例子中,GOP 包含 9 个视频帧,I_0~B_8,这里下标指的是帧数.I_9 是下个 GOP 的第一帧.图中的箭头表明了预测的依赖性.箭头开始的帧,也叫锚帧,用来预测箭头结尾的帧.I 帧独立于其他帧进行编码,P 帧依赖于以前的 I 帧或 P 帧进行编码.B 帧依赖于以前或后面的 I 帧或 P 帧进行编码.要注意的是 B 帧依赖于后面的帧,这就意味着后面的帧必须先于当前的 B 帧进行编码或解码.因此,编码的视频数据按照编码顺序放到视频流中.图中的编码顺序是 I_0,P_3,B_1,B_2,P_6,B_4,B_5,I_9,B_7,B_8.注意 B 帧会引起延时,因此 B 帧可以很好地应用在广播与存储中,但是它不适合双向的实时通信或对延时敏感的应用.

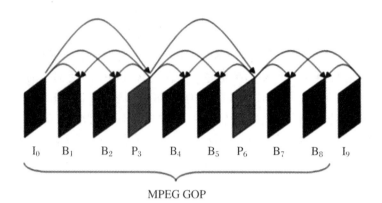

I_0 B_1 B_2 P_3 B_4 B_5 P_6 B_7 B_8 I_9

MPEG GOP

图 8.2 MPEG GOP 结构

1. MPEG GOP 和帧

GOP 的结构是灵活的,不需要固定. GOP 头信息没有指定 GOP 中 I,P 或 B 帧的数量, 也没有指定其结构——这些完全由流中数据的顺序决定. 因此,没有规则限制 GOP 的大小和结构. 当然,应该注意确保 MPEG 语法要求和缓冲区的约束得到满足. I,P 和 B 帧的编码通常需要不同数量的数据. I 帧需要大量的数据,因为它们是独立于其他帧编码的. 由于使用了时间预测,P 帧和 B 帧通常比 I 帧需要更少的数据. 由于两个主要原因,B 帧通常用比 P 帧更少的数据进行编码. 第一,当使用前面和后面的参考帧时,可以形成更好的预测. 第二, 在质量稍低的情况下编码 B 帧并不会对其他帧的质量产生负面影响. 具体来说,由于 B 帧不用于预测其他帧,B 帧的低质量编码不会影响序列中的其他帧. 而在预测其他 P 帧和 B 帧时,I 帧和 P 帧被用作锚帧(或参考帧). 因此,这些帧的编码质量越低,对其他帧的预测就越差,从而降低了序列的整体编码效率.

2. MPEG 宏块

MPEG 使用 16×16 像素的运动补偿预测来减少视频中固有的时间冗余. 运动矢量可以半像素精度来估计,半像素位置的运动补偿预测由双线性插值确定. 对宏块的处理是自适应的,也就是说,对于每个宏块,决定用什么方法来合适地处理它. 如前所述,视频序列的每一帧都可以编码为 I,P 或 B 帧. 在 I 帧中,每个宏块必须用帧内模式编码,即不使用预测. 在 P 帧中,每个宏块可以用前向预测或帧内模式编码. 在 B 帧中,每个宏块可以用前向、后向、双向预测或帧内模式进行编码. 每个前向和后向预测的宏块指定一个运动矢量(MV),而每个双向预测的宏块指定两个 MV. 因此,每个 P 帧有一个向前的前向运动矢量场和一个锚帧, 而每个 B 帧有一个向前和向后的运动矢量场和两个锚帧. 无论何时使用预测,运动矢量和产生的残差都会被编码.

宏块开始的头信息是用来标识宏块如何编码的. 例如,在一个帧间编码的宏块中的一些块可能全部是 0,因此没有传输非零量化系数,一个编码块模式可以用来指示哪些 8×8 块包含非零系数,哪些块的系数全部为 0.

3. DCT 块

每个宏块被划分为 8×8 像素块,并对每个块计算二维 DCT. 为了利用 DCT 系数的感知冗余度,以及利用局部场景的复杂性和实现比特率的目标,会适当选择步长对 DCT 系数进行量化. 然后量化系数会经过"之"字形扫描、游程编码、熵编码,最后将结果放入比特流中.

4. 片(条带)

MPEG 片是位于图像层和宏块层之间的编码层. 宏块图像按从左到右、从上到下的顺序扫描,连续的宏块组形成片. MPEG 配置文件要求每个宏块都属于一个片,这样所有的片就组成了整个画面. 在 MPEG-1 中,片可以从任何宏块开始,并可以扩展到多个宏块行. 在 MPEG-2 中,一个片必须从每一行的开头开始,并且每一行可以包含多个片.

片提供了许多优点. 首先,它们提供了一种结构,用于跨宏块预测某些参数(从而改进压缩),同时保持一定程度的错误弹性. 例如,在 I 帧中,DCT 系数的 DC 值可能在块与块之间有相关性. 为了利用这种相关性,可以将片中第一个 DCT 块的 DC 系数按原来的方式进行编码,并将其余块的 DC 系数相对于之前的 DC 值进行差分编码来实现. 同样,在 P 帧和 B 帧中,运动矢量在一个片内也是差分编码的. 在每个新片中重新初始化 DC 系数和运动向量的预测,从而保持一定程度的误差恢复能力. 如果位流中的数据发生错误,则片中的剩余数据将丢失. 然而,解码器可以通过搜索下一个开始码、重新同步比特流并继续解码过程来恢复. 片提供的另一个优点是一种方便的结构,使编码参数适应于视频的局部特征.

5. MPEG 语法

MPEG-1 和 MPEG-2 数据流的语法结构如下:① 序列头信息由序列开始代码和序列参数组成. 序列包含许多 GOP. ② 每个 GOP 头包含一个 GOP 开始代码,后面跟着 GOP 参数. GOP 包含一些图片. ③ 每个图片(帧)头由图片开始代码和图片参数组成. 图片包含一些片. ④ 每个片头由片开始代码和片参数组成. ⑤ 片头后面跟着片数据,其中包含编码的宏块.

序列头指定图片高度、图片宽度和样本的纵横比. 此外,它还设置了序列的帧速率、比特率和缓冲区大小. 如果不使用默认量化器,则量化器矩阵也包含在序列头中. GOP 头指定时间代码,并指示 GOP 是打开还是关闭. 一个 GOP 是打开还是关闭取决于它的帧时间预测是否需要来自其他 GOP 的数据. 图片头指定了暂时的参考参数、图片类型(I,P 或 B)和缓冲区的占用率. 如果使用时间预测,它还描述了运动矢量精度(全像素或半像素)和运动矢量范围. 片头指定了片开始的宏块行和 DCT 系数的初始量化步长. 宏块头指定了宏块相对于先前编码的宏块的相对位置. 它包含一个标识来指示是使用帧内编码还是使用帧间编码. 如果使用帧间编码,它包含编码的运动向量,它可能与之前的运动向量进行差分编码. 量化步长可以在宏块级别上进行调整. 一位用于指定步长是否要调整. 如果是,则指定了新的步长. 宏块头也指定了宏块的编码块模式. 这描述了哪些亮度和色度 DCT 块被编码. 最后,将编码块的 DCT 系数编码到比特流中. 首先对直流系数进行编码,然后对 AC 系数进行编码. 如果它是一个帧内编码的宏块,那么会对 DC 系数差分编码.

6. MPEG 配置(档次)与级别

MPEG 标准旨在处理大量不同的应用程序,其中每个应用程序需要许多不同的工具或功能.支持所有功能的编码器和解码器将非常复杂和昂贵,然而,典型的应用程序可能只使用 MPEG 功能的一小部分.因此,为了更有效地实现不同的应用程序,MPEG 将适当的功能子集组合在一起,并定义一组配置和级别.配置对应于一组对特定范围的应用程序有用的功能(或工具).具体来说,配置定义了视频语法和功能的子集.在配置中,级别定义了一些参数的最大范围,如分辨率、帧速率、比特率和缓冲区大小(这是一个下界).图 8.3 显示了 MPEG-2 中配置和级别的二维矩阵的简化版本.

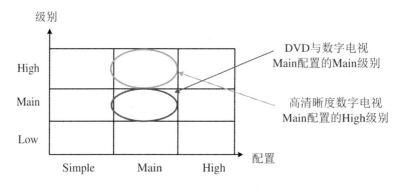

图 8.3 MPEG-2 中的配置与级别

MPEG-2 配置主要包括:① Main(主配置),数字电视的基线配置;② Simple(简单),低成本的选择,不使用 B 帧;③ 4:2:2,用于电视制作,三个可伸缩的配置;④ 信噪比;⑤ 基于空间的;⑥ High(高级);⑦ 立体视频的多视图配置.

目前,有四个级别:① Low(低级别);② Main(主级别),用于传统电视分辨率;③ High1440(高级别 1440);④ High(高级别),用于高清电视分辨率.

解码器由它所遵循的配置和级别指定.两个广泛使用的配置/级别为:主配置上的主级别,主要用于压缩传统电视(例如 NTSC 或 PAL),还用于 DVD 和标清数字电视;主配置上的高级别,用来压缩高清晰度电视(HDTV).

8.1.4 H.261 和 H.263

20 世纪 80 年代为视频会议制定了许多标准,第一个得到广泛接受的是 ITU(CCITT) H.320 标准.H.320 包含许多视频、音频、多路复用和协议标准,其中视频压缩标准为 H.261.H.261 是为综合业务数字网络(ISDN)上的视频会议而设计的,因此它常被称为 $p \times 64$,因为它的工作速率是 $p \times 64$ kbit/s,其中 $p = 1, 2, \cdots, 30$.H.261 于 1990 年被采纳为标准.1993 年,H.324 标准提出,目标是通过公共交换电话网(传统模拟电话线)实现可视电话.这对应于在大约 33.6 kbit/s 的速率下,传输视频、音频和控制数据.该标准的视频压缩部分是 H.263,于 1996 年首次被采用.1997 年推出了一个增强的 H.263 版本,通常称为 H.263+,因为它在 H.263 的基础上增加了附加的功能.后来又推出了一个进一步增强的版本,称为 H.263++.H.263 的这些增强版本的正式名称是 H.263 版本 2 和 H.263 版本 3.此外,ITU 正在制定一项新的压缩标准 H.26L,其中"L"代表"长期".从某种意义上说,

H.26L 将是一个全新的标准,因为它对与以前的 H.263 标准的兼容性没有要求或限制.

本节继续简要概述 H.261 和 H.263 视频压缩标准.

1. H.261

为了促进 525 行,60 场/秒和 625 行,50 场/秒电视标准之间的互操作性,采用了一种新的视频格式,即普通中间格式(CIF).普通中间格式采用逐行扫描,分辨率为 352×288 像素,帧速率为 30 帧/秒.这种格式只有 625/50 和 525/60 电视系统的帧速率的一半,因此简化了人们使用两种电视系统的之间通信.为了便于低比特率编码,指定了一种额外的视频格式 QCIF,其分辨率为 CIF 的四分之一(水平和垂直样本数量的一半).

H.261 是一种基于运动补偿与 DCT 的算法,类似于 MPEG,但在 MPEG 之前发展了很多年,因此它是 MPEG 的前身.目标是为实时双向通信创建一个视频压缩标准.因此,短延迟是一个关键特征,并规定了最大允许延迟为 150 毫秒.H.261 使用 I 和 P 帧(没有 B 帧),并使用 16×16 像素的运动估计与运动补偿预测和 8×8 像素的 DCT.运动估计的精度为整数像素,搜索范围是 +/−15 像素.H.261 采用 RGB 到 YCbCr 的颜色空间转换,然后对色度分量进行 2×2 的滤波和下采样,因此每个宏块由 4 个 8×8 亮度块和 2 个 8×8 色度块组成.这相当于 MPEG 的 4:2:0 格式压缩的比特流,是一个分层的数据结构,由图像层组成,图像层又被分成块组(Group Of Blocks,GOB)层,每个 GOB 由 33 个宏块组成,每个宏块由 4 个 8×8 像素块组成,每个宏块可以在多种模式下编码,包括帧内编码、没有运动补偿预测的帧间编码(相当于一个零值 MV)、有运动补偿预测的帧间编码.还可以在反馈环路中应用一个 3×3 低通滤波器来平滑之前重构帧中的 8×8 块.注意,在 MPEG 1/2 或 H.263 中不使用低通滤波器,因为它们使用半像素运动补偿预测和执行的空间插值具有与低通滤波器类似的效果.

经过 DCT 变换后系数会经过量化,8×8 块中的每个系数用同一个固定的量化步长进行量化,然后经过"之"字形扫描,接着经过游程编码,最后再进行哈夫曼编码.

2. H.263

H.263 视频压缩设计的主要目的是通过传统电话线进行通信.在一个 33.6 kbit/s 的调制解调器上传输视频、语音和控制数据意味着通常只有 20~24 kbit/s 可用于视频编码.H.263 编码器是一种与 H.261 结构相似的基于运动补偿预测与 DCT 的编码器,其设计目的是促进 H.261 和 H.263 编码器之间的互操作性.H.263 在 H.261 上有许多改进,这些改进的目的是:① 减少所需的开销信息;② 提高错误恢复能力;③ 对一些基线编码方式改进编码技术(包括半像素运动补偿预测);④ 包括四种高级编码选项.高级编码选项是在压缩开始之前编码器和解码器通过协商确定的.下面简要讨论四种高级编码选项:

不受限制的运动矢量模式允许运动矢量指向实际图像区域之外(不像在 MPEG 和 H261 中,矢量被限制指向内部),从而在边界周围有运动的情况下提供改进的预测.对于小尺寸的图像,这是特别需要关注的,因为边界上的任何低效率都可能对总体性能产生巨大的影响.

先进的预测模式主要包括:① 在一个 16×16 宏块中对四个 8×8 块使用了 4 个运动矢量,而不是对整个宏块使用一个运动矢量;② 在重叠块的运动补偿预测中,每个像素是由当前运动矢量和两个相邻运动矢量的线性组合来进行预测的;③ 采用无约束的运动矢量模式.这些技术提供了改进的预测,也带来了主观上更吸引人(更平滑)的解码视频.

基于语法的算术编码模式允许使用算术编码而不是哈夫曼编码,在相同的图像质量下,可提供略微降低的比特率.

PB 帧模式利用了 MPEG 中使用的 B 帧的一些优点.具体来说,PB 帧由两帧编码为一个单元,其中一帧是 P 帧,另一帧是 B 帧,B 帧是根据当前编码的 P 帧和上次编码的 P 帧预测的.一般来说,H.263 B 帧的性能不如 MPEG B 帧,因为不像 MPEG,双向运动矢量不是显式传输的,而且每个宏块只有一部分是双向预测的.PB 帧在只需要少量增加比特率的情况下增加了帧速率,从而使编解码性能得到了提高.

当使用所有编码选项的 H.263 与 H.261 进行比较时,H.263 通常在相同的比特率下实现大约 3 dB 的视频性能改善,或在相同的信噪比(质量)下比特率降低 50%.

H.263 是在 H.261 之后开发的,专注在更低的比特率下实现更好的质量.其中一个重要目标是在普通电话调制解调器上以 28.8 kbit/s 的速度传输视频.目标分辨率为 SQCIF(128×96)到 CIF(352×288).基本技术与 H.261 相似,但有一些不同.

H.263 中的运动矢量允许在任意方向上都是半像素的倍数,参考图片被插值到更高的分辨率.这种方法可以获得更好的运动补偿精度和更高的压缩比.运动矢量可以有更大的范围,并且允许有 4 个运动矢量,每个 8×8 块对应一个运动矢量,而不是整个宏块对应一个运动矢量.

由于 H.263 通常比 H.261 提供了更高的效率,它成为视频会议的首选算法,H.263 及其附件构成了 MPEG-4 中许多编码工具的核心.

8.1.5 MPEG-4

MPEG-4 与 MPEG-1 和 MPEG-2 有很大的不同,因为它的主要目标是启用新的功能,而不仅仅是提供更好的压缩.MPEG-4 支持基于对象或基于内容的表示,这使得在视频场景中可以对不同的视频对象进行单独编码,并且允许对视频中的不同对象进行单独访问和操作.注意,MPEG-4 没有指定如何识别或分割视频中的对象,该操作是在编码器中执行的,不是由标准规定的.但是,如果单个对象是已知的,MPEG-4 提供了一种方法来压缩这些对象.MPEG-4 还支持压缩合成或计算机生成的视频对象,以及集成自然和合成对象的视频.MPEG-4 还能与单个视频对象进行交互.此外,MPEG-4 支持通过容易出错的信道(如 Internet 和无线系统)进行可靠的通信.MPEG-4 还包括在早期标准中开发的大多数编码技术.因此,MPEG-4 既支持基于对象的视频编码,也支持基于帧的视频编码.

图 8.4 展示了 MPEG-4 标准化委员会开发的 MPEG-4 解码的一个示例.该视频由以下对象组成:人和桌子、一个合成的对象和一个自然音频对象.不同的对象与场景描述一起被独立编码,多路复用成一个单一的比特流,并通过网络发送.图中显示了客户端(解码器)如何接收比特流,并将单独的编码对象和场景描述解复用.对单个编码对象进行解码,场景描述了各种对象应该如何组成和渲染,以形成最终的视频显示.图 8.4 说明了自然物体和合成物体是如何被整合到同一个场景中的.此外,基于对象的表示支持对场景中的单个对象进行操作或交互.例如,可以将一个对象从场景中删除,或者可以将另一个对象添加到场景中.MPEG-4 的第一个版本是在 1999 年完成的.第二个超集版本,称为 MPEG-4 版本 2,于 2000 年完成.第三个版本于 2004 年定稿.

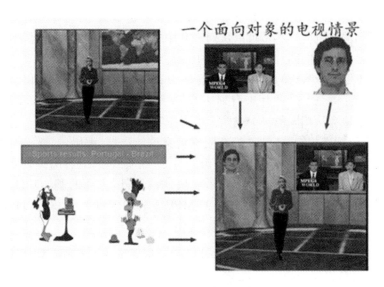

图8.4　MPEG-4解码示例

为了解决从低质量、低分辨率监控摄像头到高清晰度电视广播和DVD的各种应用,许多视频标准将功能分组,形成各种配置和级别.MPEG-4第2部分有大约21个配置,包括简单配置、高级简单配置、主配置、核心配置、高级编码效率配置、高级实时简单配置等.最常用的配置是高级简单配置和简单配置,后者是高级简单配置的子集.

大多数视频压缩方案都将比特流(以及解码器)标准化,将编码器设计留给各自的实现.

8.2　H.264

H.264标准采用的一些重要术语如下:

编码一个场(隔行视频)或帧(逐行视频)以产生编码图像.编码帧具有帧号(在比特流中的信令),其不一定与解码顺序相关,并且逐行或隔行扫描帧的每个编码器具有相关的图像顺序计数,其定义了场或帧的解码顺序.先前的编码图片(参考图片,实际编码中为经过编码且解码的图片)可以用于将来编码图片的帧间预测.参考图片被组织成一个或两个列表(对应于参考图片的数字集),被描述为列表0和列表1.

编码图像由许多宏块组成,每个宏块包含16×16亮度样本和相关的色度样本(8×8 Cb和8×8 Cr样本).在每个图像中,宏块排列在片中,其中片由光栅扫描顺序中的一组宏块组成(但不一定连续).片有I片、P片和B片等类型.I片只能包含I宏块类型,P片可以包含P和I宏块类型,B片可以包含B和I宏块类型.

I宏块使用当前片中的解码样本来进行预测,即帧内预测.帧内预测要么是针对整个宏块来进行的,要么是针对宏块中的每个4×4块的亮度样本(和相关的色度样本)来进行的.

P宏块中,使用参考图片的帧间预测来预测P宏块.一个帧间编码的宏块可以被分成子宏块,即大小为16×16,16×8,8×16或8×8亮度样本的子宏块(以及相关的色度样本).如果选择了 8×8 子宏块,则每个 8×8 子宏块可以进一步分成大小为 8×8,8×4,4×4 亮度样本的子块(以及相关的色度样本).可以从列表 0 中的一张图片预测每个子宏块.如果列表 0 存在,则从列表 0 中的相同图片预测子宏块中的每个子块.

B 宏块中,使用参考图片的帧间预测来预测 B 宏块.每个宏块分割可以从一个或两个参考图像来进行预测,一张参考图片来自列表 0,一张参考图片来自列表 1.以上列表如果存在,每个宏块的子块会从相同的一个或两个参考图片来进行预测.

与早期的编码标准相同,H.264 没有明确定义编解码器(编码器/解码器对),而是定义了编码视频比特流的语法与解码视频比特流的方法.在实践中,兼容的编码器和解码器可能包含图 8.5 和图 8.6 所示的功能组件.除了去块滤波器外,主要的基本功能组件(预测、变换、熵编码)存在于以前的标准(MPEG-1、MPEG-2、MPEG-4、H.261、H.263)中,但在 H.264 的每个功能块的细节中存在着重要的变化.

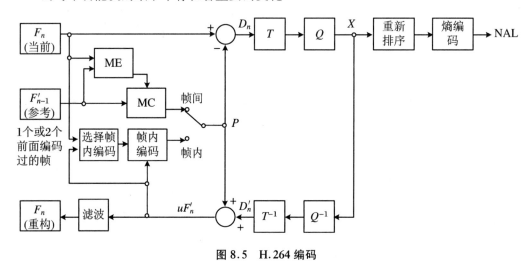

图 8.5　H.264 编码

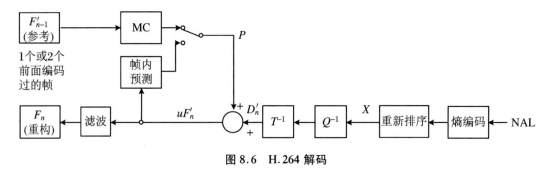

图 8.6　H.264 解码

编码器(图 8.5)包括两个数据流路径,"向前"路径(从左到右)和"重构"路径(从右到左).解码器中的数据流路径(图 8.6)从右到左显示,以说明编码器和解码器之间的相似性.在描述 H.264 的细节之前,我们将描述编码和解码视频帧(或场)的主要步骤.为了简化描述,下面用术语"块"表示帧间编码中的子宏块或子宏块分割,或用"块"表示帧内编码中的一个 16×16 或 4×4 块的亮度样本和相关的色度样本.

编码器(正向路径)以宏块为单位处理输入帧或场 F_n.对每个宏块以帧内或帧间模式编码,并且对于宏块中的每个块,基于重构的图像样本形成预测 P.在帧内模式下,预测 P 由片中先前已经编码、解码和重构的样本形成 uF'_n.请注意,由未经过滤过的样本用于形成预测.

在帧间模式下,预测通过从选自列表 0 和/或列表 1 参考图片中选择的一个或两个参考图片的运动补偿来实现.

图中,参考图片显示为上一个解码图像 F'_{n-1},但在帧间模式下,每个宏块的预测参考帧可以从已经编码、重建和过滤的过去或未来图片中(以显示顺序)选择.

将当前块减去预测 P 产生残差(差异)D_n,残差被变换(使用块变换 T)并进行量化(Q)得到量化(Q)系数 X,量化系数接下来会重新排序和进行熵编码.熵编码系数与解码每个块需要的边信息(预测模式、量化参数、运动矢量信息等)一起形成压缩比特流,该压缩比特流被传递给网络抽象层(NAL)以进行传输或贮存.

编码器(重构路径)解码(重构)宏块中编码的每个块,以提供后续预测的参考帧.量化系数 X 被反量化或缩放(Q^{-1})和逆变换(T^{-1})以产生残差块 D'_n.预测块加上 D_n 得到一个重建的块 uF'_n(原始块的解码版本;u 表示是未经过滤波的).应用滤波器以减少块效应失真的影响,并且从一系列块 F'_n 创建重构的参考图片.

解码器从 NAL 接收压缩比特流,然后进行熵解码以产生一组量化系数 X.量化系数接着经过反量化(Q^{-1})和逆变换(T^{-1})后得到 D'_n(与编码器中所示的 D'_n 相同).接着使用从比特流中解码出的报头信息,解码器创建预测块 P,与在编码器中形成的原始预测块 P 相同.P 与 D'_n 相加得到 uF'_n,接着被滤波以产生解码块 F'_n.

8.2.1　H.264 结构

1. 配置

H.264 定义了多种配置,每个配置支持一组特定的编码功能,并且每个配置文件指定了符合该配置的编码器或解码器所需的内容.图 8.7 展示了常用的三种配置.基线配置支持帧内和帧间编码(使用 I 片和 P 片)以及使用上下文自适应变长码(CAVLC)的熵编码.主配置包括支持隔行扫描的视频、使用 B 片的帧间编码、使用加权预测的帧间编码和使用基于上下文的算术编码(CABAC)的熵编码.扩展配置不支持隔行扫描的视频或 CABAC,但添加了模式,以实现编码比特流(SP 和 SI 片,两种特殊的片)之间的高效切换,并提高错误恢复能力(数据分区).基线配置的潜在应用包括可视电话、视频会议和无线通信;主配置的潜在应用包括电视广播和视频存储;扩展配置可能对流媒体应用特别有用.然而,每个配置都有足够的灵活性来支持广泛的应用程序.

图 8.7 显示了三个配置与标准支持的编码工具之间的关系.从该图可以清楚地看出,基线配置是扩展配置的子集,但不是主配置的子集.接下来将从基线配置文件工具开始描述每个编码工具的详细信息.编解码器的性能限制由一组级别定义,每个级别对样本处理速率、图片大小、编码比特率和内存要求等参数进行限制.

2. 编码数据格式

H.264 对编码输出的数据在视频编码层(VCL)和网络抽象层(NAL)之间进行区分.编码过程的输出是 VCL 数据(一系列表示编码视频数据的比特),其在传输或存储之前映射到 NAL 单元.每个 NAL 单元包含原始字节序列有效载荷(RBSP),这是对应于编码视频数据或报头信息的一组数据.编码视频序列由可以通过基于分组的网络或比特流传输链路或存储在文件中的一系列 NAL 单元(图 8.8)表示.单独指定 VCL 和 NAL 的目的是区分编码特定的特征(在 VCL 层)和传输特定的特征(在 NAL 层).

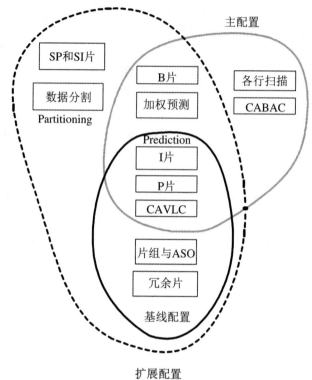

图 8.7 H.264 基线、主配置和扩展配置

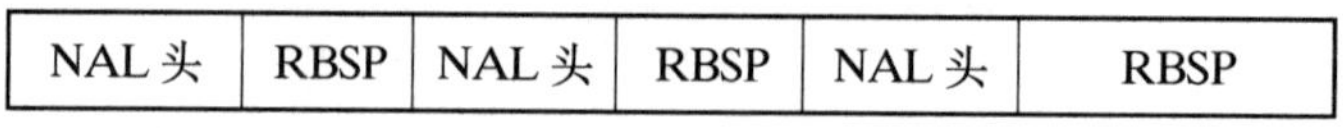

| NAL 头 | RBSP | NAL 头 | RBSP | NAL 头 | RBSP |

图 8.8 NAL 单元序列

NAL 头信息包含一个字节,主要描述这个 NAL 单元类型的信息.其中最高一位未用,第二位与第三位指示了 NAL 单元的优先级,最低五位指明了 NAL 的类型,如表 8.1 所示.

表 8.1 NAL 类型

低五位数值	类 型
0	未定义
1	未分区片层数据、不进行即时解码刷新
2	分区 A 片数据
3	分区 B 片数据
4	分区 C 片数据
5	未分区片层、即时解码刷新
6	额外信息(补充增强信息)
7	序列参数集
8	图像参数集

续表

低五位数值	类 型
9	图片分隔符
10	序列结束
11	流结束
12	填充数据
13,…,23	保留
24,…,31	未定义

构成一个片的编码数据可被放置在三个单独的数据分区 A,B 和 C 中,每个分区都包含编码片的一个子集.分区 A 包含片头信息、片中宏块的头信息.分区 B 包含帧内编码和交换帧内编码(SI)片内宏块的编码残差数据,分区 C 包含帧间编码宏块(前向和双向预测)的编码残差.每个分区可以放置在单独的 NAL 单元中,因此可以单独传输.

如果分区 A 数据丢失,则很可能很难或不可能重构片,因此分区 A 对传输错误非常敏感.分区 B 和 C 可以(通过仔细选择编码参数)独立解码,因此解码器可以(例如)仅解码 A 和 B 区数据,或仅解码 A 和 C 区数据,这样在容易出错的环境中提供了较大的灵活性.

序列参数集是一种语法结构,包含应用于零个或多个完整编码视频序列的语法元素,包含序列参数集编号、帧数、图片顺序计数约束、参考图片数量、图像大小、场模式等参数.

图片参数集包含图片参数集编号、熵编码方法、片数目、初始量化参数、去块效应参数.

补充增强信息包含了对视频序列的正确解码不重要的补充信息,譬如定时信息.

图片分隔符是视频图片之间的边界(可选).如果不存在,则解码器基于包含在每个片头内的帧号推断边界.

序列结束符表示下一张图片(按解码顺序)是即时解码刷新图片.

流结束符表示位流中没有更多的图片了.

填充数据包含可用于增加序列字节数的数据.

3. 参考帧

H.264 编码器可以使用多个先前编码的图片中的一个或两个作为每个帧间编码宏块或宏块分区的运动补偿预测的参考帧,这使得编码器能够从比刚编码的图片更广泛的图片集中搜索当前宏块分区的最佳"匹配".

编码器和解码器各自维护一个或两个参考图片列表,其中包含先前已编码和解码的图片(以显示顺序出现在当前图片之前和/或之后).P 片中的帧间编码宏块和宏块分区是从单个列表(列表 0)中的图片预测的.B 片中的帧间编码宏块和宏块分区可以从两个列表(列表 0 和列表 1)中预测.

4. 片

视频图片被划分为一个或多个片,每个片包含整数个宏块,从 1 个(1 个片包含 1 个宏块)到图片中的宏块总数(1 个图片就是 1 个片).图片中每个片的宏块数不需要恒定,这样编码片之间的相互依赖性最小,这有助于限制错误的传播.有五种类型的编码片(表 8.2),编码图片可能由不同类型的片组成.例如,基线配置编码的图片可以包含 I 和 P 片的混合,主配置或扩展配置的图片可以包含 I,P 和 B 片的混合.

表 8.2　片类型

片类型	描　述	配置
I(帧内)	仅包含 I 片宏块(每个块或宏块都是从同一片中先前编码的数据预测出来的)	全部
P(前向预测)	包含 P 片宏块(每个宏块或宏块分区从列表 0 的参考图片预测)和/或 I 片宏块	全部
B(双向预测)	包含 B 片宏块(每个宏块或宏块分区根据列表 0 和/或列表 1 的参考图片预测)和/或 I 片宏块	扩展和主配置
交换 P(SP)	有助于在编码流之间切换,包含 P 和/或 I 宏块	扩展
交换 I(SI)	促进编码流之间的交换,包含 SI 宏块(一种特殊类型的帧内编码宏块)	扩展

图 8.9 为编码片语法的简化图示.片头定义了片类型和片"所属"的编码图片或帧,并可能包含与参考图片管理相关的说明.片数据由一系列编码宏块(MB)和/或跳过(未编码)宏块的指示组成.每个宏块包含宏块头信息和编码的残差数据.

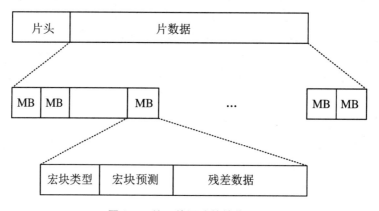

图 8.9　编码片语法的简化图示

8.2.2　基线配置

基线配置支持包含 I 片和 P 片的编码序列.I 片包含帧内编码宏块,其中每个 16×16 或 4×4 亮度区域和每个 8×8 色度区域的像素从同一片中先前编码的样本进行预测.P 片可以包含帧内编码、帧间编码或跳过(不进行编码)的宏块.P 片中的帧间编码宏块从先前编码的图片进行预测,使用具有四分之一采样(亮度成分)的运动矢量精度来进行运动补偿.

预测后,使用 4×4 整数变换(基于 DCT)对每个宏块的残差数据进行变换并量化.量化后的变换系数被重新排序,并进行熵编码.在基线配置文件中,变换系数使用上下文自适应可变长度编码方法(CAVLC)进行熵编码,所有其他语法元素使用固定长度或指数哥伦布可变长度编码.量化系数被反量化、反变换与重构(添加到编码期间形成的预测中),使用去块效应滤波器进行滤波(可选),并被存储,用于将来帧内和帧间编码宏块的参考图片.

1. 参考帧管理

不论是在编码器中还是在解码器中,先前已编码的图片存储在参考缓冲器(解码图片缓冲器,DPB)中.编码器和解码器维护先前编码的图片的列表,即参考图片列表 0,以用于 P 片中宏块间的运动补偿预测.对于 P 片预测,列表 0 可以按显示顺序包含当前图片前面与后面的图片,并且可以包含短期和长期的参考图片.默认情况下,编码图片由编码器重建并标记为短期图片,即可用于预测的最近编码图片.短期图片通过帧号识别.长期图片(通常)是旧图片,也可用于预测,并由变量 LongTermPicNum 标识.长期照片保留在 DPB 中,直到明确被移除或更换.

当图片被编码和重建(在编码器中)或解码(在解码器中)时,它被放入解码图片缓冲区,并被标记为"不使用于参考"(因此不用于任何进一步的预测)或标记为短期图片或标记为长期图片或简单地输出到显示器.默认情况下,列表 0 中的短期图片从最高 PicNum 编号到最低 PicNum 编号(一个从帧数派生的变量)排序,长期图片从最低 LongTermPicNum 编号到最高 LongTermPicNum 编号排序.编码器可以发出改变默认参考图片列表顺序的信号.随着每一张新图片添加到位置 0 处的短期列表中,剩余短期图片的索引将增加.如果短期和长期图片的数量等于参考帧的最大数量,则从缓冲器中移除最早(索引最高)的短期图片(称为滑动窗口记忆控制).该过程的效果是编码器和解码器各自保持 N 个短期参考图片的"窗口",包括当前图片和 N − 1 个先前编码的图片.

编码器发送的自适应内存控制命令管理短期和长期图片索引.使用这些命令,可以将短期图片指定为长期帧索引,或者将任何短期或长期图片标记为"不使用于参考".

编码器从列表 0 中选择参考图片,用于对帧间编码宏块中的每个宏块进行编码.参考图片的选择由索引号表示,其中索引 0 对应于短期部分中的第一帧,而长期帧的索引在最后一个短期帧之后开始.

2. 即时解码刷新图片

编码器发送 IDR(即时解码刷新)编码图片(由 I 片或 SI 片组成),以清除参考图片缓冲区的内容.在接收到 IDR 编码的图片时,解码器将参考缓冲器中的所有图片标记为"不用于参考".所有后续传输的片都可以在不参考 IDR 图片之前解码的任何帧的情况下进行解码.编码视频序列中的第一张图片始终是 IDR 图片.

3. 片

符合基线配置文件的比特流包含编码的 I 和/或 P 片.I 片仅包含帧内编码的宏块(根据先前编码的同一个片中的样本预测).P 片包含帧间编码的宏块(根据先前编码过的图片中的样本预测)、帧内编码宏块或跳过的宏块.当跳过的宏块在比特流中发出信号时,不会为该宏块发送进一步的数据.解码器计算跳过宏块的矢量,并使用来自列表 0 中第一个参考图片的运动补偿预测重建该宏块.

H.264 编码器可选择性地在编码图片之间的边界处插入图片定界符 RBSP 单元.这表示新编码图片的开始,并指示在以下编码图片中允许哪些片类型.如果未使用图片定界符,则期望解码器基于新图片中第一个片的头部来检测新图片的出现.

· 冗余编码图片

标记为“冗余”的图片包含部分或全部编码图片的冗余表示.在正常操作中,解码器从“主要”(非冗余)图片重建帧,并丢弃任何冗余图片.然而,如果主编码图片损坏(例如,由于传输错误),解码器可以用来自冗余图片的解码数据替换损坏区域.

· 任意片顺序(ASO)

基线配置文件支持任意片顺序,这意味着编码帧中的片可以遵循任何解码顺序.如果解码帧中任何片中的第一宏块的宏块地址小于同一图片中先前解码片段中的第一宏块地址,则定义为使用 ASO.

· 片组

片组是编码图片中宏块的子集,可以包含一个或多个片.在片组的每个片中,宏块按光栅顺序编码.如果每张图片只使用一个片组,则图片中的所有宏块都按光栅顺序编码(除非使用 ASO).多片组(在标准草案的早期版本中被描述为灵活宏块排序或 FMO)使得以多种灵活的方式将编码宏块序列映射到解码图片成为可能.宏块的分配由宏块到片组映射决定,该映射指示每个宏块属于哪个片组.

例 8.1 图 8.10 中使用 3 个片组,图片类型为“交错”.编码图片首先由片组 0 中的所有宏块组成;接着是片组 1 中的所有宏块;然后是片组 2 中的所有宏块.

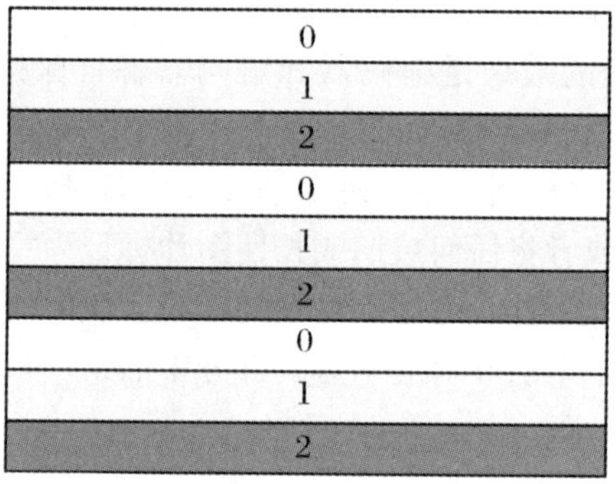

图 8.10 交错型片组

多片组的应用包括错误恢复能力,例如,如果图 8.11 中一个片组由于错误而“丢失”,则可以通过从其余片组中的数据进行插值而恢复.每个片组中的宏块分散在整个图片中.

0	1	2	3	0	1	2	3	0	1	2
2	3	0	1	2	3	0	1	2	3	0
0	1	2	3	0	1	2	3	0	1	2
2	3	0	1	2	3	0	1	2	3	0
0	1	2	3	0	1	2	3	0	1	2
2	3	0	1	2	3	0	1	2	3	0
0	1	2	3	0	1	2	3	0	1	2
2	3	0	1	2	3	0	1	2	3	0
0	1	2	3	0	1	2	3	0	1	2

图 8.11 分散型片组

4. 宏块预测

H.264 片中的每个编码宏块都是根据先前编码的数据进行预测的. 帧内编码宏块中的像素是根据当前片中已经编码、解码和重构的像素进行预测的; 帧间宏块中的像素是根据之前编码的图片进行预测的.

当前宏块或块的预测(与当前宏块或块尽可能相似的模型)是从已经编码的图片样本(在同一片中或在先前编码的片中)来创建的. 从当前宏块或块中减去该预测得到残差, 将残差压缩后, 与解码时重复预测过程所需的信息(运动矢量、预测模式等)一起发送给解码器. 解码器创建相同的预测, 并将其添加到解码的残差或块中. 编码器基于编码和解码过的图片样本(而不是原始视频帧样本)进行预测, 以确保编码器和解码器两端预测相同.

5. 帧间预测

帧间预测使用基于块的运动补偿, 从一个或多个先前编码的视频帧或场创建预测模型. H.264 与早期标准的重要区别包括支持从 16×16 块到 4×4 块大小范围和精细的子像素运动矢量(亮度分量中采用四分之一采样分辨率). 在本节中, 我们将介绍基线配置中可用的帧间预测工具.

1) 树结构的运动补偿

每个宏块(16×16 样本)的亮度分量可分为四种方式(图 8.12), 并可以以一个 16×16 宏块分区、两个 16×8 分区、两个 8×16 分区或四个 8×8 分区进行运动补偿. 如果选择了 8×8 模式, 则宏块内的四个 8×8 子宏块中的每一个还可以以另外 4 种方式拆分(图 8.13), 可以是一个 8×8 子宏块分区、两个 8×4 子宏块分区、两个 4×8 子宏块分区或四个 4×4 子宏块分区. 这些分区和子宏块在每个宏块内产生大量可能的组合. 这种将宏块划分为大小不同的运动补偿子块的方法称为树结构运动补偿.

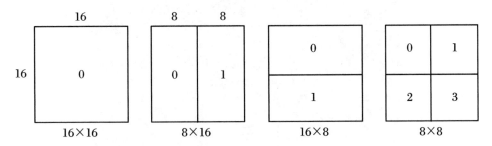

图 8.12　宏块分割: 16×16, 8×16, 16×8, 8×8

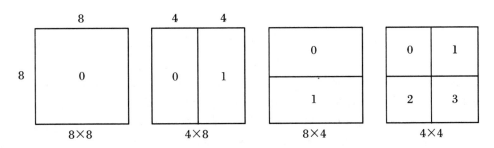

图 8.13　宏块分割: 8×8, 4×8, 8×4, 4×4

  每个分区或子宏块都需要一个单独的运动矢量.必须对每个运动矢量进行编码和传输,并且必须在压缩比特流中对分区的选择进行编码.选择较大的分区大小(16×16,16×8,8×16)意味着需要少量比特来表示运动矢量的选择和分区类型,但运动补偿残差可能在具有高细节的帧区域中包含大量能量.选择较小的分区大小(8×4,4×4等)可能会在运动补偿后产生较低的能量残差,但需要更多的比特来通知运动矢量和分区的选择.因此,分区大小的选择对压缩性能有很大影响.一般来说,大分区适用于视频帧中的同质区域,小分区适用于细节区域.

  宏块中的每个色度分量的水平和垂直分辨率都是亮度分量的一半.每个色度块的分区方式与亮度分量相同,只是分区大小正好是水平和垂直分辨率的一半(亮度中的8×16分区对应于色度中的4×8分区;亮度中的8×4分区对应于色度中的4×2分区等).当应用于色度块时,每个运动矢量(每个分区一个)的水平和垂直分量减半.

  图8.14显示了残差(无运动补偿).这里编码器为帧的每个部分选择"最佳"分区大小,在这种情况下,分区大小使要发送的信息量最小化,所选分区显示在残差帧上.在帧间变化不大的区域(残差显示为灰色)选择16×16分区,在细节运动区域(残差显示为黑色或白色),较小的分区更有效.

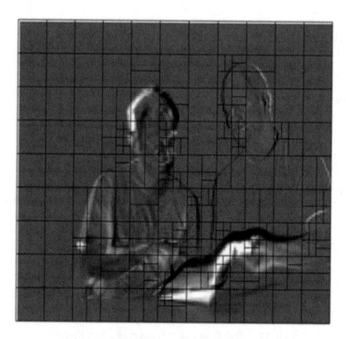

图 8.14 无运动补偿时的残差以及分块大小

  2) 运动矢量

  帧间编码宏块中的每个分区或子宏块分区是从参考帧中相同大小的区域预测的.两个区域之间的偏移(运动矢量)对于亮度分量具有四分之一的采样分辨率,对于色度分量具有八分之一的采样分辨率.参考帧中不存在子像素位置的亮度和色度样本,因此有必要使用附近编码样本的插值创建它们.在图8.15中,从当前块位置附近的参考图片区域预测当前帧中的4×4块[图8.15(a)].如果运动矢量的水平和垂直分量是整数[图8.15(b)],则参考块中的相关样本实际上存在灰点.如果一个或两个矢量分量都是分数[图8.15(c)],则预测样本(灰点)通过参考帧中相邻样本(白点)之间的插值生成.

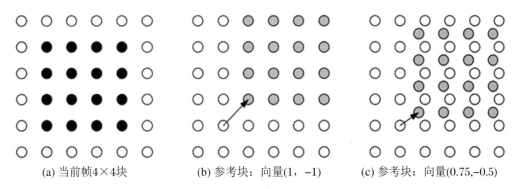

(a) 当前帧4×4块　　　　(b) 参考块: 向量(1, −1)　　　　(c) 参考块: 向量(0.75,−0.5)

图 8.15　整数像素与分数像素预测示例

3) 生成插值样本

在分数像素预测中,首先生成参考图片的半像素样本(亮度分量中整数位置样本中间的样本,灰色标记).与两个整数样本(图 8.16 中的 b, h, m, s)相邻的每个半像素样本,从整数位置样本中使用带权重的六抽头有限脉冲响应(FIR)滤波器插值生成,滤波系数分别为 $1/32, -5/32, 5/8, 5/8, -5/32$ 与 $1/32$.例如,从六个水平整数样本 E, F, G, H, I 和 J 计算得到半像素样本 b:

$$b = \text{round}\left[(E - 5F + 20G + 20H - 5I + J)/32\right] \quad (8.1)$$

类似地,可以通过 A, C, G, M, R 和 T 来插值 h.一旦计算了与整数像素垂直与水平相邻的所有像素,剩余的半像素位置的值可通过在第一组操作的六个水平或垂直半像素样本之间插值来计算.例如,j 是通过 cc, dd, h, m, ee 和 ff 生成的(请注意,无论是水平插值还是垂直插值,结果都是相同的;还请注意,h 和 m 的未舍入版本用于生成 j).六抽头插值滤波器相对复杂,但能精确拟合整数采样数据,因此具有良好的运动补偿性能.

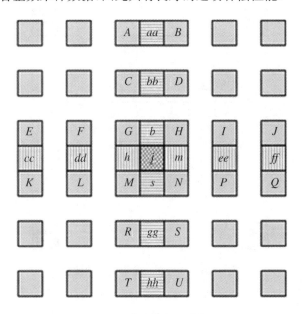

图 8.16　半像素位置的插值

一旦所有半像素样本产生后,四分之一像素位置的样本通过线性插值产生(图 8.17).例如,在两个水平或垂直相邻的半或整数位置样本(图中的 a,c,i,k 和 d,f,n,q)的四分之一像素位置的值是通过这些相邻样本线性插值得到的,例如:

$$a = \text{round}[(G + b)/2] \tag{8.2}$$

剩余的四分之一像素位置(图中的 e,g,p 和 r)的值是通过一对对角半像素样本之间线性插值得到的.例如,e 在 b 和 h 之间插值.

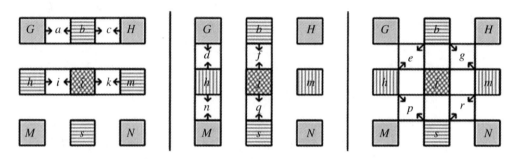

图 8.17 四分之一像素位置的插值

亮度分量如果采用四分之一像素分辨率的运动矢量,那么色度分量就需要八分之一像素分辨率的运动矢量(假设 $4:2:0$ 采样).每个色度分量的整数样本之间的八分之一像素的值通过整数样本之间的线性插值得到(图 8.18).每个子像素 a 是相邻整数样本位置 A,B,C 和 D 的线性组合:

$$a = \text{round}\{[(8 - \text{d}x) \cdot (8 - \text{d}y)A + \text{d}x \cdot (8 - \text{d}y)B + (8 - \text{d}x) \cdot \text{d}yC + \text{d}x \cdot \text{d}yD]/64\} \tag{8.3}$$

$\text{d}x,\text{d}y$ 如图 8.18 所示,如果 $\text{d}x$ 为 2,$\text{d}y$ 为 3,则

$$a = \text{round}[(30A + 10B + 18C + 6D)/64] \tag{8.4}$$

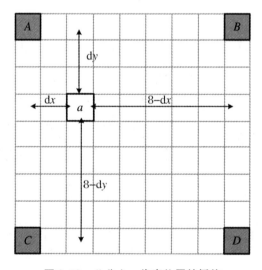

图 8.18 八分之一像素位置的插值

4) 运动矢量预测

为每个分区的运动矢量编码可能会花费大量比特,尤其是在选择小分区的情况下.相邻分区的运动矢量通常高度相关,因此每个运动矢量可以从附近先前编码的分区的矢量预测得出.在 H.264 编码中,会基于先前计算的运动矢量形成预测矢量 MVp,并且将当前矢量和

预测矢量之间的差 MVD 进行编码和传输.形成预测矢量 MVp 的方法取决于运动补偿分区大小和附近矢量的可用性.

设 E 为当前宏块、宏块分区或子宏块分区,设 A 为紧靠 E 左侧的分区或子分区,设 B 为 E 正上方的分区或子分区,C 为 E 正上方和右侧的分区或子宏块分区.如果 E 的左边有多个分区,则将这些分区中最上面的分区选为 A.如果 E 的正上方有多个分区,则最左边的被选为 B.

图 8.19 显示了当所有分区的大小相同(本例中为 16×16)时相邻分区的选择,图 8.20 显示了当相邻分区的大小与当前分区的大小不同时预测分区的选择示例.

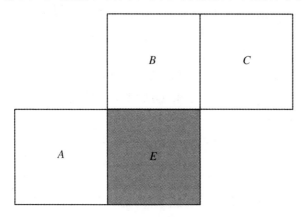

图 8.19 所有分区的大小相同

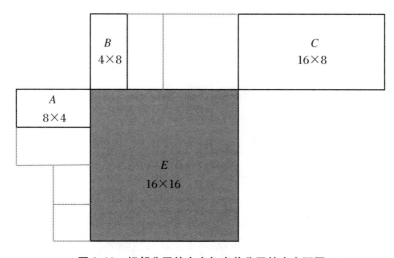

图 8.20 相邻分区的大小与当前分区的大小不同

(1) 对于不包括 16×8 和 8×16 分区大小的分区,MVp 是分区 A,B 和 C 的运动矢量的中值.

(2) 对于 16×8 分区,上面 16×8 分区的 MVp 由 B 预测,下面 16×8 分区的 MVp 由 A 预测.

(3) 对于 8×16 分区,左边 8×16 分区的 MVp 由 A 预测,右边 8×16 分区的 MVp 由 C 预测.

(4) 对于跳过的宏块,如情况(1)所示生成 16×16 向量 MVp,即该块看起来像以 $16 \times$

16 帧间模式编码.

如果图 8.20 中所示的一个或多个先前传输的块不可用(例如,如果它在当前片之外),MVp 的选择将相应地修改.在解码器处,以相同的方式形成预测向量 MVp,并将其添加到解码的矢量差 MVD 中.在跳过宏块的情况下,不存在解码矢量差,并且使用 MVp 作为运动矢量来产生运动补偿宏块.

6. 帧内预测

在帧内模式中,基于先前编码和重构的块形成预测块 P,并且在编码之前将当前块减去预测块.对于亮度样本,为每个 4×4 块或 16×16 宏块形成 P.每个 4×4 亮度块共有九种可选预测模式,16×16 亮度块有四种预测模式,色度分量有四种预测模式.编码器通常为每个块选择预测模式,以最小化 P 和要编码的块之间的差异.

另一种帧内编码模式 I PCM 使编码器能够直接传输图像样本的值(无需预测或转换).在某些特殊情况下(例如,异常图像内容和/或非常小的量化器参数),这种模式可能比帧内预测、变换、量化和熵编码的"常规"过程更有效.包括 I PCM 选项可以在不限制解码图像质量的情况下,对编码宏块中可能包含的比特数设置绝对限制.

1) 4×4 亮度成分预测模式

图 8.21 显示了需要预测的 4×4 亮度块.上面和左边的样本(在图 8.21 中标记为 $A\sim M$)之前已被编码和重构,因此可在编码器和解码器中使用,以形成预测参考.基于样本 $A\sim M$,预测块 P 的像素 $a,b,c,\cdots,p$ 的计算具有九种模式(图 8.22).模式 2(DC 预测)根据之前编码的样本 $A\sim M$ 进行修改;只有当所有所需的预测样本都可用时,才能使用其他每一种模式.

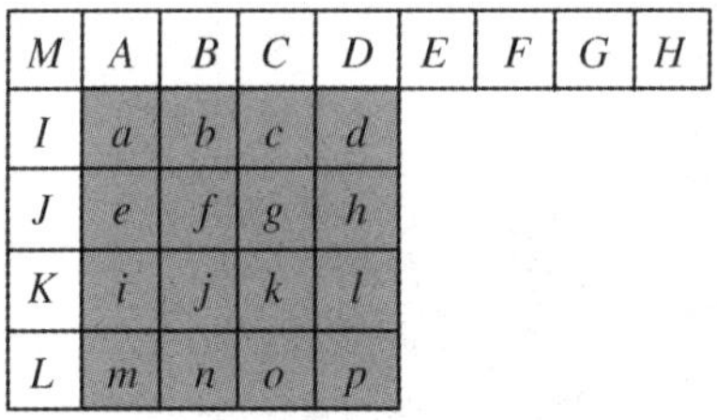

图 8.21 4×4 亮度块

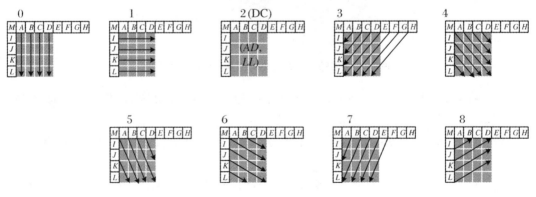

图 8.22 4×4 预测模式

模式 0(垂直向下)：基于上面的样本 A,B,C,D 进行垂直的向外插值.

模式 1(水平向右)：基于左侧样本 I,J,K,L 进行水平的向外插值.

模式 2(DC)：所有样本均通过样本 $A,\cdots,D$ 和 $I,\cdots,L$ 的平均值进行预测.

模式 3(左下对角线)：每个像素以基于左下角和右上角之间的 $45°$ 角插值.

模式 4(右下对角线)：每个像素以向下向右倾斜 $45°$ 角向外插值.

模式 5(垂直右侧)：向外插值的角度约为 $26.6°$(宽度/高度 $=1/2$).

模式 6(水平向下)：向外插值的角度约为 $26.6°$，低于水平线.

模式 7(垂直左侧)：向外插值(或内插)的角度约为 $26.6°$.

模式 8(水平向上)：以大约 $26.6°$ 的角度插值，在水平面以上.

图 8.22 中的箭头表示每种模式下的预测方向.对于模式 3～8，预测样本由预测样本 $A\sim M$ 的加权平均值形成.例如，如果选择模式 4，则 P 的右上样本(图 8.21 中标记为"d")通过以下方式进行预测：$\mathrm{round}(B/4+C/2+D/4)$.

2) 16×16 亮度成分预测模式

作为上一小节中描述的 4×4 亮度成分预测模式的替代方案，可以在一次操作中对宏块的整个 16×16 亮度成分进行预测.有四种模式可用，如图 8.23 所示.

模式 0(垂直)：基于上部样本(H)进行向外插值.

模式 1(水平)：基于左侧样本推断(V)进行向外插值.

模式 2(DC)：基于上部和左侧样本的平均值($H+V$)进行预测.

模式 3(平面)：采用对上部和左侧样本 H 和 V 进行线性滤波来进行预测.这种方法在亮度平稳变化的区域效果良好.

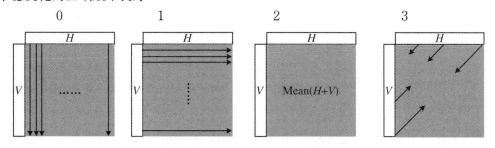

图 8.23　16×16 亮度预测模式

3) 8×8 色度成分预测模式

帧内编码宏块的每个 8×8 色度分量都是基于前面编码的色度样本上方和/或左侧预测的，两个色度分量始终使用相同的预测模式.这四种预测模式与前面描述的 16×16 亮度成分预测模式非常相似，只是模式的编号不同而已.模式有直流 DC(模式 0)、水平(模式 1)、垂直(模式 2)和平面(模式 3).

4) 信令帧内预测模式

每个 4×4 块的帧内预测模式的选择必须用信号通知解码器，这可能需要大量的比特.然而，相邻 4×4 块的帧内模式通常是相关的.例如，设 A,B 和 E 为左、上和当前 4×4 块(与图 8.20 相同).如果使用模式 1 预测先前编码的 4×4 块 A 和 B，则块 E(当前块)的最佳模式可能也是模式 1.为了利用这种相关性，对 4×4 帧内预测模式也进行了预测编码.

对于当前块 E，编码器和解码器计算最可能的预测模式，即 A 和 B 的预测模式的最小值.如果这些相邻块中的任何一个不可用(在当前切片之外或未用 4×4 帧内模式编码)，则

将对应的值 A 或 B 设置为 2(DC 预测模式).

编码器为每个 4×4 块发送一个标识,prev intra 4×4 pred mode.如果标识为"1",则使用最可能的预测模式.如果标识为"0",则发送另一个参数 rem intra 4×4 pred mode 以指示模式更改.如果 rem intra 4×4 pred mode 小于当前最可能模式,则将预测模式设置为 rem intra 4×4 pred mode,否则将预测模式设为 rem intra 4×4 pred mode $+1$.这样,只需要 8 个 rem intra 4×4 pred mode 值(0～7)来表示当前帧内模式(0～8).

例 8.2 假设块 A 和 B 分别使用模式 3(对角线左下)和模式 1(水平)进行预测.因此,块 E 的最可能模式为 1(水平).如果 prev intra 4×4 pred mode 设置为"0",因此需要发送 rem intra 4×4 pred mode.根据 rem intra 4×4 pred mode 的值,可以选择剩余的八种预测模式之一(表 8.3 中列出).

表 8.3　预测模式的选择

rem intra 4×4 pred mode	块 E 的预测模式
0	0
1	2
2	3
3	4
4	5
5	6
6	7
7	8

7. 去块效应滤波器

为了减少由块效应所引起的失真,在每个解码模块应用了去块效应滤波器.在编码端,进行反变换之后,再应用去块效应滤波器(在重建和存储宏块用于对将来的视频帧预测之前),在解码端,在重建和显示视频帧之前,应用去块效应滤波器.滤波器平滑了块的边缘,改善了解码帧的质量.滤波后的宏块被用于将来视频帧的运动补偿预测,这能够提高压缩性能,因为滤波过的图像比一个有块效应的未滤波的图像更接近原始图像.滤波器的默认操作如下,编码端可以选择滤波器的强度或者禁止使用滤波器.

滤波器被应用到每个宏块的 4×4 块的垂直和水平边缘(除了片边界的边缘),顺序如下:

(1) 滤波亮度分量的 4 个垂直边界(顺序是图 8.24 中的 a,b,c,d);

(2) 滤波亮度分量的 4 个水平边界(顺序是图 8.24 中的 e,f,g,h);

(3) 滤波每个色度分量的两个垂直边界(i,j);

(4) 滤波每个色度分量的两个水平边界(k,l).

每个滤波操作影响边界两边的至多三个像素.图 8.25 显示了相邻块 p 和 q 的垂直和水平边界两边的四个像素($p0,p1,p2,p3$ 和 $q0,q1,q2,q3$).滤波强度(滤波量)依赖于当前的量化器、相邻块的编码方式以及边界上图像像素的梯度.

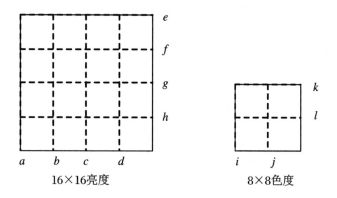

图 8.24　宏块内边界滤波顺序

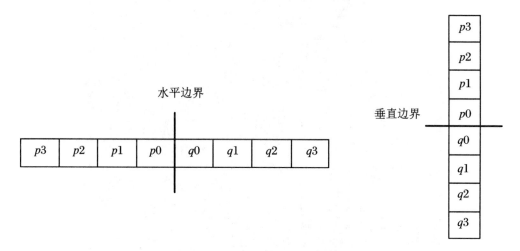

图 8.25　垂直和水平边界领域的采样

1) 边界强度

滤波输出的选择依赖于边界强度和边界上图像像素的梯度.边界强度参数 bS 依据下列原则进行选择(对逐行扫描的帧编码):

(1) p 和 q 是帧内编码的,同时边界是宏块边界,则 $bS=4$(最强的滤波强度);

(2) p 和 q 是帧内编码的,同时边界不是宏块边界,则 $bS=3$;

(3) p 和 q 都不是帧内编码的,同时 p 和 q 都包含编码系数,则 $bS=2$;

(4) p 和 q 都不是帧内编码的,同时 p 和 q 都不包含编码的系数,p 和 q 使用不同的参考帧,或者使用不同数目的参考帧,或者两者运动矢量差值大于一个亮度像素,则 $bS=1$,否则 $bS=0$(无滤波).

应用这些原则的结果是在可能有明显块效应失真的地方滤波强度很大,例如,帧间编码宏块的边界以及包含编码的系数的块之间的边界.

2) 滤波器判决

集合$(p2,p1,p0,q0,q1,q2)$的一组像素值在下列情况下才进行滤波:

(1) $bS>0$;

(2) $|p0-q0|<\alpha$,$|p1-p0|<\beta$ 并且$|q1-q0|\leqslant\beta$.

α 和 β 是标准中定义的阈值,它们随着两个块 p 和 q 量化参数 QP 的增长而增长.滤波器选择的效果就是当在原始图像块边界有明显的变化(梯度)时,关掉滤波器.当 QP 很小时,除了边界上的很小的梯度,其他都应该是图像本身的特征(而不是块效应),所以应该保留,因此阈值 α 和 β 很小.当 QP 很大时,块效应可能更明显,所以 α 和 β 很大,需要滤波更多的边界像素点.

例 8.3 图 8.26 显示了一个宏块的 16×16 亮度分量(没有任何块失真),四个块 $a, b,$ c, d 加亮显示. QP 的数值偏大,因为这个边界上的梯度很小,因此 a 和 b 之间的块边界应该被滤波,没有明显的图像特征需要保留,而且边界上的块失真可能很明显.然而,在 c 和 d 之间的边界上由于一个图像水平特征,亮度块有明显的变化,所以关掉滤波器来保护这个特征.

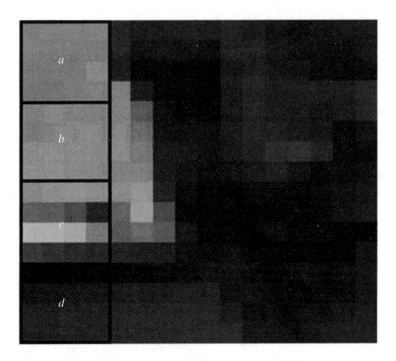

图 8.26   显示块边界的 16×16 亮度宏块

3)滤波器的实现

(1) $bS \in \{1, 2, 3\}$.

输入是 $p1, p0, q0, q1$,使用一个四阶滤波器,产生滤波输出结果 $p'0$ 和 $q'0$.如果 $|p2 - p0|$ 小于阈值 β,则使用另一个四阶滤波器,即输入是 $p2, p1, p0$ 和 $q0$,产生滤波输出结果是 $p'1$(仅仅亮度);如果 $|q2 - q0|$ 小于 β,使用一个四阶滤波器,即输入是 $q2, q1,$ $q0, p0$,输出是 $q'1$(仅亮度分量).

(2) $bS = 4$.

如果 $|p2 - p0|$ 小于 β,并且 $|p0 - q0|$ 小于 $\text{round}(\alpha/4)$,并且这是个亮度块,那么:

对 $p2, p1, p0, q0, q1$ 进行五阶滤波得到 $p'0$;对 $p2, p1, p0, q0$ 进行四阶滤波得到 $p'1$;对 $p3, p2, p1, p0$ 和 $q0$ 进行五阶滤波得到 $p'2$.

在其余情况下:

对 $p1, p0, q1$ 进行三阶滤波得到 $p'0$.

如果 $|q2-q0|$ 小于 β,并且 $|p0-q0|$ 小于 $\text{round}(\alpha/4)$,并且这是个亮度块,那么:

通过对 $q2,q1,q0,p0,p1$ 进行五阶滤波得到 $q'0$;通过对 $q2,q1,q0,p0$ 进行四阶滤波得到 $q'1$;通过对 $q3,q2,q1,q0,p0$ 进行五阶滤波得到 $q'2$;否则通过对 $q1,q0,p1$ 进行三阶滤波得到 $q'0$.

例 8.4 图 8.27 至图 8.29 显示了用固定量化参数 36(相对较大的量化参数)进行编码一段视频片段的示例.

图 8.27 原始帧

图 8.28 重构帧,$QP=36$(没滤波器)   图 8.29 重构帧,$QP=36$(带滤波器)

图 8.27 显示了原始视频片段的一帧,图 8.28 显示了经过帧内编码解码之后的同一帧,其间没有使用环内滤波器.可以发现明显的块效应和不同运动补偿块大小的影响(例如,图像左边背景的 16×16 块,手臂上的 4×4 块).打开环内滤波器后(见图 8.29),仍然有一些明显的失真,但是绝大多数块边缘消失或者变得不明显.这时滤波器很好地保存了尖锐的对比边界(例如手臂与黑琴的边界),同时很好地平滑了光滑区域的块边界(例如左边背景).在这个例子中,环内滤波器对压缩效率的贡献很小:使用了环内滤波器后,编码比特率大概减小了 1.5%,PSNR 提高了 1%.然而,滤波后的序列主观质量明显好了很多.滤波器所带来的编码性能增益取决于比特率和视频序列内容.

图 8.30 和图 8.31 分别显示了没有经过滤波和经过滤波后的图像帧,这里的量化参数小了一些,$QP=32$.

图 8.30　重构帧,$QP = 32$(没滤波器)

图 8.31　重构帧,$QP = 32$(带滤波器)

8. 变换与量化

H.264 根据要编码的残差数据类型使用三种变换:帧内 16×16 模式预测的宏块中,亮度 DC 系数的 4×4 矩阵使用哈达玛变换;任何宏块的色度 DC 系数的 2×2 矩阵使用哈达玛变换,所有其他残差数据的 4×4 块使用基于 DCT 的变换.

在一个宏块中的数据按照图 8.32 中的顺序进行传输时,如果以帧内 16×16 模式编码一宏块,即这个块标注为 −1.首先输出每个宏块包含 4×4 亮度块的 DC 变换系数.接着,亮度残差块 0～15 按照所示顺序进行传输(按照帧内 16×16 模式编码的宏块 DC 系数不进行传输).接着,块 l6 和 17(包含 Cb 和 Cr 色度分量的 DC 系数的 2×2 矩阵)分别被传输.最后,色度残差块 18～25(不含 DC 系数)被传输.

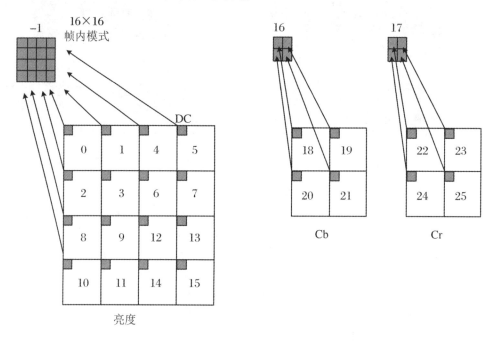

图 8.32　在一个宏块内对残差块的扫描顺序

经过运动补偿预测或者帧间预测的 4×4 残差块(在图 8.32 中标记为 0～15,18～25)接着会进行变换和量化.H.264 中的变换是基于 DCT 的,但是又有一些不同:

（1）它是一个整数变换，所有的操作可以使用整数算法，而不丢失解码精度；

（2）它可以实现编码端和解码端反变换之间的完整匹配（使用整数算法）；

（3）变换的核心部分可以仅仅使用加法和移位操作实现；

（4）变换中的一部分乘法运算可以和量化器结合到一起，减少了乘法的数量.

反量化和反变换运算可以使用 16 比特的整数算法实现（注：除了某些不规则的残差数据类型），每个系数仅一次乘法，而且不会丢失任何精度.

1）4×4 DCT

4×4 DCT 表示成如下的等式：

$$Y = AXA^{\mathrm{T}} = \begin{bmatrix} a & a & a & a \\ b & c & -c & -b \\ a & -a & -a & a \\ c & -b & b & -c \end{bmatrix} X \begin{bmatrix} a & b & a & c \\ a & c & -a & -b \\ a & -c & -a & b \\ a & -b & a & -c \end{bmatrix} \tag{8.5}$$

其中 $a = \dfrac{1}{2}, b = \sqrt{\dfrac{1}{2}}\cos\dfrac{\pi}{8}, c = \sqrt{\dfrac{1}{2}}\cos\dfrac{3\pi}{8}.$

这个矩阵乘法可等价为如下等式：

$$Y = (CXC^{\mathrm{T}}) \otimes E = \left(\begin{bmatrix} 1 & 1 & 1 & 1 \\ 1 & d & -d & -1 \\ 1 & -1 & -1 & 1 \\ d & -1 & 1 & -d \end{bmatrix} X \begin{bmatrix} 1 & 1 & 1 & d \\ 1 & d & -1 & -1 \\ 1 & -d & -1 & 1 \\ 1 & -1 & 1 & -d \end{bmatrix} \right) \otimes \begin{bmatrix} a^2 & ab & a^2 & ab \\ ab & b^2 & ab & b^2 \\ a^2 & ab & a^2 & ab \\ ab & b^2 & ab & b^2 \end{bmatrix} \tag{8.6}$$

这里 CXC^{T} 是一个二维变换，E 是乘数因子矩阵，符号 $\otimes$ 表示 CXC^{T} 中的每个元素与矩阵 E 中相同位置的系数进行点乘（不是矩阵乘法）. 常数 a 和 b 与以前一样，d 是 c/b（大约是 0.141）.

为了简化变换，将 d 近似为 0.5. 为了保证变换的正交性，b 也需要修改，得到：$a = \dfrac{1}{2}, b = \sqrt{\dfrac{2}{5}}, d = \dfrac{1}{2}.$

矩阵 C 的第二行和第四行以及矩阵 C^{T} 的第二列和第四列与数 2 相乘，乘数因子矩阵 E 除以 2 进行补偿，避免在 CXC^{T} 核心运算中出现非整数的乘法. 最后，正向变换如下：

$$Y = (C_f X C_f^{\mathrm{T}}) \otimes E_f$$

$$= \left(\begin{bmatrix} 1 & 1 & 1 & 1 \\ 2 & 1 & -1 & -2 \\ 1 & -1 & -1 & 1 \\ 1 & -2 & 2 & -1 \end{bmatrix} X \begin{bmatrix} 1 & 2 & 1 & 1 \\ 1 & 1 & -1 & -2 \\ 1 & -1 & -1 & 2 \\ 1 & -2 & 1 & -1 \end{bmatrix} \right) \otimes \begin{bmatrix} a^2 & \dfrac{ab}{2} & a^2 & \dfrac{ab}{2} \\ \dfrac{ab}{2} & \dfrac{b^2}{4} & \dfrac{ab}{2} & \dfrac{b^2}{4} \\ a^2 & \dfrac{ab}{2} & a^2 & \dfrac{ab}{2} \\ \dfrac{ab}{2} & \dfrac{b^2}{4} & \dfrac{ab}{2} & \dfrac{b^2}{4} \end{bmatrix} \tag{8.7}$$

这个变换是 4×4 DCT 变换近似，由于因子 d 和 b 的变化，新变换的结果和 4×4 DCT 变换不一样，但不影响压缩性能.

例 8.5 比较 4×4 近似变换的结果和真正 4×4 DCT 变换的结果. 输入块是 X：

DCT 输出为

$$Y = AXA^{\mathrm{T}} = \begin{bmatrix} 35.0 & -0.079 & -1.5 & 1.115 \\ -3.299 & -4.768 & 0.443 & -9.010 \\ 5.5 & 3.029 & 2.0 & 4.699 \\ -4.045 & -3.010 & -9.384 & -1.232 \end{bmatrix} \tag{8.8}$$

近似变换的输出为

$$Y' = (CXC^{\mathrm{T}}) \otimes E_f = \begin{bmatrix} 35.0 & -0.158 & -1.5 & 1.107 \\ -3.004 & -3.900 & 1.107 & -9.200 \\ 5.5 & 2.388 & 2.0 & 4.901 \\ -4.269 & -3.200 & -9.329 & -2.100 \end{bmatrix} \tag{8.9}$$

DCT 和整数变换的差值是

$$Y - Y' = \begin{bmatrix} 0 & 0.079 & 0 & 0.008 \\ -0.295 & -0.868 & -0.664 & 0.190 \\ 0 & 0.641 & 0 & -0.202 \\ 0.224 & 0.190 & -0.055 & 0.868 \end{bmatrix} \tag{8.10}$$

很显然,随着 b 和 d 数值的不同,输出系数会不同.在 H.264 的编解码器中,这个近似的变换和 DCT 有几乎相同的压缩性能,同时有很多重要的优点.变换 CXC^{T} 的主要部分可以仅仅由加减法和移位组成的整数运算实现.因为输入在 $-255\sim255$ 之间,变换操作的动态范围用 16 比特就可以表示(除了某些不规则的输入模式). $\otimes E_f$ 需要对每个系数进行一次乘法操作,而这一步可以被合并到量化过程(见下面的描述).

反变换由下式给出,H.264 标准明确地定义了这个变换,是一系列如下算术操作:

$$X = C^{\mathrm{T}}(Y \otimes E_i)C_i = \begin{bmatrix} 1 & 1 & 1 & \frac{1}{2} \\ 1 & \frac{1}{2} & -1 & -1 \\ 1 & -\frac{1}{2} & -1 & 1 \\ 1 & -1 & 1 & -\frac{1}{2} \end{bmatrix}$$

$$\cdot \left(Y \otimes \begin{bmatrix} a^2 & ab & a^2 & ab \\ ab & b^2 & ab & b^2 \\ a^2 & ab & a^2 & ab \\ ab & b^2 & ab & b^2 \end{bmatrix} \right) \begin{bmatrix} 1 & 1 & 1 & 1 \\ 1 & \frac{1}{2} & -\frac{1}{2} & -1 \\ 1 & -1 & -1 & 1 \\ \frac{1}{2} & -1 & 1 & -\frac{1}{2} \end{bmatrix} \tag{8.11}$$

此时,首先用矩阵 E 中的适当权重系数与 Y 中的每个系数相乘.注意,矩阵 C 和 C^T 中的因子 $\pm 1/2$ 可以用右移操作实现而不明显损失精度.

正反变换是正交的,即 $T^{-1}[T(X)] = X$.

3) 量化

H.264 使用一个标量量化器.量化器的设计为了满足下列要求而变得复杂:① 避免除法和/或浮点算术;② 把正向变换和逆向变换的乘法 E_f 和 E_r 集成到量化步骤中.

基本的正向量化操作是

$$Z_{ij} = \text{round}(Y_{ij}/Q_{\text{step}}) \tag{8.12}$$

这里 Y_{ij} 是上述变换的一个系数.Q_{step} 是量化步长尺寸,Z_{ij} 是量化后的一个系数.这里的舍入操作 round(以及遍及整章节的舍入操作)不需要舍入到最接近的整数,例如,强制舍入操作,舍入到较小的整数能够提高视觉质量.

标准中支持多达 52 个 Q_{step} 值,用量化参数 QP 进行索引(见表 8.4).QP 每增长 6,Q_{step} 就增加一倍.量化步长的广阔范围使得编码器能够灵活准确地控制比特速率和视频质量之间的权衡.亮度和色度的 QP 值可能不同.两个系数都位于 0~51 之间,默认色度系数 QP_c 是从 QP 得到的,这样当 QP_y 大于 30 时,QP_c 小于 QP_y.用户自定义的 QP_y 和 QP_c 之间的映射可以在图片参数集中标明.

表 8.4 H.264 编解码器的量化步长

QP	0	1	2	3	4	5	6	7	8	9	10	11	12	⋯
Q_{step}	0.625	0.6875	0.8125	0.827	1	1.125	1.25	1.375	1.625	1.75	2	2.25	2.5	⋯
QP	⋯	18	⋯	24	⋯	30	⋯	36	⋯	42	⋯	48	⋯	51
Q_{step}		5	⋯	10	⋯	20	⋯	40	⋯	80	⋯	160	⋯	224

乘数 a^2,$ab/2$ 或者 $b^2/4$ 被集成到前向量化器中.首先,输入块 X 经过变换,给出一个未经量化的参数块 $W = CXC^T$.然后,每个系数 W_{ij} 在一个操作中进行量化和乘法操作:

$$Z_{ij} = \text{round}\left(W_{ij}\frac{PF}{Q_{\text{step}}}\right) \tag{8.13}$$

根据位置 (i,j),PF 是 a^2,$ab/2$ 或者 $b^2/4$ 三者之一,如表 8.5 所示.

表 8.5 不同位置的 PF 值

位　　置	PF
$(0,0),(2,0),(0,2),(2,2)$	a^2
$(1,1),(1,3),(3,1),(3,3)$	$b^2/4$
其他	$ab/2$

为了避免除法操作,在参考模型软件中,因子 PF/Q_{step} 是通过乘上一个因子 MF,然后向右移位得到 Z_{ij}:

$$Z_{ij} = \text{round}\left(W_{ij}\frac{MF}{2^{qbits}}\right) \tag{8.14}$$

其中

$$\frac{MF}{2^{qbits}} = \frac{PF}{Q_{\text{step}}} \tag{8.15}$$

$$qbits = 15 + floor(QP/6).$$

在整数算法中，Z_{ij} 的计算可以按如下方式实现：

$$\begin{cases} |Z_{ij}| = (|W_{ij}| \; MF + f) \gg qbits \\ \text{sign}(Z_{ij}) = \text{sign}(W_{ij}) \end{cases} \tag{8.16}$$

这里 $\gg$ 表示二进制右移位. 在参考模型软件中，对于帧内编码的块，$f = 2^{qbits}/3$，对于帧间编码的块，$f = 2^{qbits}/6$.

例 8.6 $QP = 4$，$(i,j) = (0,0)$，$Q_{step} = 1.0$，$PF = a^2 = 0.25$，$qbits = 15$，$\dfrac{MF}{2^{qbits}} = \dfrac{PF}{Q_{step}}$，$MF = (32768 \times 0.25)/1 = 8192$.

H.264 参考软件编码器中使用的 MF 的前六个值（对于每个参数位置）在表 8.6 中给出.

表 8.6　乘法因子 MF

QP	位置 $(0,0),(2,0),(0,2),(2,2)$	位置 $(1,1),(1,3),(3,1),(3,3)$	其他
0	13107	5243	8066
1	11916	4660	7490
2	10082	4196	6554
3	9362	3647	5825
4	8192	3355	5243
5	7282	2893	4559

对于 QP 大于 5，因子 MF 保持不变，但是每当 QP 增长 6，除数 2^{qbits} 增加一倍. 例如，当 $6 \leqslant QP \leqslant 11$ 时，$qbits = 16$；当 $12 \leqslant QP \leqslant 17$ 时，$qbits = 17$.

4）反量化

反量化的操作是

$$Y'_{ij} = Z_{ij}Q_{step} \tag{8.17}$$

反变换的乘数因子（来自矩阵 E_i，根据位置的不同，包含值 a^2，$ab/2$ 和 $b^2/4$）与上述操作结合到一起，以减少乘法操作，另外加入一个常数因子 64 来避免舍入错误：

$$W'_{ij} = Z_{ij}Q_{step} \cdot PF \cdot 64 \tag{8.18}$$

反变换的输出值要除以 64（可以通过一次加法和一次右移操作实现）.

H.264 标准没有直接指定 Q_{step} 或者 PF. 相反，当 $0 \leqslant QP \leqslant 5$ 时，定义了参数 $V = Q_{step} \cdot PF \cdot 64$；对于每个参数位置，反量化操作变成

$$W'_{ij} = Z_{ij}V_{ij} \cdot 2^{\text{floor}(QP/6)} \tag{8.19}$$

因子 $2^{\text{floor}(QP/6)}$ 使得输出结果在 QP 值每增加 6 的情况下，就增加一倍.

例 8.7 $QP = 3$，$(i,j) = (1,2)$，$Q_{step} = 0.875$，$2^{\text{floor}(QP/6)} = 1$，$PF = ab = 0.3162$，$V = Q_{step} \cdot PF \cdot 64 = 0.875 \times 0.3162 \times 64 \approx 18$. $W'_{ij} = Z_{ij} \times 18 \times 1$.

当 $0 \leqslant QP \leqslant 5$ 时，定义的 V 值如表 8.7 所示.

表 8.7 参数 V

QP	位置 (0,0),(2,0),(0,2),(2,2)	位置 (1,1),(1,3),(3,1),(3,3)	其他
0	10	16	13
1	11	18	14
2	13	20	16
3	14	23	18
4	16	25	20
5	18	29	23

9. 4×4 直流亮度系数的变换和量化(16×16 帧内模式)

如果宏块是以帧内 16×16 预测模式进行编码的,也就是说,整个 16×16 亮度分量是从周围像素值进行预测的,那么每个 4×4 残差块首先进行上述的核心变换.然后每个 4×4 块的 DC 系数再利用 4×4 哈达玛变换进行一次变换:

$$Y_D = \left[\begin{bmatrix} 1 & 1 & 1 & 1 \\ 1 & 1 & -1 & -1 \\ 1 & -1 & -1 & 1 \\ 1 & -1 & 1 & -1 \end{bmatrix} W_D \begin{bmatrix} 1 & 1 & 1 & 1 \\ 1 & 1 & -1 & -1 \\ 1 & -1 & -1 & 1 \\ 1 & -1 & 1 & -1 \end{bmatrix} \right] / 2 \qquad (8.20)$$

其中 W_D 是 4×4 DC 系数块,Y_D 是变换之后的块.输出系数 $Y_D(i,j)$ 被量化产生了一个量化的 DC 系数块 Z_D:

$$\begin{cases} |Z_{D(i,j)}| = \left[|Y_{D(i,j)}| \ MF_{(0,0)} + 2f \right] \gg (qbits + 1) \\ \text{sign}[Z_{D(i,j)}] = \text{sign}[Y_{D(i,j)}] \end{cases} \qquad (8.21)$$

$MF(0,0)$ 是表 8.6 中位置 (0,0) 的乘法因子,$f, qbits$ 参数跟以前的定义一样.在解码端,首先进行反哈达玛变换,然后进行反量化,反哈达玛变换定义如下:

$$W_{QD} = \left[\begin{bmatrix} 1 & 1 & 1 & 1 \\ 1 & 1 & -1 & -1 \\ 1 & -1 & -1 & 1 \\ 1 & -1 & 1 & -1 \end{bmatrix} Z_D \begin{bmatrix} 1 & 1 & 1 & 1 \\ 1 & 1 & -1 & -1 \\ 1 & -1 & -1 & 1 \\ 1 & -1 & 1 & -1 \end{bmatrix} \right] / 2 \qquad (8.22)$$

解码端的反量化操作定义如下:

$$\begin{cases} W'_{i,j} = Z_{QD(i,j)} V_{(0,0)} 2^{\text{floor}(QP/6)} - 2, & QP \geqslant 12 \\ W'_{i,j} = W_{QD(i,j)} V_{(0,0)} + 2^{1-\text{floor}(QP/6)} \gg 2 - \text{floor}(QP/6), & QP < 12 \end{cases} \qquad (8.23)$$

$V(0,0)$ 是表 8.7 中位置 (0,0) 的乘法因子 V.因为在整个块中,$V(0,0)$ 是常数,可以按照任何顺序对其进行反量化和反变换.先反变换再反量化的设计可以使反变换的动态范围最大.

反量化之后的 DC 系数 W'_D 被插入到相应的 4×4 块,然后每个 4×4 系数块进行基于 DCT 的反变换,在帧内 16×16 模式编码的宏块中,大部分能量集中在每个 4×4 块的 DC 系数上,而这些 DC 系数高度相关.经过这个额外的变换,能量被进一步集中到少量的重要系数上.

10. 2×2 直流色度系数的变换和量化

每个 4×4 块色度分量按照前面所述进行 DCT 变换.每个 4×4 色度系数块的 DC 系数被组织成 2×2 块(W_{ij}),并且在量化之前,经过如下进一步的哈达玛变换:

$$W_{QD} = \begin{bmatrix} 1 & 1 \\ 1 & -1 \end{bmatrix} Z_0 \begin{bmatrix} 1 & 1 \\ 1 & -1 \end{bmatrix} \tag{8.24}$$

对输出 2×2 块 Y_D 的量化操作如下:

$$\begin{cases} |Z_{D(i,j)}| = [|Y_{D(i,j)}| \, MF_{(0,0)} + 2f] \gg (qbits + 1) \\ \text{sign}[Z_{D(i,j)}] = \text{sign}[Y_{D(i,j)}] \end{cases} \tag{8.25}$$

$MF_{(0,0)}$ 是表 8.6 中位置 $(0,0)$ 的乘法因子,f 和 $qbits$ 参数的定义和以前一样.

在解码过程中,反哈达玛变换发生在反量化之前:

$$W_{QD} = \begin{bmatrix} 1 & 1 \\ 1 & -1 \end{bmatrix} Z_D \begin{bmatrix} 1 & 1 \\ 1 & -1 \end{bmatrix} \tag{8.26}$$

反量化操作如下:

$$\begin{cases} W'_{D(i,j)} = W_{QD(i,j)} V_{(0,0)} 2^{\text{floor}(QP/6)-1}, & QP \geqslant 6 \\ W'_{D(i,j)} = [W_{QD(i,j)} V_{(0,0)}] \gg 1, & QP < 6 \end{cases} \tag{8.27}$$

反量化之后的系数被放到相应的 4×4 色度系数块.与帧内亮度 DC 系数一样,这个额外的变换用于消除 2×2 色度 DC 系数的相关性,从而改进压缩性能.

11. 变换、量化、重尺度和反变换的完整过程

从输入残差块 X 到输出残差块 X' 的整个过程如图 8.33 所示.

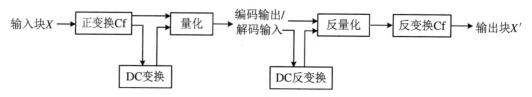

图 8.33　变换、量化、重尺度及反变换流程图

编码包含以下步骤:

(1) 输入 4×4 残差像素块 X;

(2) 进行正向核心变换 $W = C_f X C_f^T$,接着是色度 DC 系数或者是帧内 16×16 编码的亮度 DC 系数的正向变换;

(3) 量化:$Z = W \cdot \text{round}(PF/Q_{step})$(对于色度 DC 系数或者帧内 16×16 编码的亮度 DC 系数有所不同).

解码包含以下步骤(对色度 DC 系数或者帧内 16×16 编码的亮度 DC 系数进行反变换):

(1) 解码器反量化(与反 DCT 变换的乘法因子结合起来):$W' = Z \cdot Q_{step} \cdot PF \cdot 64$(对色度 DC 系数和帧内 16×16 编码亮度的 DC 系数有所不同);

(2) 反 DCT 变换:$X' = C_i^T W' C_i$;

(3) 除以常数因子 64:$X'' = \text{round}(X'/64)$;

(4) 输出:4×4 残差像素 X''.

例 8.8 亮度块 4×4 残差块, 帧内模式.

$QP = 10$, 输入块 X 为

	$j{=}0$	1	2	3
$i{=}0$	5	11	8	10
1	9	8	4	12
2	1	10	11	4
3	19	6	15	7

DCT 核变换 W 的输出为

	$j{=}0$	1	2	3
$i{=}0$	140	−1	−6	7
1	−19	−39	7	−92
2	22	17	8	31
3	−27	−32	−59	−21

$MF = 8192, 3355$ 或者 5243(取决于系数的位置), 参数 $qbits = 16, f = 2^{qbits}/3$.

正向量化 Z 的输出为

	$j{=}0$	1	2	3
$i{=}0$	17	0	−1	0
1	−1	−2	0	−5
2	3	1	1	2
3	−2	−1	−5	−1

$V = 16, 25$ 或 20(取决于位置), 同时 $2^{\mathrm{floor}(QP/6)} = 2^1 = 2$.

解码器反量化 W' 的输出为

	$j{=}0$	1	2	3
$i{=}0$	544	0	−32	0
1	−40	−100	0	−250
2	96	40	32	80
3	−80	−50	−200	−50

DCT 反变换 X'' 的输出(除以 64 以后, 再舍入)为

	$j{=}0$	1	2	3
$i{=}0$	4	13	8	10
1	8	8	4	12
2	1	10	10	3
3	18	5	14	7

12. 重排序

在编码器端,每个 4×4 变换量化系数块按照"之"字形(Zigzag)的顺序被映射成一个 16 个元素的数组(见图 8.34).在一个帧内 16×16 模式编码的宏块中,每个 4×4 亮度块的左上角的 DC 系数首先被扫描,这些 DC 系数形成了一个 4×4 的矩阵,然后按照图 8.34 的顺序进行扫描.这使得每个亮度块剩下 15 个 AC 系数,它们按照图 8.34 的顺序从第二个位置开始进行扫描.同样地,每个色度分量的 2×2 DC 系数首先按光栅顺序进行扫描,然后每个 4×4 色度块的 15 个 AC 系数从第二个位置开始进行扫描.

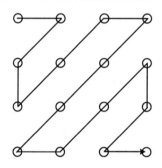

图 8.34 4×4 高度块的 Z 扫描(帧模式)

13. 熵编码

在片层以上,语法元素被编码成定长的或者可变长度的二进制码字.在片层和片层以下编码元素时,取决于熵编码的模式,可使用变长编码(VIC)或者使用基于上下文的自适应的算术编码(CABAC).当熵编码模式 entropy_coding_mode 元素被设置为 0 时,残差块数据使用基于上下文的变长编码方案进行编码,其他变长编码单元使用指数哥伦布码进行编码.需要编码和传输的参数见表 8.8.

表 8.8 编码参数的例子

参　　数	描　　述
序列、图像级片层的语法元素	头和参数
宏块类型 mb_type	每个宏块的预测模式
编码块格式	标识一个宏块内的哪些块包含编码系数
量化参数	以与前一个 QP 值的差值形式进行传输
参考帧索引	指示帧间预测的参考帧
运动矢量	作为运动矢量预测值的差值(MVD)形式进行传输
残差数据	每个 4×4 或者 2×2 块的系数

1) 指数哥伦布熵编码

在 H.264 采用了指数哥伦布熵编码,它是有规则构造的变长码字.通过观察前几个码字(见表 8.9),可以看到哥伦布码字按照以下逻辑方式进行构造:$[M 个 0][1][INFO]$.

表 8.9　指数哥伦布熵编码

待编码数值 code_num	码字
0	1
1	010
2	011
3	00100
4	00101
5	00110
6	00111
7	0001000
8	0001001

　　INFO 是携带信息的 M 个比特.第一个码字没有前导 0 与尾部 *INFO*.第二个与第三个码字(*code_num* = 1,2)有 1 比特的 *INFO* 域,第四个到第七个码字有 2 比特的 *INFO* 域等.每个哥伦布码字的长度为 $2M + 1$ 比特,在编码器中,根据待编码数值 *code_num*,码字构造如下:

$$\begin{cases} M = \text{floor}(\log_2[code\_num + 1]) \\ INFO = code\_num + 1 - 2^M \end{cases} \tag{8.28}$$

一个码字的解码过程如下:

(1) 读入 1 前面的 M 个前导 0;

(2) 读入 M 比特的 *INFO* 域;

(3) *code_num* $= 2^M + INFO - 1$(对于码字 0,*INFO* 和 M 都是 0).

　　一个要编码的参数 K 按照如表 8.10 所示的方式映射到 *code_num*:

　　每个映射(ue,te,se 和 me)的设计目标都是对经常出现的值赋予短的码字,而对不经常出现的值赋予较长的码字.例如,帧间宏块类型 P_LO_16×16(从前一帧预测 16×16 的亮度块)的 *code_num* 值被赋予 0,因为它经常出现.宏块类型 P_8×8(从前一帧预测 8×8 亮度块)的 *code_num* 值被赋予 3,因为它发生得较少.经常发生的运动矢量残差(*MVD*)值为 0 时被映射成的 *code_num* 值是 0,而不常发生的 *MVD* = −3 被映射成的 *code_num* 值是 6.

表 8.10　参数映射

映射类型	含　　义
ue	无符号的直接映射,*code_num* = k,用于宏块类型、参考帧索引等
te	指数哥伦布码字表的一个版本,这里短的码字被截短
se	有符号映射,用于运动矢量差值、*QP* 差值和其他. k 按如下方式映射到 *code_num*,*code_num* $= 2|k|$($k \leqslant 0$), *code_num* $= 2|k| + 1$($k > 0$)(见表 8.11)
me	映射符号,参数 k 按照标准中制定的一个表映射到 *code_num*,表 8.12 列出了帧间预测宏块编码块模式表的一小部分,表明这个宏块中的哪个 8×8 块包含非零系数

表 8.11   有符号映射

k	编码数字($code\_num$)
0	0
1	1
-1	2
2	3
-2	4
3	5
...	...

表 8.12   coded_block_pattern 部分

coded_block_pattern(帧间预测)	$code\_num$
0(无非零块)	0
16(色度的 DC 块非零)	1
1(左上 8×8 亮度块非零)	2
2(右上 8×8 亮度块非零)	3
4(左下 8×8 亮度块非零)	4
8(右下 8×8 亮度块非零)	5
32(色度的 DC 块和 AC 块非零)	6
3(左上和右上 8×8 亮度块非零)	7
...	...

2) 基于上下文的自适应的变长编码(CAVLC)

基于上下文的自适应变长编码方式用来编码按"之"字形顺序扫描的 4×4 和 2×2 残差变换系数块.CAVLC 设计的目的是利用量化的 4×4 块的若干特征:

(1) 经过预测、变换与量化之后,块多半是稀疏的(包含大部分 0).CAVLC 使用游程编码来紧凑地表示零字符串.

(2) 经过 Zigzag 扫描之后,最高的非零系数经常是 ±1 序列,CAVLC 用一种紧凑的方式表示高频率 ±1 的个数(TrailingOnes).

(3) 相邻块非零系数的个数是相关的.对系数个数的编码使用查找表,而查找表的选择依赖于相邻块非零系数的个数.

(4) 在重排序的序列开头的非零系数(接近 DC 系数)的幅度相对较大,而在高频区域则较小.CAVLC 充分利用这点,根据最近编码的幅度来选择幅度参数的 VLC 查找表.

CAVLC 编码变换系数块的过程如下:

(1) 编码非零系数的个数和尾部 1 序列(coeff_token).

第一个变长编码 coeff_token,用来对非零系数的总数(TotalCoeffs)和尾部高频部分 ±1 的个数(TrailingOnes)进行编码.TotalCoeffs 的值可以是 0(在 4×4 块中没有非零系数)到 16(6 个非零系数)中的任何数,而 TrailingOnes 则可以是 0～3 的任何数.如果 ±1 的系数个数大于 3,则只有最后 3 个作为特殊情况处理,其他的则作为正常非零系数编码.

在编码每个 4×4 块的 coeff_token 时,有四个查找表可供选择,即三个变长码表和一个定长码表.查找表的选择取决于左边和上边已编码块的非零系数的个数(分别是 N_A 和 N_B).按如下方式计算一个参数 N:如果上边和左边块 N_B 和 N_A 都存在(也就是说,位于同一个编码片),则 $N = \text{round}[(N_A + N_B)/2]$;如果只有上边块,则 $N = N_B$;如果只有左边块,则 $N = N_A$;如果两个块都不存在,则 $N = 0$.

根据参数 N 可选择查找表(哈夫曼表格,见表 8.13),所以 VLC 的选择随着周围块编码系数的个数而自适应变换(上下文自适应).表 1 主要针对小的非零系数个数,所以较小的 TotalCoeffs 值被赋予较短的码字,而较大的 TotalCoeffs 值则被赋予较长的码字;表 2 主要针对中等大小的系数个数(TotalCoeffs 值为 2～4 时被赋予较短的码字);表 3 主要针对较大的系数个数;而表 4 则对每对 TotalCoeffs 和 TrailingOnes 赋予固定的 6 比特码字.

表 8.13 查找表的选择

N	查找表
0,1	表 1
2,3	表 2
4,5,6,7	表 3
8 或以上	表 4

注:coeff_token_pattern(上文描述过)指示宏块中的那些 8×8 块含有非零系数,但是在一个编码的 8×8 块中,也可能有 4×4 子块不包含任何非零系数.实际上,TotalCoeff 的 0 值发生得最频繁,所以被赋予了最短的 VLC.

(2) 编码每个 TrailingOne 的符号.

对于由 coeff_token 传递的每个 TrailingOne(±1 序列),从最高频率的 TrailingOne 开始对符号按照倒序用一个比特来表示符号(0 代表正号,1 代表负号).

(3) 编码余下非零系数的电平.

余下的非零系数的电平(符号和幅度)按照倒序进行编码,从最高的频率开始一直到 DC 系数.对非零系数的电平编码有 7 个 VLC 表可供选择,从 Level_VLC0 到 Level_VLC6. VLC 表的选择取决于前后编码电平幅度的大小(上下文自适应).Level_VLC0 偏向较低的幅度,Level_VLC1 偏向稍高的幅度,以此类推.将表格初始化为 Level_VLC0(除非有 10 个以上的非零系数和 3 个以下的 TrailingOne 系数,在这种情况下,从 Level_VLC1 开始).首先对最高频率非零系数进行编码.

VLC 表的选择与最近编码系数的幅度相匹配.阈值列于表 8.14 中,第一阈值为 0,这意味着表总是在第一个系数级编码之后递增.如果该系数的幅度大于预定义的阈值,则向上移动到下一个 VLC 表.

表 8.14 确定 VLC 表的阈值

当前 VLC 表	阈值
Level_VLC0	0
Level_VLC1	3
Level_VLC2	6
Level_VLC3	12
Level_VLC4	24
Level_VLC5	48
Level_VLC6	N/A（最高）

（4）编码最后一个系数前 0 的总数.

在重排序的序列中,最高非零系数前所有 0 的个数用一个可变长度编码 VLC 进行编码,表示所有 0 的个数.发送一个单独的 VLC 表示所有 0 的个数的原因是许多块在序列的开始包含一系列非零系数,同时这种方法意味着序列开始的零游程不需要编码.

（5）编码每个零游程.

每个非零系数前 0 的个数（run_before）按照倒序进行编码.对于每个非零系数编码一个 run_before 参数,从最高频率开始编码,但有两个例外:① 如果余下已经没有 0 需要被编码（也就是说,$\sum [\text{run\_before}] = \text{total\_zeros}$）;② 最后一个非零系数（最低频率）前的 run_before 值编码没有必要编码.

每个零游程的 VLC 的选择取决于余下还没有编码的 0 的个数（ZerosLeft）和 run_before 值.例如,如果只剩下两个 0 需要编码,run_before 只能取 3 个值（0,1 或者 2）,所以 VLC 长度不大于 2 位.如果还有 6 个 0 需要被编码,则 run_before 可以取 7 个值（0~6）,所以 VLC 表需要相应变大.

例 8.9 4×4 块.

0	3	-1	0
0	-1	1	0
1	0	0	0
0	0	0	0

块的"之"字形序列如下所示:

$0,3,0,1,-1,-1,0,1,0,0,0,0,0,0,0,0$

因此,$NumCoeff = 5$,$TotZero = 3$,$T1s = 3$.

假设 $N = 1$,编码过程如表 8.15 所示.

表 8.15 CAVLC 编码

需要编码的值	码字	注 释
$NumCoeff = 5, T1s = 3$	0000100	
$T1(1)$ 的符号	0	从最高频率开始
$T1(-1)$ 的符号	1	
$T1(-1)$ 的符号	1	
非零系数 $= +1$	1	用 Level-VLC0 编码
非零系数 $= +3$	0010	用 Level-VLC1 编码
最后一个非零系数前 0 的个数	111	也取决于 NumCoeff
剩余 0 的个数为 3, run_before $= 1$	10	第一个非零系数前的 run_before
剩余 0 的个数为 2, run_before $= 0$	1	第二个非零系数前的 run_before
剩余 0 的个数为 2, run_before $= 0$	1	第三个非零系数前的 run_before
剩余 0 的个数为 2, run_before $= 1$	01	第四个非零系数前的 run_before
剩余 0 的个数为 1, run_before $= 1$		最后的非零系数,不需要编码

最后码流输出为:0000100011100101111101101.

解码的过程是上述过程的逆过程.

8.2.3 运动估计算法

运动估计是在先前编码的帧中选择一个适当参考区域的偏移量的过程.运动估计是在视频编码器(不在解码器中)进行的,对编码器的性能有着重要的影响.一个好的预测基准的选择使运动补偿残差中的能量最小,从而使压缩性能最大化.然而,找到"最佳"偏移量可能是一个非常计算密集型的步骤.

当前区域或块与参考区域之间的偏移(运动矢量)可能受到编码标准语义的约束.通常,参考区域被约束位于以当前块或区域位置为中心的矩形内.图 8.35 显示了一个 32×32 的样本块(用白色勾画),该块将进行运动补偿.图 8.36 显示了前一帧中相同的块位置(用白色勾画)和一个较大的方形,每个方向在块位置周围延伸 ±7 个样本.运动矢量可能指向较大的正方形内的任意参考区域(搜索区域).一种实用的运动估计算法的目标是找到一个使运动补偿后的剩余能量最小的向量,同时保持计算复杂度在可接受的范围内.算法的选择取决于平台(如软件或硬件)以及运动估计是基于块还是基于区域.

1. 基于块的运动估计

运动补偿的目的是使量化后的残差变换系数能量最小化.变换块中的能量取决于残差块中的能量(在变换之前).因此,运动估计旨在找到与当前块或区域的"匹配",使运动补偿残差(当前块与参考区域的差值)中的能量最小化.这通常涉及在多个不同偏移量上评估残差能量.对"能量"的度量选择影响计算复杂度和运动估计过程的精度.方程(8.29)、方程(8.30)和方程(8.31)描述了均方差 MSE、平均绝对值差 MAE 和绝对值差的和 SAE 三种能量测度:

$$MSE = \frac{1}{N^2} \sum_{i=0}^{N-1} \sum_{j=0}^{N-1} (C_{ij} - R_{ij})^2 \qquad (8.29)$$

$$MAE = \frac{1}{N^2} \sum_{i=0}^{N-1} \sum_{j=0}^{N-1} |C_{ij} - R_{ij}| \qquad (8.30)$$

$$SAE = \sum_{i=0}^{N-1} \sum_{j=0}^{N-1} |C_{ij} - R_{ij}| \qquad (8.31)$$

式中C_{ij}和R_{ij}分别为当前和参考区域样本,运动补偿块大小为$N \times N$个样本.

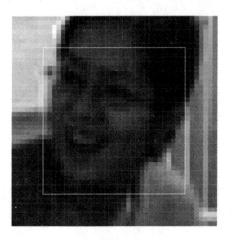

图 8.35 当前块

图 8.36 前一帧搜索区域

对图 8.36 搜索区域中的每个可能偏移量进行 MSE 评估,给出 MSE 图(图 8.37). 该图在($+2,0$)处有最小值,这意味着通过在当前帧中块位置右边的偏移量为 2 处选择一个 32×32 的样本参考区域来获得最佳匹配. MAE 和 SAE(有时被称为 SAD,绝对差异之和)比 MSE 更容易计算;它们的计算结果如图 8.38 和图 8.39 所示. 尽管梯度与 MSE 情况不同,但这两种测度在位置上都有最小值($+2,0$).

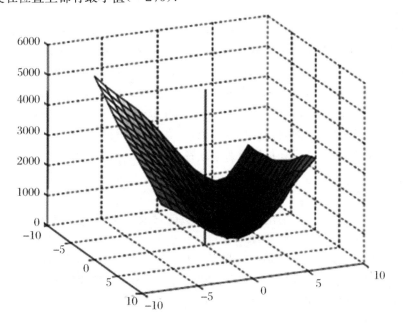

图 8.37 *MSE* 图

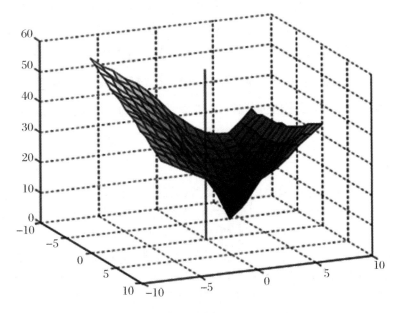

图 8.38 *MAE* 图

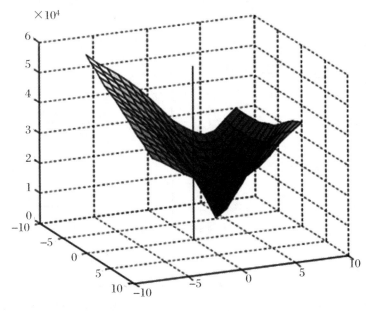

图 8.39 *SAE* 图

由于计算简单, *SAE* 可能是最广泛使用的残差能量度量. H. 264 参考模型软件采用 *SAE*, 变换后残差数据的绝对差值的和, 作为其预测能量测度. 变换每个搜索位置的残差增加了计算量, 但提高了能量测量的精度. 使用简单的无乘法变换, 额外的计算开销不会太大.

以上结果表明, 运动矢量的最佳选择为 $(+2, 0)$. *MSE* 或 *SAE* 的最小值表示产生最小残差能量的偏移, 这很可能产生最小的量化变换系数能量. 但是, 运动矢量本身必须传输到解码器, 而且由于较大的矢量使用比小幅度矢量更多的比特进行编码, 这可能有助于"偏向"选择矢量 $(0, 0)$. 这可以简单地从位置 $(0, 0)$ 的 *MSE* 或 *SAE* 中减去一个常数来实现. 一种更为复杂的方法是将矢量的选择视为一个约束优化问题.H.264 参考模型编码器在选择最小的运动预测总成本之前,为每个编码元素(MVD、预测模式等)增加一个代价参数.

可能并不总是需要在每个偏移位置完全计算 SAE(或 MAE 或 MSE).一个捷径是一旦超过前面的最小 SAE 就提前终止计算.例如,在计算 SAE 的每个内和 $\sum_{j=0}^{N-1} | C_{ij} - R_{ij} |$ 后,编码器将总 SAE 与前面的最小值进行比较.如果到目前为止的总数超过之前的最小值,则终止计算.

2. 全搜索

全搜索运动估计包括在搜索窗口[关于位置(0,0)的 $\pm S$ 样本]的每个点(当前宏块的位置)上评估方程 SAE.全搜索估计可以保证在搜索窗口找到最小的 SAE(或 MAE 或 MSE),但由于能量测度必须在 $(2S+1)^2$ 的每个位置计算,因此此计算量很大.

图 8.40 给出了一个全搜索策略的例子.第一个搜索位置位于窗口的左上方(位置 $[-S,-S]$),搜索按逐行顺序进行,直到所有位置都被评估.在一个典型的视频序列中,大多数运动矢量都集中在(0,0)周围,因此很可能会在这个区域找到最小值.全搜索算法的计算可以通过在(0,0)处开始搜索并在此位置周围以螺旋状模式进行测试点来简化(图 8.41).如果使用提前终止(见上文),随着搜索模式向外扩展,SAE 计算越来越可能提前终止(从而节省计算).

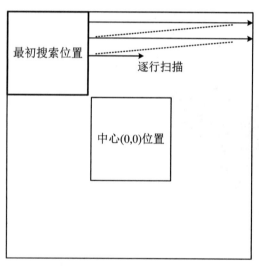

图 8.40　全搜索(逐行扫描)

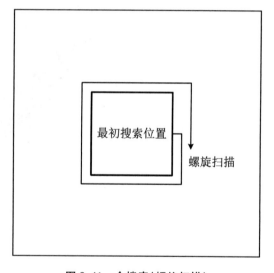

图 8.41　全搜索(螺旋扫描)

3."快速"搜索算法

即使使用早期终止,全搜索运动估计在许多实际应用中计算量都太大.在计算受限或功率受限的应用中,所谓的"快速"搜索算法更可取.这些算法都通过在搜索窗口内的某个位置子集上计算能量测度(如 SAE).

流行的三步搜索(TSS,有时称为 N 步搜索)如图 8.42 所示.SAE 在位置(0,0)(图的中心)和八个位置 $\pm 2^{N-1}$[对于 $\pm (2^{N-1})$ 个样本的搜索窗口]进行计算.在图中,$S=7$,前九个搜索位置编号为"1".选择给出最小 SAE 的搜索位置作为新的搜索中心,并搜索另外八个位置,这八个位置与新的搜索中心的距离是上次搜索距离的一半(图中编号为"2").再一次选择"最佳"位置作为新的搜索原点,并重复该算法,直到搜索距离无法进一步细分.TSS 需要 $8N+1$ 次搜索,比全搜索简单得多,全搜索需要 $(2^{N+1}-1)^2$ 次搜索,但 TSS 和其他快速搜索算法性能通常不如全搜索.

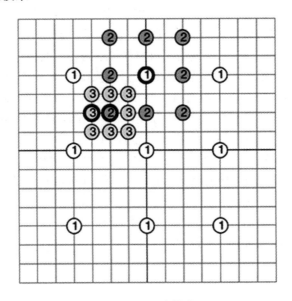

图 8.42 三步搜索

其他快速搜索算法包括对数搜索、层次搜索、交叉搜索和一次搜索.在每种情况下,可以通过与全搜索的比较来评估算法的性能,合适的比较标准是压缩性能和计算性能.

8.3 H.265

8.3.1 概述

高效率视频编码(High Efficiency Video Coding,HEVC),又称为 H.265 和 MPEG-H 第 2 部分,是一种先进的视频压缩标准,被视为 ITU-T H.264/MPEG-4 AVC 标准的继任者.2004 年开始由 ISO/IEC Moving Picture Experts Group(MPEG)和 ITU-T Video Coding Experts Group(VCEG)作为 ISO/IEC 23008-2 MPEG-H Part 2 或称作 ITU-T H.265开始制定.第一版的 HEVC/H.265 视频压缩标准在 2013 年 4 月 13 日被接受为国际电信联盟(ITU-T)的正式标准.HEVC 被认为不仅提升影像质量,同时也能达到 H.264/MPEG-4 AVC 两倍之压缩率(等同于同样画面质量下比特率减少到了 50%),可支持 4K 清晰度甚至超高清电视(UHDTV),最高清晰度可达到 8192×4320(8K 清晰度).

1. H.265 与 H.264 的不同

H.264 也称作 MPEG-4 AVC(Advanced Video Coding,高级视频编码),是一种视频压缩标准,同时也是一种被广泛使用的高精度视频的录制、压缩和发布格式.H.264 因其是蓝光光盘的一种编解码标准而著名,所有蓝光播放器都必须能解码 H.264.更重要的是,因为苹果公司当初毅然决定抛弃了 Adobe 的 VP6 编码,选择了 H.264,这个标准也就随着数亿台 iPad 和 iPhone 走入了千家万户,成为了目前视频编码领域的绝对霸主,占有超过 80% 的份额.H.264 也被广泛应用于网络流媒体数据、各种高清晰度电视广播以及卫星电视广播等领域.H.264 相较于以前的编码标准有着一些新特性,如多参考帧的运动补偿、变块尺寸运动补偿、帧内预测编码等,通过利用这些新特性,H.264 比其他编码标准有着更高的视频质量和更低的码率,因此受到了人们的认可,被广泛应用.

H.265/HEVC 的编码架构大致上和 H.264/AVC 的架构相似,也主要包含:帧内预测(intra prediction)、帧间预测(inter prediction)、变换(transform)、量化(quantization)、去块效应滤波器(deblocking filter)、熵编码(entropy coding)等模块.但在 HEVC 编码架构中,整体被分为了三个基本单元,分别是:编码单元(coding unit,CU)、预测单元(predict unit,PU)和变换单元(transform unit,TU).

2. 编码单元

编码单元是 H.265 基本的预测单元.通常,较小的编码单元被用在细节区域(例如边界等),而较大的编码单元被用在可预测的平面区域.

H.264 的编码单元为 16×16 的宏块,而 H.265 在此基础上做了改进,它将图像划分为"树编码单元"(coding tree unit,CTU).树编码块的尺寸可以设置为 64×64 或者是有限的 32×32 或 16×16.越大的编码块提供的压缩效率也就越高.利用递归分割和四叉树结构,每个树编码块可以进一步分割为 32×32,16×16,8×8 的子区域.

3. 预测单元

预测阶段处于变换和量化步骤之前.每一个编码单元都可使用其中任一种预测模式来进行预测.预测单元可分为帧间预测和帧内预测.

帧间预测是针对运动矢量的预测,主要是利用视频时域的相关性,通过邻近的已经编码过的图像像素来预测当前的图像像素,以此来减少视频时域的冗余.H.265 的帧间预测帧分为低延时 P 帧、低延时 B 帧和随机接入 B 帧.其中 B 帧一般会有两个参考帧列表:List0、List1,一般每个参考列表都有两个参考帧.List0 为前向参考列表,存放当前帧前面的帧,List1 为后向参考列表,存放当前帧后面的帧,有时候也有前面的帧,但是对于低延时 B 帧则不然,List0 和 List1 存放的都是当前帧前面的帧,这是为了适应低延时的要求而设计的.H.265的运动补偿使用了运动合并技术、先进运动矢量预测等新工具来提高编码效率.

帧内预测主要利用视频空间域的相关性,使用同一帧内邻近的已经编码过的图像像素来预测当前的图像像素,以此来减少视频时域的冗余.与 H.264 相比,帧内预测模式从原来的 9 种增多为现在的 35 种,包括 DC 模式、平面(planar)模式和 33 个方向模式.所有预测模式均可以应用于 4×4,8×8,16×16 和 32×32 的变换单元.预测方向的增多使得预测更加精准,但也使预测计算的复杂度增加.

4. 变换单元

每个编码单元可以四叉树的方式递归分割为变换单元. 与 H.264 主要采用 4×4 变换, 偶尔采用 8×8 变换不同的是, H.265 有若干种变换尺寸: 32×32, 16×16, 8×8 和 4×4. 从数学的角度来看, 更大的变换单元可以更好地编码静态信号, 而更小的变换单元可以更好地编码更小的"脉冲"信号.

5. H.265 为何优于 H.264

比起 H.264/AVC, H.265/HEVC 提供了更多不同的工具来降低码率, 以编码单位来说, 最小的 8×8 到最大的 64×64. 信息量不多的区域(颜色变化不明显, 比如车体的红色部分和地面的灰色部分)划分的宏块较大, 编码后的码字较少, 而细节多的地方(轮胎)划分的宏块就相应地小和多一些, 编码后的码字较多, 这样就相当于对图像进行了有重点的编码, 从而降低了整体的码率, 编码效率就相应提高了. 同时, H.265 的帧内预测模式支持 33 种方向(H.264 只支持 8 种), 并且提供了更好的运动补偿处理和矢量预测方法.

反复的质量比较测试已经表明, 在相同的图像质量下, 相比于 H.264, 通过 H.265 编码的视频码流大小比 H.264 减少 39%~44%. 由于质量控制的测定方法不同, 这个数据也会有相应的变化. 主观视觉测试得出的数据显示, 在码率减少 51%~74% 的情况下, H.265 编码视频的质量还能与 H.264 编码视频近似甚至更好.

目前的 HEVC 标准共有三种配置模式: Main、Main10 和 Main Still Picture. Main 模式支持 8 比特的颜色深度(即红、绿、蓝三色各有 256 个色度, 共 1670 万色), Main10 模式支持 10 比特的颜色深度, 将会用于超高清电视(UHDTV)上.

事实上, H.265 和 H.264 标准在各种功能上有一些重叠. 例如, H.264 标准中的 Hi10P 部分就支持 10 比特颜色深度的视频. 另外, H.264 的部分(Hi444PP)还可以支持 4:4:4 采样和 14 比特色深. 在这种情况下, H.265 和 H.264 的区别就体现在前者可以使用更少的带宽来提供同样的功能, 其代价就是设备计算能力: H.265 编码的视频需要更多的计算能力来解码.

H.265 标准的诞生是在有限带宽下传输更高质量的网络视频. 对于大多数专业人士来说, H.265 编码标准并不陌生, 它是 ITU-TVCEG 继 H.264 之后所制定的视频编码标准. H.265 标准主要围绕着现有的视频编码标准 H.264, 在保留了原有的某些技术外, 增加了能够改善码流、编码质量、延时及算法复杂度之间的关系等相关的技术. H.265 的主要特征包括提高压缩效率、提高鲁棒性和错误恢复能力、减少实时的时延、减少信道获取时间和随机接入时延与降低复杂度等.

8.3.2　H.265 视频编码

1. 编码框架

HEVC 编码框架与 H.26X 标准的编码框架类似, 均采用基于块的混合模型.

如图 8.43 所示, HEVC 编码器的工作过程为:

(1) 首先, 视频编码器将输入视频图像划分为互不重叠的编码单元.

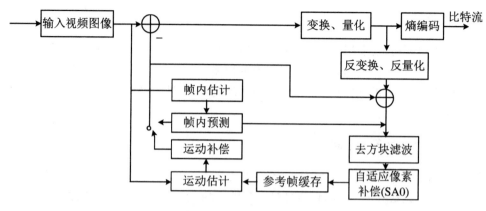

图 8.43　HEVC 编码框架

（2）再进行预测编码,主要利用视频的空间相关性和时间相关性,分别采用帧内预测和帧间预测去除时空域冗余信息,从而得到预测图像块.

（3）然后将预测图像块与原始图像块作差得到预测残差块,再对预测残差进行离散余弦变换（DCT）和量化,获得量化的 DCT 系数.

（4）最后对量化后的 DCT 系数进行熵编码,得到压缩码流.

HEVC 融入了许多关键技术以提高性能,例如基于四叉树划分编码单元、预测方向更精细的帧内预测技术,采用运动合并技术、先进运动矢量预测模式的帧间预测技术和高精度运动补偿技术,用于改善重构图像质量的去块效应滤波和像素自适应补偿技术等.

2. HEVC 编码单元

HEVC 编码单元的概念和作用与 H.264 中的宏块相同,只是 HEVC 编码块的分割更加灵活.编码单元（CU）采用四叉树结构,首先将一帧图像分成若干个大小互不重叠的矩形块,每一个块即为最大编码单元（LCU）.每个 LCU 又可以分为从 64×64 到 8×8 不同大小的 CU,且 CU 的最大/最小值在配置文件中还可以修改.

CU 采用四叉树的分割方式,具体的分割过程用两个变量进行标记:分割深度（depth）和分割标记符（split_flag）.

如图 8.44 所示,LCU 的大小为 64×64,深度为 0,用 CU_0 表示,CU_0 可以分成四个大小为 32×32、深度为 1 的编码单元 CU_1,以此类推,直到可以分为深度为 3 的 CU_3 后不可再分.因此,对于编码单元 CU_d 的大小为 $2N \times 2N$,深度为 d,此时若它的 split_flag 值为 0,则 CU_d 不再被划分;否则被分为四个大小为 $N \times N$、深度为 $d+1$ 的编码单元 CU_{d+1}.

PU 是预测的基本单元,规定了编码单元的所有预测模式,其最大单元与当前的 CU 大小相同.HEVC 中对于跳过模式（skip）、帧内模式（intra）和帧间模式（inter）,PU 分割大小是不同的.

如图 8.45 所示,对于跳过模式（skip）,PU 的大小是 $2N \times 2N$.而帧内模式 PU 的大小可以为 $2N \times 2N$ 和 $N \times N$,其中,当且仅当 CU 的大小为 8×8 时,帧内 PU 才可以取 $N \times N$.

帧间预测 PU 分割模式共有 8 种,主要分为两类:对称分割和非对称分割.其中,$2N \times 2N$,$2N \times N$,$N \times 2N$ 和 $N \times N$ 为 4 种对称模式,$2N \times nU$,$2N \times nD$,$nL \times 2N$ 和 $nR \times 2N$ 为 4 种非对称模式,U,D,L 和 R 分别表示上、下、左、右,且非对称划分形式只用于大小为

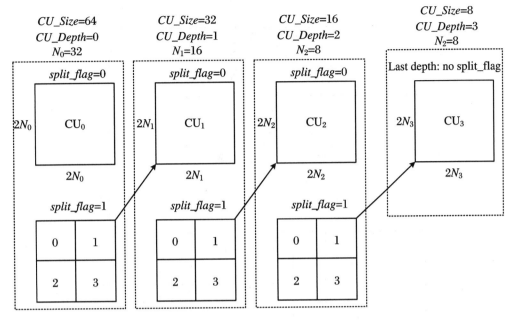

图 8.44　LCU 四叉树分割过程

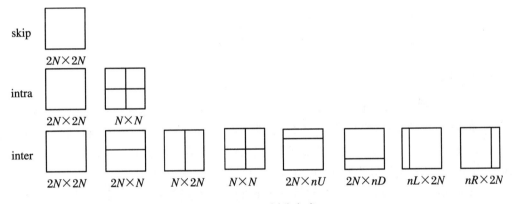

图 8.45　PU 划分方式

32×32 和 16×16 的 CU 中,对称划分形式的 $N \times N$ 只用于大小为 8×8 的 CU 中.例如,$2N \times nU$ 和 $2N \times nD$ 分别以上、下 $1:3$ 和 $3:1$ 划分,$nL \times 2N$ 和 $nR \times 2N$ 分别以左、右 $1:3$ 和 $3:1$ 划分.

　　TU 是变换和量化的基本单元,变换树是由变换单元组成的四叉树.从 CU 大小开始,变换单元以迭代方式四等分,是否划分成四个子块根据语法元素 split_transform_flag 标定.根据迭代划分的深度不同,其大小可以是 $32 \times 32,16 \times 16,8 \times 8$ 和 4×4 中的一个.在序列参数集中可以设定变换单元的最大/最小值.

　　如图 8.46 所示,TU 的最大划分深度为 3,其大小可以大于 PU 但不能超过 CU.当 PU 为正方形时,TU 采用正方形变换,且当 PU 为长方形时,TU 采用长方形变换,其大小可以是 $32 \times 8,8 \times 32,16 \times 4$ 和 4×16 中的一个.

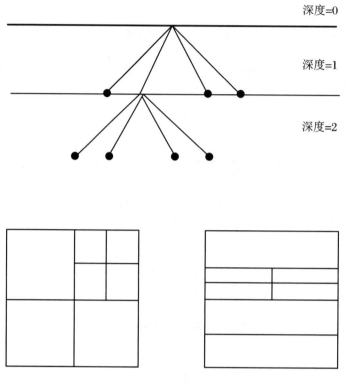

图 8.46　TU 划分方式

3. 预测编码

HEVC 预测编码相对于 H.264 有较大改进,使其更适用于高效编码.预测编码是基于前后两帧或同一图像的相邻像素存在的相关性,利用当前帧和一组预测系数,推测出下一帧图像,也可以利用周围像素推测出当前像素.然后将实际值和预测值作差,对差值进行编码,从而去除冗余.预测编码分为帧内预测和帧间预测,下面分别进行介绍.

帧内预测:HEVC 帧内预测基于 H.264 预测的思路进行扩展.在 H.264 编码中,4×4 亮度块的帧内预测有 9 种预测模式,16×16 亮度块的帧内预测有 4 种预测模式.

如图 8.47 所示,HEVC 采用 35 种帧内预测模式,其中包括 DC 模式、33 种角度模式和 Planar 模式.HEVC 对帧内预测模式的选择过程更细致,不同大小的 PU 对应不同的预测模式.这使得帧内预测更加精确,且能减少空间冗余.帧内预测具体过程如下:

(1) 首先遍历所有的预测模式,计算各个模式下预测的绝对值差 SAD 并由小到大排序.

(2) 将 SAD 最小的一组预测模式作为该预测模式的子集.

(3) 确定预测子集后,判断该 PU 左边和上边已经编码像素块的方向是否在子集内,若不在,则将该模式加入子集.

(4) 最后对子集中的所有预测模式进行率失真优化(RDO).

如表 8.16 所示,HEVC 中预测单元大小不同,则预测模式数也不同,最终的预测子集个数也不同.

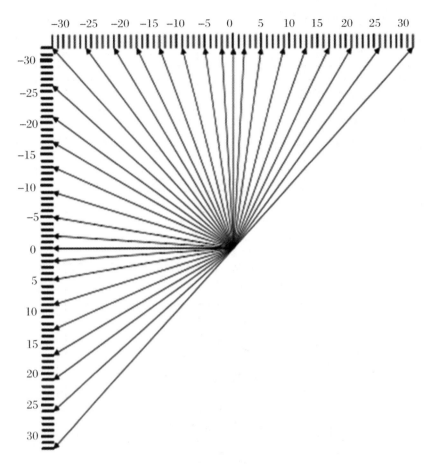

图 8.47 帧内预测 33 种方向

表 8.16 不同大小块对应的不同模式个数

预测单元大小	所有预测模式数	预测模式最终预测模式数
4	17	3
8	34	8
16	34	8
32	34	3
64	3	3

帧间预测:HEVC 帧间预测提出了运动合并技术、先进运动矢量预测等新工具来提高编码效率.帧间预测模式分为跳过模式、运动合并技术(merge 模式)、先进运动矢量预测技术(AMVP).其中跳过模式是 merge 模式中的一种特殊模式,其区别在于传输时不需要传残差信息和 MV 信息.下面对帧间预测模式分别进行介绍.

1) merge 模式

merge 模式采用相邻 PU 块的运动信息估计当前 PU 块的运动信息,编码器从时空域相邻 PU 块构成的参考列表中选择出最优的运动信息,并将其传到解码端.

如图 8.48 所示,候选列表主要包括两个子集:空域候选列表和时域候选列表,总个数为

MaxNumMergeCand（默认值为 5）.

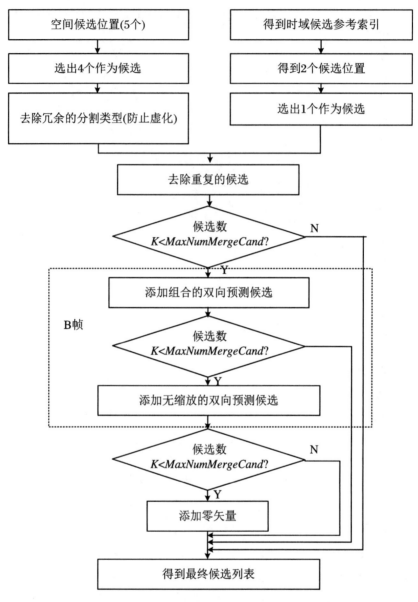

图 8.48   merge 模式运动参数候选列表构建过程

如图 8.49 所示,空域候选列表从 5 个空间相邻块位置进行选取,选取的顺序为 A_1 —> B_1 —> B_0 —> A_0 —> (B_2).其中,B_2 只有在 A_1,B_1,B_0 和 A_0 中有一个不存在或帧内预测的情况下才可以使用.

为了防止冗余分割(即防止虚化),对于 $N \times 2N$,$nL \times 2N$ 和 $nR \times 2N$ 模式的第二个 PU 的候选位置 A_1 是不可用的,这种情况下的选取顺序为 B_1 —> B_0 —> A_0 —> B_2,如图 8.50 所示.同理,对于 $2N \times N$,$2N \times nU$ 和 $2N \times nD$ 模式第二个 PU 的候选位置 B_1 是不可用的,这种情况下的选取顺序是 A_1 —> B_0 —> A_0 —> B_2.

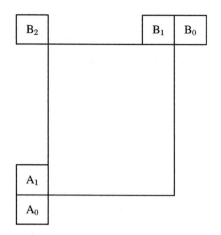

图 8.49　运动合并空域候选位置

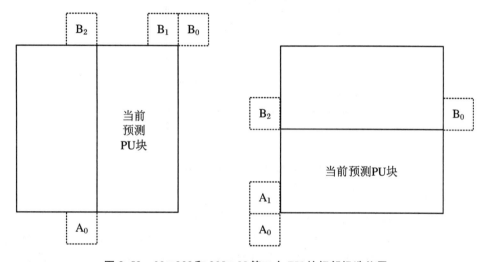

图 8.50　$N \times 2N$ 和 $2N \times N$ 第二个 PU 的相邻候选位置

如图 8.51 所示，对于时域候选子集的推导过程为：

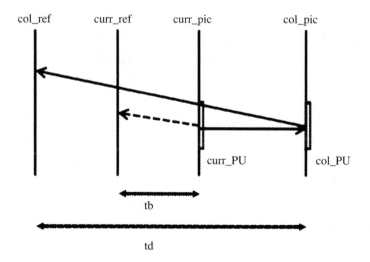

图 8.51　用于时域运动合并的缩放式预测运动矢量

（1）当前预测单元(curr_PU)从参考队列中找出和它所处图像(curr_pic)的 POC(图像显示顺序)序列差值最小的参考图像(col_pic)，以及 curr_pic 的参考图像(curr_ref).

（2）从参考图像 col_pic 中找出两个预测位置作为候选位置，并从两个位置中选择一个作为参考预测单元(col_PU).

（3）根据当前预测单元和参考图像的 POC 距离 tb，以及 col_pic 和 col_ref 的 POC 距离 td，对时域预测单元 col_PU 的运动矢量进行缩放，从而得到当前预测单元的预测矢量.

如图 8.52 所示，col_PU 的位置从 C_3 和 H 中进行选择.一般情况下首先考虑 H 位置，当 H 位置不存在或编码模式使用的是帧内预测，或者超出了 CTU 的边界时，选择 C_3 位置.

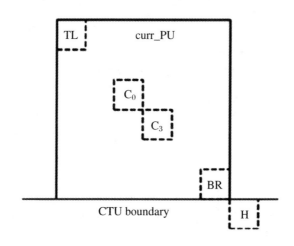

图 8.52　时域运动合并候选位置 C_3 和 H

2）AMVP 技术

AMVP 技术和 merge 模式预测过程部分相似，也是利用空域和时域相邻块的运动信息预测当前 PU 块的运动信息.AMVP 技术利用周围信息估计当前编码块运动信息的过程和 merge 模式相同，包括候选列表的构建过程和最优运动矢量的选择过程，只是候选数目不同而已.

如图 8.53 所示，AMVP 候选列表构建流程中空域的 5 个位置和 merge 模式下空域的 5 个位置完全相同，但最终选择的是 2 个最优位置，其中一个来自上边块，另一个来自左边块.而时域运动矢量的选取是利用 2 个不同预测方向的时域相邻预测单元的运动矢量作为测量值，并选取最优的一个作为时域运动矢量.当时域和空域候选子集选取完成后，首先去除重复的运动矢量，其次检查运动矢量的总数是否为 2，若大于 2 则保留前 2 个即去除索引值大于 1 的，若小于 2 则添加零运动矢量.

空域运动矢量最多有 2 个预测运动矢量，是从图 8.49 中 5 个位置中选取的.预测运动矢量选取顺序为：

（1）左相邻块：$A_0 -> A_1 ->$ 缩放的 $A_0 ->$ 缩放的 A_1.

（2）上相邻块：$B_0 -> B_1 -> B_2 ->$ 缩放的 $B_0 ->$ 缩放的 $B_1 ->$ 缩放的 B_2.

左边候选子集和上边候选子集均有 4 种处理预测运动矢量的方式，且可以划分为两类：运动矢量不缩放情形和运动矢量缩放情形.而且总是先处理不缩放情形，再处理缩放情形.对于两种情形的规定如下：

（1）不需要缩放的情形：

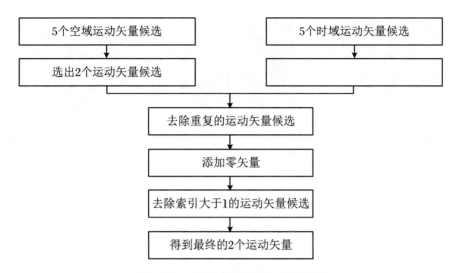

图 8.53　AMVP 候选列表构建示意图

a. 使用同一个参考列表,同一个参考图像索引.

b. 使用不同参考列表,同一个参考图像索引.

(2) 需要缩放的情形:

a. 同一个参考列表,不同参考图像索引.

b. 不同参考列表,不同参考图像索引.

因此,具有相同图像参考索引的不需要进行缩放操作,其他情况要进行缩放操作.时域运动矢量候选的选取方式与 merge 模式的时域候选方式相同,且对于空域缩放过程和时域缩放过程相同.

4. 变换编码

变换编码是将空间的图像变换到频域,产生相关性很小的变换系数,并对其进行编码压缩.HEVC 采用自适应的变换编码技术,其沿用了 H.264 的自适应块大小变换技术(ABT),并在此基础上进行扩展和改进.

HEVC 变换大小更灵活,采用更大的块和非正方形变换.例如,在 H.264 的 4×4 和 8×8 变换基础上,增加了 16×16,32×32,16×4,4×16,32×8 和 8×32 的变换大小.同时,HEVC 又增加了基于模式方向的扫描技术(MDCS),该技术主要针对帧内编码块,根据帧内编码块预测模式的水平或垂直相关性决定当前变换系数的扫描顺序.

如图 8.54 所示,对于帧内 4×4 和 8×8 变换块的扫描方式主要分为对角扫描、水平扫描和垂直扫描.

5. 熵编码

HEVC 视频编码标准中只采用一种熵编码器,即基于上下文的自适应二进制算术编码器(CABAC),且去除了基于上下文的自适应可变长编码(CAVLC).

如图 8.55 所示,HEVC 的 CABAC 熵编码流程与 H.264 基本类似,主要包括:二进制化、文本模型选择、概率估计和二进制算术编码,但 HEVC 在概率估计精度和自适应速度加快等方面进行了改进.

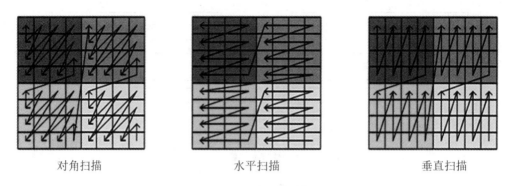

对角扫描　　　　　　　水平扫描　　　　　　　垂直扫描

图 8.54　8×8 变换块扫描方式

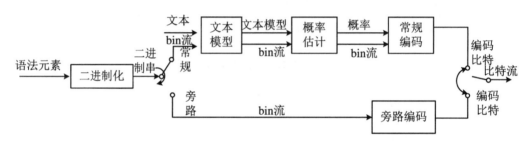

图 8.55　熵编码示意图

6. 重构图像后处理技术

为降低重建图像和原始图像之间的失真程度,HEVC 对重构图像进行后处理,包括去块效应滤波和像素自适应补偿技术.其中,SAO(像素自适应补偿)是 HEVC 新增技术,主要对重构图像基于像素进行补偿以减小重建图像和原始图像之间的差异.

去块效应滤波:HEVC 的去块效应滤波与 H.264 类似,但由于 HEVC 中 TU 的大小可以大于 PU,因此不能像 H.264 一样选择块边界,而是从 TU 和 PU 中选择较小的边界进行滤波.而且为了降低复杂度,其不对 4×4 块边界进行滤波.

如图 8.56 所示,边界滤波分为三种情况:不进行滤波、弱滤波和强滤波.且滤波类型由边界强度 B_S、阈值 β 和 t_c 决定.

像素自适应补偿(SAO):SAO 在去块效应滤波后执行,是 HEVC 新增的编码技术.SAO 以 LCU 为单元,对每个 LCU 经过去块效应滤波后的重建像素进行自适应补偿,从而减小重建图像的失真.SAO 分为两类:边带补偿(BO)和边界补偿(EO).

如图 8.57 所示,BO 首先将亮度等级(0～255)分成 32 个条带,然后统计一个 LCU 内的像素分别落入每个条带的数目.对 32 个条带,每 4 个为一组,其左边界标记为起始位置.计算出连续 4 个条带应该补偿的值,对 LCU 中的像素进行补偿,最后进行率失真优化,选择率失真优化值最小的 4 连续条带进行补偿.

如图 8.58 所示,EO 主要是对图像的轮廓进行补偿,其补偿方向主要分为 4 类,分别是:水平方向、垂直方向、135°方向和 45°方向.

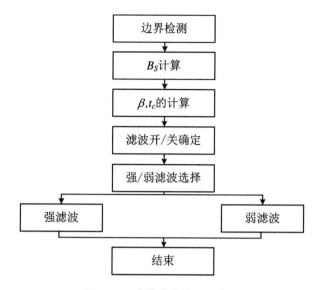

图 8.56　去块效应滤波示意图

图 8.57　边带补偿

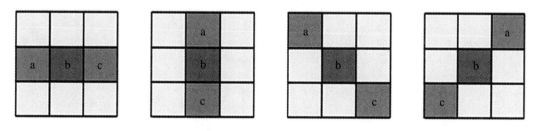

图 8.58　边界补偿的 4 类方向

习题 8

1. 列举视频编码标准及相关应用.

2. 描述视频编码与解码的流程.

3. 描述 H.264 的帧间预测与帧内预测,各有几种模式?

4. 描述 H.264 的 DCT 变换的特点.

5. 描述 H.264 基线配置的熵编码过程.

6. 描述 H.265 编码过程,并比较与 H.264 编码的区别.

参 考 文 献

［1］ 廖超平.数字音视频技术［M］.北京：高等教育出版社,2009.

［2］ Richardson I E G. H. 264 and MPEG-4 Video Compression［M］. Hoboken：Wiley & Sons Inc. ,2003.

［3］ 马华东.多媒体技术原理及应用［M］.北京：清华大学出版社,2008.

［4］ 蔡安妮,等.多媒体通信技术基础［M］.3 版.北京：电子工业出版社,2008.

［5］ 万帅,杨付正.新一代高效视频编码 H. 265/HEVC：原理、标准与实现［M］.北京：电子工业出版社,2014.

第 9 章　多媒体容器

9.1　AVI

　　AVI 是微软公司制定的一种音视频容器.AVI 全称是"Audio Video Interleave",指音视频交错存放.AVI 文件格式是一个 RIFF 文件规范,它使用应用程序捕获、编辑和播放音视频的序列.一般来说,AVI 文件包含多个不同的数据流.大多数 AVI 序列使用音频和视频流.一个简单的变种为 AVI 文件使用视频数据而不需要音频流.

　　本节并不对 OpenDML AVI 文件格式的扩展进行描述.有关这些扩展的信息,请参阅由 OpenDML AVI 与 M-JPEG 文件格式小组委员会发表的 OpenDML AVI 文件格式的扩展.

9.1.1　相关术语

　　四字符代码(FOURCCs):一个四字符代码(或四字节代码)是由连续的四个 ASCII 字符组成的一个 32 位无符号整数.例如,四字符代码"abcd"在低位优先的系统上显示为 0x64636261.四字符代码可以包含空格字符,因此" abc"是一个有效的四字符代码.AVI 文件格式使用四字符代码来标识流类型、数据块、索引条目和其他信息.

　　RIFF 文件格式:AVI 文件格式是基于 RIFF(资源交换文件格式)的文档格式.一个 RIFF 文件包含一个 RIFF 标题,零个或多个列表和块.

　　RIFF 标题包含 RIFF 的文件长度(大小)与文件类型(数据).RIFF 是四字符代码 RIFF,文件长度是数据文件的长度,文件大小的值包括文件类型加上四字节代码以外的数据所占的字节数,但不包括 RIFF 四字节代码和表示文件长度的字节数.文件类型是四字符代码标识特定的文件类型.文件数据包括任何顺序的块和表.

　　一个块包含块标识、块长度、块数据.块标识是一个四字符代码,它标识块中包含的数据.块长度是一个四字节值来表示在块中数据的长度.块数据是一个零字节或多字节的数据.如果字节数不是偶数,会填充一个字节.块长度表示了在块中数据的字节数,它不包括填充数据、块标识或者是块长度所占的字节数.

　　一个列表包含列表大小、列表类型与列表数据.列表是一个四字节代码表,列表大小是用一个四字节值来表示列表的长度.列表大小的值包括列表类型加上列表数据的字节数,它不包括列表四字节代码或者列表大小所占的字节数.

列表类型是一个四字节代码,列表数据包括任何顺序的块或列表.本节的剩余部分用以下标识来描述 RIFF 块:

块标识(块数据).

块大小是隐形的.使用这个标识,一个列表可以表示为表[列表类型(列表数据)].

可选元素被放置在括号里:[可选元素].

9.1.2 AVI 文件格式

AVI 文件由在 RIFF 标题中的四字节代码 AVI 确定.所有的 AVI 文件包括两个强制性的块列表,分别定义了格式流和数据流.一个 AVI 文件可能还包含一个索引块,它指明了数据块在文件中的位置.一个拥有这些组成部分的 AVI 文件有以下的形式(图9.1):

```
RIFF ('AVI '
        LIST (' hdrl' …)
        LIST (' movi' …)
        [ 'idx1' (〈AVI Index〉) ]
      )
```

图9.1　AVI 文件格式简要示意图

hdrl(头)列表定义了数据的形式,它是 AVI 文件中第一个需要的块列表.movi 列表包含了 AVI 序列的数据,它是 AVI 文件中第二块需要的块列表.idx1 列表包含了索引.AVI 文件必须保证这三个部分有正确的顺序.注意 OpenDML 扩展定义另一个类型的索引,它由四字符代码 indx 所确定.

hdrl 和 movi 列表为它们的数据使用子块.图9.2 显示了 AVI RIFF 形式扩展块需要的列表,主要包含以下组成成分.

```
RIFF ('AVI'
  LIST ('hdrl'
      'avih'(〈Main AVI Header〉)
      LIST ('strl'
          'strh'(〈Stream header〉)
          'strf'(〈Stream format〉)
        [ 'strd'(〈Additional header data〉) ]
        [ 'strn'(〈Stream name〉) ]
          …
          )
        …
      )
  LIST ('movi'
    〈SubChunk | LIST ('rec'
                SubChunk1
                SubChunk2
```

```
                    …
                  )
                …
              }
            …
          )
      ['idx1'(〈AVI Index〉)]
   )
```

图 9.2　AVI RIFF 形式扩展块

1. 头(hdrl)列表

hdrl 列表以 Main AVI Header(主标题)开始,它包含在 avih 块中. 主标题包含整个 AVI 文件的所有信息,比如在文件中流的数量、AVI 序列中视频帧的宽度和高度. 主标题块由 AVIMAINHEADER 结构组成.

2. 流(strl)列表

一个或多个流列表跟随头列表. 每一个数据流都需要一个流列表. 每个流列表包含一个流的信息,必定包含标题流(strh)块和一个流格式(strf)块. 此外,一个流列表可能包含一个流数据(strd)块和一个流名称(strn)块.

标题流(strh)块由 AVISTREAMHEADER 结构组成. 流格式(strf)块必须跟随标题流块,表述了数据流的形式. 在块中的数据取决于流类型. 对于视频流,信息采用了 BITMAPINFO 结构进行描述(见 7.3 节). 对于音频流,信息采用了 WAVEFORMATEX 结构进行描述.

流数据(strd)块通常跟随流格式块. 这一块的格式和内容被编码与解码驱动程序所定义. 典型的驱动程序使用该信息进行配置. 读写 AVI 文件的应用不需要解释这些信息,它们只是作为一个内存块简单地从驱动程序中传递这些信息.

可选的 strn 块包含一个以 null 结尾的文本字符串来表述流信息.

根据 strl 块的顺序,hdrl 列表中的流列表与 movi 列表中的数据流是相关的. 第一个流列适用于流 0,第二个适用于流 1,以此类推.

3. 流数据(movi 列表,movi List)

movi 列表包含了实际的数据流,也就是说,包含了视频和音频样本. 数据块可以直接放置在 movi 列表中,或者它们可能在 rec 列表中成组存放. rec 分组信息意味着分组块应该一次性读取.

四字节代码用来标识每个数据块由一个两位数流编号组成,它后面跟一个定义块中信息类型的两字节代码,如表 9.1 所示.

表 9.1　数据块类型

两字节码	含　义
db	未压缩的视频帧
dc	压缩的视频帧
pc	调色板变化
wb	音频数据

例如,如果流 0 包含音频,流的数据块将有四字节代码"00wb".如果流 1 包含视频,流的数据块将有四字节代码"01db"或"01dc".视频数据块也可以在 AVI 序列中定义新的调色板并更新调色板.每一个调色板变化块包含一个 AVIPALCCHANGE 结构.如果一个流包含调色板更改,要在流的 AVISTREAMHEADER 结构中的 dwFlags 项目中设置 AVISF_VIDEO_PALCHANGES 标识.

文本流可以使用任意两字节代码.

4. AVI 索引条目(AVI Index Entries)

一个可选的索引块("idx1")可以跟随 movi 列表.索引指示了数据块在文件中的位置,它由 AVIOLDINDEX 结构定义.如果文件包含一个索引,要在流 AVIMAINHEADER 结构中的 dwFlags 项目中设置 AVIF_HASINDEX 标识.

5. 其他数据块(Other Data Chunks)

可以通过插入需要的"垃圾"块来使 AVI 文件对齐.应用应该忽略"垃圾"块中的内容.

9.1.3　主标题(AVIMAINHEADER)结构

AVIMAINHEADER 结构定义了一个 AVI 文件的全局信息,如下所示:

```
typedef struct_avimainheader {
    FOURCC fcc;
    DWORD   cb;
    DWORD   dwMicroSecPerFrame;
    DWORD   dwMaxBytesPerSec;
    DWORD   dwPaddingGranularity;
    DWORD   dwFlags;
    DWORD   dwTotalFrames;
    DWORD   dwInitialFrames;
    DWORD   dwStreams;
    DWORD   dwSuggestedBufferSize;
    DWORD   dwWidth;
    DWORD   dwHeight;
    DWORD   dwReserved[4];
```

}AVIMAINHEADER；

其中的成员描述如下：

fcc：一个四字节代码，其值一定是"avih"．

cb：说明结构体的大小，不包括初始的 8 字节．

dwMicroSecPerFrame：说明帧与帧之间的毫秒数．

dwMaxBytesPerSec：说明文件的最大数据传输率．这个值表示了每秒系统必须处理的字节数．

dwPaddingGranularity：数据应以字节为单位对齐，记录块的长度需为此值的倍数．

dwFlags：包含零个或多个位组合的下列标识，如表 9.2 所示．

表 9.2　dwFlags 组合标识

值	含　义
AVIF_COPYRIGHTED	表明 AVI 文件包含受版权保护的数据和软件．当使用这个标识时，软件不应该允许数据被复制
AVIF_HASINDEX	表明 AVI 文件有一个索引
AVIF_ISINTERLEAVED	表明 AVI 文件是交错存放数据的
AVIF_MUSTUSEINDEX	表明应用程序应该使用索引而不是物理块的排序文件来确定顺序表示的文件．例如，这个标识用来创建一个编辑的帧列表
AVIF_WASCAPTUREFILE	表明 AVI 文件是一个专门分配文件用于捕获实时视频的文件．应用程序应该在写文件之前设置这个标识警告用户，因为用户可能整理这个文件

dwTotalFrames：文件中包含的视频帧的总数．

dwInitialFrames：指定交错文件中的初始帧．对于非交错文件，该参数应该被设置为 0．如果你正在创建一个交错文件，该参数说明 AVI 文件的初始帧之前帧的数量，即文件中在初始帧前面还有多少帧．为了让音频驱动有足够的音频去处理，交错文件中的音频数据必须与视频数据有一定的偏移．通常情况下，音频数据必须前移足够的帧，以使大约 0.75 秒的音频数据被预装．音频流 header 的结构体 AVISTREAMHEADER 的 dwInitialFrames 成员，应该被设置为同样的值．

dwStreams：文件中包含的流的数量，例如，一个包含视频和音频数据的文件有两个流．

dwSuggestedBufferSize：指定读该文件用到的建议缓存大小．一般来说，该大小要足以包含文件中最大的数据块（chunk）．如果该成员被设置为 0，或者太小，播放软件在播放时就需要重新分配内容，这将导致性能的下降．对于一个交错文件，该缓存大小应该足以读取一个整条记录．在 movi list 中，有的数据以 chunk 的形式存在，有的数据以 record 记录形式存在，一个 record 是多条 chunk 的组合，而不是一个 chunk．

dwWidth：指定该 AVI 文件中视频帧的宽，以像素为单位．

dwHeight：指定该 AVI 文件中视频帧的高，以像素为单位．

dwReserved：保留位，设置为 0．

9.1.4　AVI 流(AVISTREAMHEADER)的头结构

AVISTREAMHEADER 结构定义为:
typedef struct_avistreamheader {
　　　　　　　　　　　　　　　//结构体大小
　　FOURCC fccType;　　　　　　//4 字节,表示数据流的种类
　　FOURCC fccHandler;　　　　 //4 字节,表示数据流解压缩的驱动程序代号
　　DWORD　 dwFlags;　　　　　 //数据流属性
　　WORD　 wPriority;　　　　　 //此数据流的播放优先级
　　WORD　 wLanguage;　　　　　//音频的语言代号
　　DWORD　 dwInitialFrames;　　//说明在开始播放前需要多少帧
　　DWORD　　dwScale;　　　　　//数据量,视频每帧的大小或者音频的采样
　　　　　　　　　　　　　　　　 大小
　　DWORD　 dwRate;　　　　　　//dwScale/dwRate = 每秒的采样数
　　DWORD　 dwStart;　　　　　　//数据流开始播放位置,以 dwScale 为单位
　　DWORD　 dwLength;　　　　　 //数据流的数据量,以 dwScale 为单位
　　DWORD　 dwSuggestedBufferSize;//建议缓冲区的大小
　　DWORD　 dwQuality;　　　　　//解压缩质量参数,值越大,质量越好
　　DWORD　 dwSampleSize;　　　 //音频的采样大小
　　struct {
　　　　short int left;
　　　　short int top;
　　　　short int right;
　　　　short int bottom;
　　} rcFrame;
} AVISTREAMHEADER;

其中的成员描述如下:

fccType:包含一个标识流中数据类型的 FOURCC 码.针对视频和音频,标准的 AVI 值定义如表 9.3 所示.

表 9.3　fccType 所示的数据类型

值	含　义
auds	音频流(Audio stream)
mids	MIDI 流(MIDI stream)
txts	文本流(Text stream)
vids	视频流(Video stream)

fccHandler:该成员是可选的,包含了一个 FOURCC 码,用于标识一个特定的数据处理程序.该数据处理程序是该流的首选数据处理程序.对于视频流和音频流来说,这指明了使

用何种编码方式压缩数据.

　　dwFlags:包含数据流的标识,标识定义如表 9.4 所示.

表 9.4　dwFlags 所示的数据标识

值	含　　义
AVISF_DISABLED	表明该流默认情况下不被启用
AVISF_VIDEO_PALCHANGES	表明该流中包含调色板变换.该标识提示播放软件,它需要可变的调试板

　　wPriority:指定一种流的优先级.例如,一个文件中包含了多个音频流,其中优先级最高的可能会是默认的流.

　　wLanguage:语言标签.

　　dwInitialFrames:指定在交错文件中,音频流相对于视频流向前的偏移.通常情况下,大约是 0.75 秒.详细信息,请参考 AVIMAINHEADER 结构体中 dwInitialFrames 成员.

　　dwScale:与 dwRate 一起,决定该流所要使用的时间尺度.用 dwScale 去除 dwRate,得到一秒钟样本的数量.对于视频流,这是帧率.对于音频流,这个频率相当于播放 nBlockAlign 个字节音频需要的时间,对于 PCM 音频,它只是采样率.

　　dwRate:参考 dwScale.

　　dwStart:指定这个流开始的时间.通常,dwStart 是 0,但是它也可以为不与文件同时启动的流定义一个时间延迟.

　　dwLength:指定这个流的长度.单位由流的头信息中的 dwRate 和 dwScale 来确定(即其单位是 dwRate/dwScale).(对于视频流,dwLength 就是流包含的总帧数;对于音频流,dwLength 就是包含的 block 的数量,block 是音频解码器能处理的原子单位.)dwLength/(dwRate/dwScale),即 dwLength * dwScale/dwRate,可以得到流的总时长.

　　dwSuggestedBufferSize:指定读该流时需要的缓存的大小.通常情况下,这是一个与该流中最大的块大小相对应的值.使用准确的缓存大小,可以提高播放器的性能.如果不知道准确的缓存大小,可以设置为 0.

　　dwQuality:指定一个流数据的质量指标.该指标是一个 0~10000 的数值.对于压缩数据,这通常是一个作为质量参数值传给压缩软件的数值.如果该值为 -1,驱动将使用默认的质量值.

　　dwSampleSize:指定一个数据样本的大小.如果样本的大小可变,该成员将被设置为 0.如果该值为非 0,该文件中的多个样本可以组成一个样本块.如果该值为 0,数据中的每个样本(例如,一个视频帧)必须放在一个单独的块中.对于视频流,该数值通常为 0,虽然当所有的视频帧都具有相同的大小时,它也可以为非 0.对于音频流,该数值应该和结构体 WAVEFORMATEX 中的成员 nBlockAlign 一致.

　　rcFrame:该结构指定一个在由 AVI 主头结构中的 dwWidth 成员和 dwHeight 成员决定的电影矩形中文本流或视频流的目标矩形.

　　注意该结构体的部分成员在结构体 AVIMAINHEADER 中也存在. AVIMAINHEADER 中的数据是针对整个文件的,AVISTREAMHEADER 中的数据是针对单个流的.

9.2　MP4 文件结构解析

MP4 是非常常见的封装格式,因为其跨平台的特性而得到广泛应用.MP4 文件的扩展名为.mp4,基本上主流的播放器、浏览器都支持 MP4 格式.

MP4 文件的格式主要由标准 MPEG-4 Part 12、MPEG-4 Part 14 两部分进行定义.其中,MPEG-4 Part 12 定义了 ISO 基础媒体文件格式,用来存储基于时间的媒体内容.MPEG-4 Part 14 实际定义了 MP4 文件格式,它在 MPEG-4 Part 12 的基础上进行了扩展.

MP4 视频文件封装格式是基于 QuickTime 容器格式定义的,因此参考 QuickTime 的格式定义对理解 MP4 文件格式很有帮助.MP4 文件中的媒体描述与媒体数据是分开的,并且媒体数据的组织也很自由,不一定要按照时间顺序排列,甚至媒体数据可以直接引用其他文件.同时,MP4 也支持流媒体.MP4 目前被广泛用于封装 H.264 视频和 AAC 音频,是高清视频容器的代表.

9.2.1　文件概述及名词解释

MP4 文件中的所有数据都装在盒子(box,QuickTime 容器中为 atom)中,也就是说MP4 文件由若干个盒子组成,如图 9.3 所示,每个盒子有类型和长度,可以将盒子理解为一个数据对象块.盒子中可以包含另一个盒子,这种盒子称为容器盒子(container box).

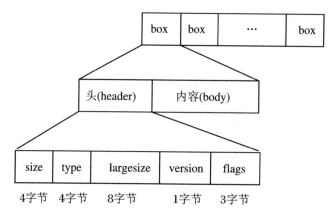

图 9.3　MP4 文件组成

每个盒子都由盒子头和盒子内容构成.每个盒子头由 size(盒子的长度或大小)和盒子的标识符组成.盒子 size 很特殊,如果 size 为 1,则表示这个盒子的大小由 large size(type 域后面的 8 个字节)给出,真正的 size 值要在 large size 域上得到(实际上只有"mdat"类型的盒子才有可能用到 large size).如果 size 为 0,则表示该盒子为文件的最后一个盒子,文件结尾即为该盒子结尾(同样只存在于"mdat"类型的 box 中).如果 size 为"uuid",则表示此块为用户自定义.

下面对 MP4 容器中用到的一些名词进行解释.

track(轨道):表示一些样本 sample(见下面定义)的集合,对于媒体数据来说,track 表示一个视频或音频序列.

hint track(提示轨道):这个特殊的轨道并不包含媒体数据,而是包含了一些将其他音频轨道(简称音轨)或视频轨道(简称视轨)数据打包成流媒体的提示信息.

sample(样本):对于非提示轨道,视频 sample 即为一帧视频或一组连续视频帧,音频 sample 即为一段连续的压缩音频,它们统称 sample(样本,注意这里的样本不是一个抽样信号).对于指示轨道,sample 定义了一个或多个流媒体包的格式.

sample table(样本表):指明 sample 时序和物理布局的表.

chunk(块):由一个轨道的几个 sample 组成的单元.

9.2.2 MP4 格式解析

如表 9.5 所示,一个 MP4 文件首先会有且只有一个"ftyp"类型的 box(文件类型盒子,File Type Box),它作为 MP4 格式的标识,并包含了文件相关的一些信息;之后会有且只有一个"moov"类型的盒子(Movie Box),它是一种容器盒子,它的子盒子包含了媒体的元数据(metadata)信息;MP4 文件的媒体数据包含在"mdat"类型的盒子(媒体数据盒子)中,该类型的盒子也是容器盒子,可以有多个,也可以没有(当媒体数据全部引用其他文件时),媒体数据的结构由元数据进行描述.

表 9.5 MP4 文件层次结构

box		类	型	含 义
ftyp				文件类型
moov				影音盒子,存放媒体的元数据信息
	mvhd			影音头信息
	trak			轨道数据引用和描述
		tkhd		轨道头信息、时长、宽高等
		mdia		媒体盒子,定义轨道媒体类型,描述 sample 信息
			mdhd	媒体头信息
			hdlr	处理程序参考盒子,解释媒体播放过程信息
			minf	媒体信息盒子,存储了解释音轨与视轨数据的相关处理信息
			smhd/vmhd	声音/视频媒体头信息盒子,描述声音与声音媒体的控制信息
			dinf	数据信息盒子,描述如何定位媒体信息
			stbl	样本表盒子,包含媒体数据的索引以及时间信息

续表

box	类	型		含 义
			stsd	样本描述盒子,描述了视频、音频的编码、宽高、音量等信息
			stts	样本时间盒子,存储了样本的持续时间,描述了样本时序的映射方法
			stsc	样本渲染时间盒子,描述从解码到渲染之间的差值
			stsz	样本大小盒子,定义每个样本的大小
			stsz2	压缩样本大小盒子,是一种压缩的样本大小存储方式
			stss	同步样本盒子,确定媒体中的关键帧
			stco/co64	块偏移盒子,定义了每个块在媒体流中的位置
mdat				媒体数据盒子,用来存储媒体数据

1. 文件类型盒子(File Type Box,ftyp)

文件类型盒子包含文件的类型、版本、兼容信息等.在一个MP4文件中,该盒子有且只有一个,并且需要尽可能放在文件最开始的位置,除非有必要的固定长度的文件签名信息盒子可以放在该盒子前面,其他非固定长度的盒子数据都必须放在它后面.如图9.4所示,前4个字节表示该盒子的大小(size),接着4个字节是该盒子的类型,即ftyp.接下来4个字节表示该文件所遵循的标准规格(major_brand),这里值为mp42.后面4个字节表示这个盒子格式的版本号(minor_version).下面是以32比特(4个字符)为单位元素的数组(compatible brands),即该文件兼容的其他标准.

Name	Value	Start	Size	Color	
⊟ struct File_Type_Box file_type_box		0h	1Ch	Fg:	Bg:
int FtpySize	469762048	0h	4h	Fg:	Bg:
⊞ ID BOXID[4]	ftyp	4h	4h	Fg:	Bg:
⊞ ID major_brand[4]	mp42	8h	4h	Fg:	Bg:
long minor_version	0	Ch	4h	Fg:	Bg:
⊟ struct compatible_brand c_b[0]		10h	4h	Fg:	Bg:
⊞ char c_b[4]	isom	10h	4h	Fg:	Bg:
⊟ struct compatible_brand c_b[1]		14h	4h	Fg:	Bg:
⊞ char c_b[4]	avc1	14h	4h	Fg:	Bg:
⊟ struct compatible_brand c_b[2]		18h	4h	Fg:	Bg:
⊞ char c_b[4]	mp42	18h	4h	Fg:	Bg:
⊞ struct Movie Box movie box		1Ch	2102D8h	Fg:	Bg:

图 9.4 文件类型盒子结构

2. 影音盒子(Movie Box,moov)

该盒子包含了文件媒体的元数据信息,"moov"是一个容器盒子,具体内容信息由子盒子描述.同文件类型盒子一样,该盒子有且只有一个,且只被包含在文件层.一般情况下,"moov"会紧随"ftyp"出现.如图9.5所示,一般情况下,一个影音盒子会包含一个影音头信息(mvhd)子盒子和若干个轨道(trak)子盒子.其中 mvhd 为影音盒子的头信息,一般作为影音盒子的第一个子盒子出现.

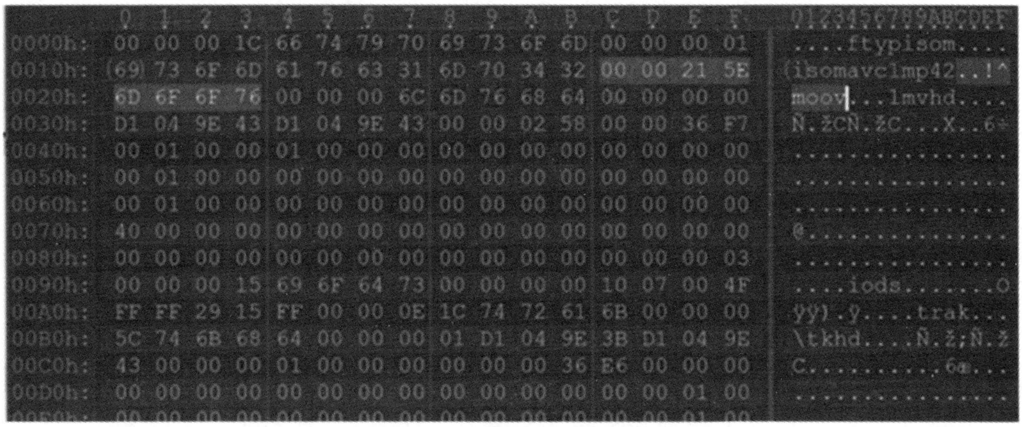

图9.5　影音盒子数据示例

3. 影音头信息盒子(Movie Header Box,mvhd)

图9.6是影音头信息盒子数据示例.

图9.6　影音头信息盒子数据示例

影音头信息盒子结构的具体内容如表9.6所示.

表9.6　影音头信息盒子结构

字段	字节数	含　　义
box size	4	box 大小
box type	4	box 类型
version	1	box 版本,0 或 1,一般为 0

字段	字节数	含　义
flags	3	通常为 0
creation time	4	创建时间(相对于 UTC 时间 1904-01-01 零点的秒数)
modification time	4	修改时间
time scale	4	一秒包含的时间单位(整数).举个例子,如果 time scale 等于 1000,那么,一秒包含 1000 个时间单位(后面轨道时间长度都用 这个来换算,比如轨道的 duration 为 10000,那么轨道的实际时 长为 10000/1000＝10 s)
duration	4	轨道的时间长度,用 duration 和 time scale 值可以计算轨道时长
rate	4	推荐播放速率,高 16 位和低 16 位分别为小数点整数部分和小数 部分,即[16.16]格式,如值为 1.0(0x00010000)表示正常前向 播放
volume	2	与 rate 类似,[8.8]格式,1.0(0x0100)表示最大音量
reserved	10	保留位
matrix	36	视频变换矩阵,一般可以忽略不计
pre-defined	24	0
next track id	4	下一个轨道使用的编号(id),32 位整数,非 0,一般可以忽略不 计.当要添加一个新轨道到这个影片时,可以使用的轨道编号必 须比当前已经使用的轨道编号大.也就是说,添加新的轨道时,需 要遍历所有轨道,确认可用的轨道编号

4. 轨道盒子(Track Box,trak)

trak 也是一个容器盒子,其子盒子包含了该轨道的媒体数据引用和描述(提示轨道除外).一个 MP4 文件中的媒体可以包含多个轨道,且至少有一个轨道,这些轨道之间彼此独立,有自己的时间和空间信息.它必须包含一个音轨或视轨头信息(tkhd)子盒子和一个媒体(media)子盒子,此外还有很多可选的盒子,譬如 edts、elst 子盒子.

图 9.7 是轨道盒子的示例.该轨道盒子包含了盒子长度(Tracksize)、盒子类型(BOXID)、一个轨道头信息(tkhd)子盒子和一个媒体(mdia)子盒子.

⊞ struct Movie_Header_Box movie_heade...		24h	6Ch	Fg:	Bg:
⊞ struct Unknown_Box unknown_box[0]		90h	15h	Fg:	Bg:
⊟ struct Track_Box track_box[0]		A5h	1251D9h	Fg:	Bg:
⌐ int TrackSize	-648998400	A5h	4h	Fg:	Bg:
⊞ ID BOXID[4]	trak	A9h	4h	Fg:	Bg:
⊞ struct Track_Header_Box track_head...		ADh	5Ch	Fg:	Bg:
⊞ struct Media_Box media_box		109h	125175h	Fg:	Bg:
⊞ struct Track_Box track_box[1]		12527Eh	EAD81h	Fg:	Bg:

图 9.7　轨道盒子结构

5. 轨道头信息盒子(Track Header Box,tkhd)

轨道头信息盒子具体内容见表9.7.

表 9.7　轨道头信息盒子结构

字段	字节数	含　　义
Box size	4	box 大小
Box type	4	box 类型,tkhd
version	1	box 版本,0 或 1,一般为 0
flags	3	按位或操作获得,默认值是 7(0x000001｜0x000002｜ 0x000004),表示这个轨道是启用的、用于播放且用于预览的. Track_enabled:值为 0x000001,表示这个轨道是启用的,值为 0x000000,表示这个轨道没有启用;Track_in_movie:值为 0x000002,表示当前轨道在播放时会用到;Track_in_preview:值为 0x000004,表示当前轨道用于预览模式.如果一个媒体所有轨道均未设置,在播放中被引用和在预览时被引用,将被理解为所有轨道均设置了这两项;对于提示轨道,该值为 0
creation time	4	创建时间(相对于 UTC 时间 1904-01-01 零点的秒数)
modification time	4	修改时间
track id	4	id 号,不能重复,且不能为 0
reserved	4	保留位
duration	4	轨道的时间长度
reserved	8	保留位
layer	2	视频层,默认为 0,值小的在上层
alternate group	2	轨道分组信息,默认为 0,表示该轨道未与其他轨道有群组关系
volume	2	音频轨道音量,介于 0.0～1.0 之间;[8.8] 格式,如果为 1.0 (0x0100)表示最大音量
reserved	2	保留位
matrix	36	视频变换矩阵
width	4	宽
height	4	高

6. 媒体盒子(Media Box,mdia)

轨道盒子的另一个媒体子盒子(Media Box)同样是一个容器盒子,它定义了轨道媒体类型,例如音频或视频,描述样本信息,例如音量和图像信息.它可以包含一个引用,指明媒体数据存储在另一个文件中.也可以包含一个样本表盒子,指明样本描述、时间长度以及每个样本的字节偏移.通常一个媒体盒子包含一个媒体头信息盒子(Media Header Box),一个处理程序参考盒子(Handler Reference Box)和一个媒体信息盒子(Media Information Box),
如图 9.8 与图 9.9 所示.

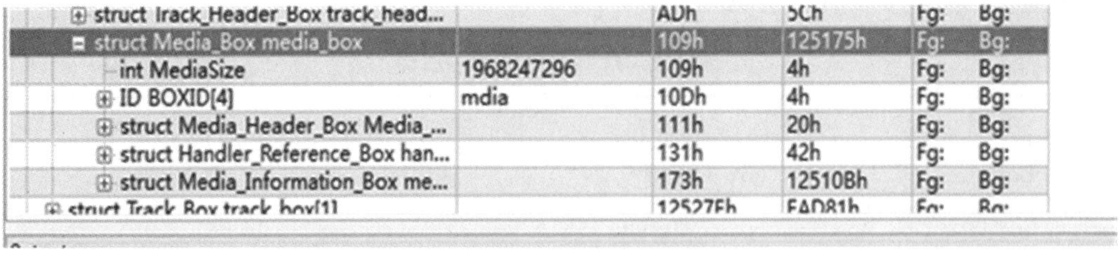

图 9.8　媒体盒子结构

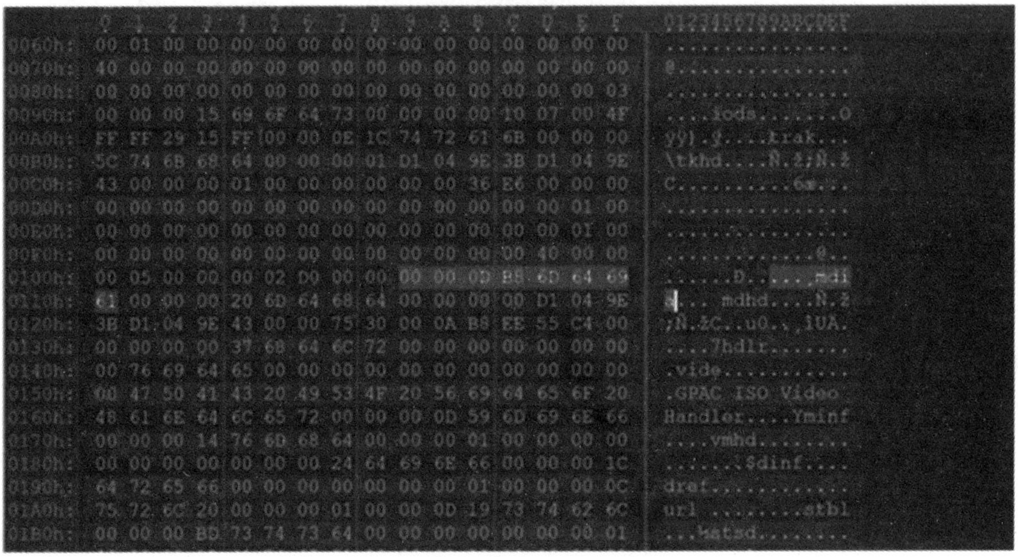

图 9.9　媒体盒子数据示例

7. 媒体头信息盒子(Media Header BOX,mdhd)

媒体头信息盒子定义了媒体的特性,例如时间尺度(time scale)和时长(duration).它的
类型是"mdhd",具体内容如表 9.8 所示.

表 9.8　媒体头信息结构

字段	长度(字节)	含　　义
box size	4	box 大小
box type	4	box 类型,mdhd
version	1	box 版本,0 或 1,一般为 0
flags	3	这里为 0
creation time	4	创建时间.基准时间是 1904-01-01 0:00 AM
modification time	4	修订时间.基准时间是 1904-01-01 0:00 AM

续表

字段	长度(字节)	含　　义
Time scale	4	媒体在 1 秒时间内的刻度值,可以理解为 1 秒长度的时间单元数
Duration	4	此媒体的持续时间,以其时间尺度为单位
Language	2	媒体的语言码.最高位为 0
Quality	2	媒体的回放质量

8. 处理程序参考盒子(Handler Reference Box,hdlr)

处理程序参考盒子用来解释媒体的播放过程信息,例如,一个视频处理程序处理一个视频轨道,具体结构见表 9.9.

表 9.9　处理程序参考盒子结构

字段	字节数	含　　义
box size	4	box 大小
box type	4	box 类型,hdlr
version	1	box 版本,0 或 1,一般为 0(以下字节数均为 version＝0)
flags	3	这里为 0
Component type	4	handler 的类型.当前只有两种类型:"mhlr"为媒体处理程序,"dhlr"为数据处理程序,"sown"为声音处理程序
Component subtype	4	子类型.如果 Component type 是 mhlr,这个字段定义了数据的类型,例如,"vide"是视频数据,"soun"是声音数据.如果 Component type 是 dhlr,这个字段定义了数据引用的类型,例如,"alis"是文件的别名
Component manufacturer	4	保留字段,默认值为 0
Component flags	4	保留字段,默认值为 0
Component flags mask	4	保留字段,默认值为 0
Component name	可变	Component 的名字

9. 媒体信息盒子(Media Information Box,minf)

媒体信息盒子(标识符为"minf")存储了解释音轨与视轨数据的处理相关信息,媒体处理程序用这些信息将媒体时间映射到媒体数据并进行处理.它的信息格式和内容与媒体类型以及解释媒体数据的媒体处理程序密切相关.它是一个容器盒子,其实际内容由子盒子说明.

一般情况下,它包含一个头信息子盒子、一个数据信息子盒子和一个样本表子盒子.其中,头信息盒子根据轨道类型分为视频媒体头信息盒子(Video Media Header Box)、声音媒体头信息盒子(Sound Media Header Box)、提示媒体头信息盒子(Hint Media Header Box)和空媒体头信息盒子(Null Media Header Box).媒体信息盒子结构见图9.10.

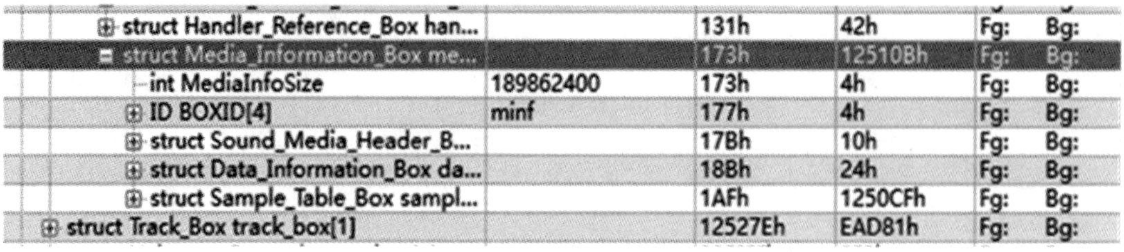

⊞ struct Handler_Reference_Box han...		131h	42h	Fg:	Bg:
⊟ struct Media_Information_Box me...		173h	12510Bh	Fg:	Bg:
├int MediaInfoSize	189862400	173h	4h	Fg:	Bg:
⊞ ID BOXID[4]	minf	177h	4h	Fg:	Bg:
⊞ struct Sound_Media_Header_B...		17Bh	10h	Fg:	Bg:
⊞ struct Data_Information_Box da...		188h	24h	Fg:	Bg:
⊞ struct Sample_Table_Box sampl...		1AFh	1250CFh	Fg:	Bg:
⊞ struct Track_Box track_box[1]		12527Eh	EAD81h	Fg:	Bg:

图 9.10 媒体信息盒子结构

视频媒体头信息盒子用来描述视频信息,具体结构见表9.10.

表 9.10 视频媒体头信息盒子结构

字段	字节数	含　　义
box size	4	box 大小
box type	4	box 类型,vmhd
version	1	box 版本,0 或 1,一般为 0(以下字节数均为 version＝0)
flags	3	这里总是 0x000001
graphics mode	2	视频合成模式,为 0 时拷贝原始图像,否则根据 opcolor 字段进行合成
opcolor	2×3	三个 16 位值,指定图形模式字段中指示的传输模式操作的红色、绿色和蓝色

声音媒体头信息盒子定义了声音媒体的控制信息,例如均衡、标识等,具体结构见表9.11.

表 9.11 声音媒体头信息盒子结构

字段	字节数	含　　义
box size	4	box 大小
box type	4	box 类型,smhd
version	1	box 版本,0 或 1,一般为 0
flags	3	这里为 0
balance	2	立体声平衡,用来控制计算机的两个扬声器的声音混合效果.[8.8]格式值,一般为 0,－1.0 表示全部左声道,1.0 表示全部右声道
reserved	2	保留字段,缺省为 0

提示媒体头信息盒子（Hint Media Header Box）和空媒体头信息盒子（Null Media Header Box）很少出现，本书暂不描述，感兴趣的读者可以阅读参考文献．

10．数据信息盒子（Data Information Box，dinf）

数据信息盒子描述如何定位媒体信息，是一个容器盒子．它一般包含一个数据参考盒子（data reference box），数据参考盒子会包含若干个网络地址"url"或"urn"，这些盒子组成一个表，用来定位轨道数据．简单地说，轨道可以被分成若干段，每一段都可以根据"url"或"urn"指向的地址来获取数据，样本描述中会用这些片段的序号将这些片段组成一个完整的轨道．通常，当数据被完全包含在文件中时，"url"或"urn"中的定位字符串是空的．其结构和数据示例如图 9.11 与图 9.12 所示．

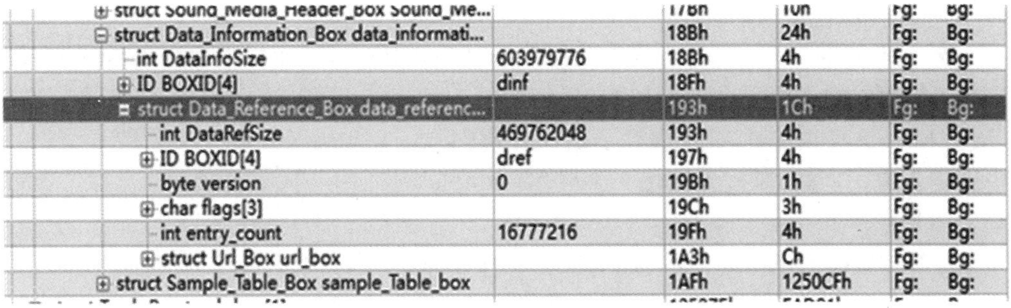

⊞ struct Sound_Media_Header_Box Sound_Me...		17Bh	10h	Fg:	Bg:
⊟ struct Data_Information_Box data_informati...		18Bh	24h	Fg:	Bg:
int DataInfoSize	603979776	18Bh	4h	Fg:	Bg:
⊞ ID BOXID[4]	dinf	18Fh	4h	Fg:	Bg:
⊟ struct Data_Reference_Box data_referenc...		193h	1Ch	Fg:	Bg:
int DataRefSize	469762048	193h	4h	Fg:	Bg:
⊞ ID BOXID[4]	dref	197h	4h	Fg:	Bg:
byte version	0	19Bh	1h	Fg:	Bg:
⊞ char flags[3]		19Ch	3h	Fg:	Bg:
int entry_count	16777216	19Fh	4h	Fg:	Bg:
⊞ struct Url_Box url_box		1A3h	Ch	Fg:	Bg:
⊞ struct Sample_Table_Box sample_Table_box		1AFh	1250CFh	Fg:	Bg:

图 9.11　数据信息盒子结构

图 9.12　数据信息盒子数据示例

11．数据参考盒子（Data Reference Box，dref）

数据参考盒子是数据信息盒子的子盒子，包含列表数据，可以用这些数据来获取媒体数据，表 9.12 列出了数据参考盒子的结构．

表 9.12　数据参考盒子结构

字段	字节数	含义
box size	4	box 大小
box type	4	box 类型,dref
version	1	box 版本,0 或 1,一般为 0
flags	3	
entry count	4	"url"或"urn"表的元素个数
"url"或"urn"列表	不定	

12. 样本表盒子(Sample Table Box,stbl)

MP4 文件的媒体数据部分在媒体数据盒子(Mdat Box)里,而样本表盒子(stbl)则包含了这些媒体数据的索引以及时间信息,了解 stbl 对解码、渲染 MP4 文件很关键.样本表盒子是普通 MP4 文件中最复杂的一个盒子,首先回忆一下样本(sample)的概念.

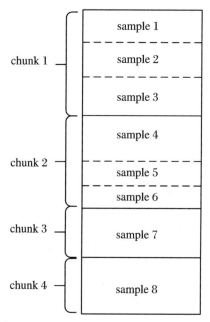

存储媒体数据的单位是样本(samples).一个样本是一系列按时间顺序排列的数据的一个元素.样本存储在媒体中的块(chunk)内,可以有不同的持续时间.块内存储一个或者多个样本,是数据存取的基本单位,可以有不同的长度,一个块内的每个样本也可以有不同的长度.如图 9.13 所示,块 2 和 3 有不同的长度,块 2 内的 sample 5 和 sample 6 的长度一样,但是 sample 4 和 sample 5、sample 6 的长度不同.

样本表盒子描述样本的所有信息以及一些不同类型的盒子,媒体程序可以用这些信息按顺序解析所有的样本,而不需要强迫这些数据按影音的时间顺序存放到实际数据流中.因此,样本表盒子包含了将媒体时间转换到实际的样本的信息,它也说明了解释样本的

图 9.13　块内 Sample 示例

信息,例如,视频数据是否需要解压缩? 解压缩算法是什么? 它的类型是"stbl",是一个容器盒子,包含样本描述盒子(sample description box)、样本时间盒子(time-to-sample box)、同步样本盒子(sync sample box)、样本块映射盒子(sample-to-chunk box)、样本大小盒子(sample size box)、块偏移盒子(chunk offset box)和同步样本盒子(sync sample box).

样本表盒子包含轨道中媒体样本的所有时间和数据索引,利用这个表,就可以定位样本到媒体时间,决定其类型、大小以及如何在其他容器中找到紧邻的样本.如果样本表盒子所在的轨道没有引用任何数据,那么它就不是一个有用的媒体轨道,不需要包含任何子盒子.如果样本表盒子所在的轨道引用了数据,那么必须包含以下的子盒子:样本描述盒子、样本大小盒子、样本块映射盒子和块偏移盒子.

样本描述盒子是必不可少的一个盒子,而且必须包含至少一个条目,因为它包含了检索媒体样本的目录信息.没有样本描述,就不可能计算出媒体样本存储的位置.同步样本盒子

是可选的,如果没有,表明所有的样本都是同步样本.

图 9.14 显示了样本表盒子的结构.

Sample table box	
Box size Type = "stbl"	
Sample description box	"stsd"
Time-to-sample box	"stts"
Sync sample box	"stss"
Sample-to-chunk box	"stsc"
Sample size box	"stsz"
Chunk offset box	"stco"
Shadow sync box	"stsh"

图 9.14　样本表盒子结构

13. 样本描述盒子(Sample Description Box,stsd)

样本描述盒子结构见表 9.13,描述了视频、音频的编码、宽高、音量等信息,以及每样本中包含多少帧.样本描述盒子的类型是"stsd",根据不同的编码方案和存储数据的文件数目,每个媒体可以有一个到多个样本描述.

表 9.13　样本描述盒子结构

字段	字节数	含　义
size	4	这个 box 的字节数
type	4	类型为 stsd
version	1	这个 box 的版本
flag	3	这里为 0
entry count	4	样本描述的数目
sample description		不同的媒体类型有不同的样本描述

不同的媒体类型有不同的样本描述,例如对于视频轨道,会有"VisualSampleEntry"类型信息,对于音频轨道,会有"AudioSampleEntry"类型信息.

VisualSampleEntry 包含如下字段:

- size:该字段包含的字节数.
- format:压缩视频所用的方法,如 AVCI.
- data_reference_index:当 MP4 文件的数据部分被分割成多个片段时,每一段对应一个索引,并分别通过 URL 地址来获取,此时,data_reference_index 指向对应的片段(比较少用到).
- width、height:视频的宽、高,单位是像素.

- horizresolution、vertresolution：水平、垂直方向的分辨率（像素/英寸），采用 16.16 定点数描述，默认是 0x00480000(72dpi).
- frame_count：一个样本中包含多少帧，对于视频轨道，默认是 1.
- compressorname：仅供参考的名字，通常用于展示，占 32 个字节，比如 AVC Coding. 第 1 个字节，表示这个名字实际要占用 N 个字节的长度. 第 2 到第 $N+1$ 个字节，存储这个名字. 第 $N+2$ 到第 32 个字节为填充字节. compressorname 可以设置为 0.
- depth：位图的深度信息，比如 0x0018(24)，表示不带 alpha 通道的图片.

14. 样本时间盒子(Time-to-Sample Box, stts)

样本时间盒子存储了样本的持续时间，描述了样本时序的映射方法，通过它可以找到任何时间的样本.

样本时间盒子可以包含一个压缩的表来映射时间和样本序号. 表中每个条目提供了在同一个时间偏移量里面连续的样本序号，以及样本的持续时间. 通过这些参数，就可以建立一个完整的样本时间表.

假设 $DT(n)$ 是第 n 个样本的解码时间，$STTS(n)$ 是样本的持续时间，则第 $n+1$ 个样本的解码时间为 $DT(n+1) = DT(n) + STTS(n)$. 样本时间盒子的结构如表 9.14 所示.

表 9.14　样本时间盒子结构

字段	长度(字节)	含　义
size	4	字节数
type	4	stts
version	1	版本
flags	3	这里为 0
entry count	4	time-to-sample 的数目
time-to-sample		
sample count	4	有相同持续时间的连续 sample 的数目
sample duration	4	每个 sample 的持续时间

如果多个样本有相同的持续时间，可以只用一项描述所有这些样本，数量字段说明样本的个数. 例如，如果一个视频媒体的帧率保持不变，整个表可以只有一项，数量就是全部的帧数. 音频轨道的 stts 数据如图 9.15 所示.

图 9.15　音频轨道的 stts 数据示例

15. 样本渲染时间盒子(Composition Time To Sample Box,ctts)

"ctts"代表从解码到渲染之间的差值.对于只有 I 帧、P 帧的视频来说,解码顺序、渲染顺序是一致的,此时,ctts 没必要存在.对于存在 B 帧的视频来说,ctts 就需要存在了.

假设 $DT(n)$ 是 B 帧的解码时间,$CTTS(n)$ 是从解码到渲染之间的差值,则此时 B 帧的渲染时间 $CT(n) = DT(n) + CTTS(n)$.样本渲染时间盒子的语法结构如下:

```
class Composition offsetBox
    extends FullBox('ctts', version = 0, 0) {
    unsigned int(32) entry_count;
    int i;
    if (version == 0) {
        for (i = 0; i < entry_count; i++) {
            unsigned int(32) sample_count;
            unsigned int(32) sample_offset;
        }
    }
    else if (version == 1) {
        for (i = 0; i < entry_count; i++) {
            unsigned int(32) sample_count;
            signed int(32) sample_offset;
        }
    }
}
```

其中,sample_offset 为 CT 和 DT 之间的差值.sample_count 为连续相同差值的个数.

16. 同步样本盒子(Sync Sample Box,stss)

同步样本盒子结构见表 9.15,它用于确定媒体中的关键帧.对于压缩的媒体,关键帧是一系列压缩序列的开始帧,它的解压缩不依赖于以前的帧.后续帧的解压缩依赖于这个关键帧.同步样本盒子可以非常紧凑地标记媒体内的随机存取点.它包含一个样本序号表,表内的每一项严格按照样本的序号排列,说明了媒体中的哪一个样本是关键帧.如果此表不存在,说明每一个样本都是一个关键帧,是一个随机存取点.

表 9.15　同步样本盒子结构

字段	长度(字节)	含　义
size	4	字节数
type	4	类型为 stss
version	1	版本
flags	3	这里为 0
entry count	4	同步样本的数目
sync sample sample_numner	4	关键帧的样本序号

17. 样本块映射盒子(Sample-to-Chunk Box, stsc)

媒体中的样本被分组成块.当添加样本到媒体时,用块组织这些样本,这样可以方便优化数据获取.一个块包含一个或多个样本,块的长度可以不同,块内样本的长度也可以不同.样本块映射盒子存储样本与块的映射关系.

通过 stsc 中的样本块映射表可以找到包含指定样本的块,从而找到这个样本.结构相同的块可以聚集在一起形成一个条目(entry),这个条目就是 stsc 映射表的表项.语法结构如下:

```
class SampleToChunkBox
    extends FullBox('stsc' , version = 0, 0) {
    unsigned int(32) entry_count;
    for (i=1; i <= entry_count; i++) {
        unsigned int(32) first_chunk;
        unsigned int(32) samples_per_chunk;
        unsigned int(32) sample_description_index;
    }
}
```

其中,first_chunk 代表一个条目中的第一个块的序号.块编号从 1 开始.samples_per_chunk 代表每个块有多少个样本,sample_description_index 为样本描述盒子中样本描述信息的索引.

样本块映射盒子的类型是"stsc",表 9.16 显示了样本块映射盒子的结构.

表 9.16　样本块映射盒子结构

字段	长度(字节)	含　义
size	4	字节数
type	4	类型为 stsc
version	1	版本
flags	3	这里为 0
entry count	4	样本块映射表的数目
sample-to-chunk		样本块映射表的结构
first_chunk	4	这个表使用的第一个块序号
samples_per_chunk		当前块内的样本数目
sample_description_index		与这些样本关联的样本描述盒子序号

把一组相同结构的 chunk 放在一起进行管理,是为了压缩文件大小.表 9.17 是样本块映射表的示例,第一组块的 first_chunk 序号为 1,每个块的样本个数为 1,因为第二组块的 first_chunk 序号为 2,可知第一组块只有 1 个块.第二组块的 first_chunk 序号为 2,每个块的样本个数为 2,因为第三组块的 first_chunk 序号为 24,可知第二组块有 22 个块,有 44 个样本.

表 9.17 样本块映射表示例

样本块映射表(序号)	first_chunk	samples_per_chunk	sample_description_index
1	1	1	1
2	2	2	1
3	24	1	1
4	25	2	1
5	46	1	1
6	47	2	1
7	68	1	1
8	69	2	1
9	91	1	1
10	92	2	1
11	113	1	1
12	114	2	1

18. 样本大小盒子(Sample Size Box,stsz/stz2)

样本大小盒子定义了每个样本的大小,包含样本的数量和每个样本的字节大小,这个盒子相对来说体积比较大.语法结构如下:

```
class SampleSizeBox extends FullBox('stsz', version = 0,0) {
    unsigned int(32) sample_size;
    unsigned int(32) sample_count;
    if (sample_size==0) {
        for (i=1; i <= sample_count; i++) {
            unsigned int(32) entry_size;
        }
    }
}
```

其中,sample_size 为指定默认的样本字节大小,如果所有样本的大小不一样,这个字段为 0. sample_count 为轨道中样本的数量.entry_size 为每个样本的字节大小.

样本大小盒子的类型是"stsz",样本大小盒子的结构如表 9.18 所示.

表 9.18 样本大小盒子结构

字段	长度(字节)	含 义
size	4	字节数
type	4	类型为 stsz
version	1	版本
flags	3	这里为 0
sample_size	4	默认的样本大小(单位是 Byte),通常为 0.如果 sample_size 不为 0,那么所有的样本大小相同.如果 sample_size 为 0,那么样本的大小可能不一样

字段	长度(字节)	含 义
sample_count	4	当前轨道里面的样本数目. 如果 sample_size 为 0,那么,sample_count 为下面条目的数目
entry_size	4	每个样本的大小

压缩样本大小盒子(stz2)是一种压缩的样本大小存储方式.语法结构如下:

```
class CompactSampleSizeBox extends FullBox('stz2', version = 0,0){
    unsigned int(24) reserved = 0;
    unsigned int(8) field_size;
    unsigned int(32) sample_count;
    for (i = 1; i <= sample_count; i++) {
    unsigned int(field_size) entry_size;
    }
}
```

其中 field_size 指定表中条目的比特大小,取值为 4,8 或 16.如果取值 4,则每个字节存储两个样本的大小:entry[i]≪4+entry[i+1].如果大小没有填充满整数个字节,则最后一个字节未使用部分填充 0. sample_count 是一个整数. entry_size 是一个整数,它指定一个样本的大小,并根据其编号进行索引.

19. 块偏移盒子(Chunk Offset Box, stco/co64)

块偏移盒子定义了每个块在媒体流中的位置,它的类型是"stco". 位置有两种可能,32位和 64 位,后者对非常大的电影很有用.在一个表中只会有一种可能,这个位置是针对整个文件的,而不是针对任何盒子的,这样就可以直接在文件中找到媒体数据,而不用解释盒子.需要注意的是一旦前面的盒子有了任何改变,这张表都要重新建立,因为位置信息已经改变了.语法结构如下:

```
class ChunkoffsetBox
    extends FullBox('stco', version = 0,0) {
    unsigned int(32) entry_count;
    for (i = 1; i <= entry_count; i++) {
    unsigned int(32) chunk_offset;
    }
}
```

stco 有两种形式,如果视频过大,就有可能造成块偏移超过 32 比特的限制.所以,这里针对大视频额外创建了一个 co64 的盒子.它的功效等价于 stco,也是用来表示样本在媒体数据中的位置的,只是里面的 chunk_offset 是 64 比特的.

```
aligned(8) class ChunkLargeoffsetBox extends FullBox('co64', version
= 0,0) {
    unsigned int(32) entry_count;
    for (i=1; i <= entry_count; i++) {
        unsigned int(64) chunk_offset;
    }
}
```

20. 媒体数据盒子(Media Data Box,mdat)

该盒子包含于文件层,可以有多个,也可以没有(当媒体数据全部为外部文件引用时),用来存储媒体数据.数据直接跟在盒子类型字段后面,具体数据结构的意义需要参考元数据(主要在样本表中描述).

9.3　RMVB

RealMedia Variable Bitrate,缩写为 RMVB,是由 RealNetworks 开发的 RealMedia多媒体封装格式的一种动态比特率扩展.采用此格式文件的扩展名为".rmvb".RMVB 中的VB 指代可改变比特率(Variable Bit Rate).RMVB 打破了基础 RM 格式那种平均压缩采样的方式,在保证平均压缩比的基础上,设定了一般为平均采样率两倍的最大采样率值,将较高的比特率用于复杂的动态画面,如飞车、打斗场面等.而在静态画面中则灵活地转为较低的采样率,这合理地利用了比特率资源,使 RMVB 在牺牲极少部分视觉效果的情况下最大限度地压缩了影片的大小,基本拥有接近于 DVD 品质的视听效果.

9.3.1　RMVB 文件格式分析

RM/RMVB 文件格式是标准的标记符文件格式,文件格式把标记符块组合成头段(Header Section)、数据段(Data Section)、索引段(Index Section),这些标记符块的组合方法如图 9.16 所示.

1. RM 文件头(Header Section)

每个 RM 文件均以 RealMedia 文件头开头(RealMedia File Header),它是文件的第一个块,该文件头将文件标识为 RMF.由于 RealMedia 文件头的内容可能会随 RMF 的不同版本而变化,因此 Header 结构支持用于确定存在哪些对象版本字段.RMVB 的文件头结构如下所示:

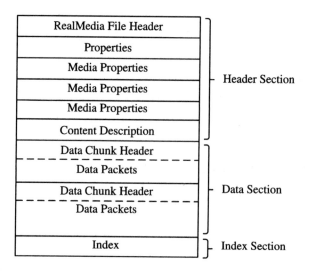

图 9.16　RMVB 文件结构

```
RealMedia_File_Header
{
    UINT32   object_id；
    UINT32   size；
    UINT16   object_ version；
    if ((object_version == 0)||(object_version == 1))
    {
        UINT32   file_version；
        UINT32   num_headers；
    }
}
```

表 9.19 给出了 RM 文件头参数说明.

表 9.19　RM 文件头参数说明

数据域	含　义
object_id	RM 文件的唯一标识,其值默认为".RMF"
size	以字节为单位,RM 文件头大小,一般为 18
object_version	RM 文件头版本,所有根据规范创建的文件,此值为 0 或 1
file_version	RM 文件版本
num_headers	RMF 后的 header 个数

2. 属性头(Properties Headers)

属性头描述了 RM 文件的一般媒体属性,RM 系统的组件根据属性头来处理 RM 文件或 RM 流中数据,在 RM 文件中只有一个属性头.下面的数据结构就是属性头的数据存储方式,表 9.20 给出了其中的参数说明.

```
Properties
{
    UINT32    object_id；
    UINT32    size；
    UINT16    object_version；
    if (object_version == 0)
    {
      UINT32    max_bit_rate；
      UINT32    avg _bit_rate；
      UINT32    max_packet_size；
      UINT32    avg_packet_size；
      UINT32    num_packets；
      UINT32    duration；
      UINT32    preroll；
      UINT32    index_offset；
      UINT32    data_offset；
      UINT16    num_streams；
      UINT16    flags；
    }
}
```

表 9.20　属性头参数说明

数据域	含　　　义
object_id	属性头的唯一标识,内容固定为"PROP"
size	属性头大小,单位为字节,一般为 50
object_version	RMF 版本,根据其值决定其余数据域是否存在,一般为 0
max_bit_rate	通过网络传输此文件所需的最大比特率
avg_bit_rate	通过网络传输此文件所需的平均比特率
max_packet_size	以字节为单位的最大媒体数据包大小
avg_packet_size	以字节为单位的平均媒体数据包大小
num_packets	媒体数据包个数
duration	以毫秒为单位的文件播放时间
preroll	回放前的预留毫秒数
index_offset	以字节为单位,索引距离文件起始的长度
data_offset	以字节为单位,数据块距离文件起始的长度
num_streams	媒体流个数
flags	根据不同的位掩码保存该文件的其他信息

3. 媒体属性头(Media Properties Header)

媒体属性头描述了 RM 文件中每个流的特定媒体属性.RM 系统的组件使用此对象来

配置自身,以便处理每个流中的媒体数据. RM 文件中的每个媒体流都有一个"媒体属性头". 以下伪结构描述了媒体属性头:

```
Media_Properties
{
    UINT32    object_id;
    UINT32    size;
    UINT16    object_version;
    if (object_version == 0)
    {
      UINT16                      stream_number;
      UINT32                      max_bit_rate;
      UINT32                      avg_bit_rate;
      UINT32                      max_packet_size;
      UINT32                      avg_packet_size;
      UINT32                      start_time;
      UINT32                      preroll;
      UINT32                      duration;
      UINT8                       stream_name_size;
      UINT8[stream_name_size]     stream_name;
      UINT8                       mime_type_size;
      UINT8[mime_type_size]       mime_type;
      UINT32                      type_specific_len;
      UINT8[type_specific_len]    type_specific_data;
    }
}
```

表 9.21 给出了媒体属性头的参数说明.

表 9.21　媒体属性头参数说明

数据域	含　义
object_id	媒体属性头(MDPR)的唯一对象 ID,32 位长度
size	MDPR 的大小,以字节为单位,32 位长度
object_version	MDPR 对象的版本,大小为 16 位
stream_number	stream_number(同步源标识符)是标识物理流的唯一值.流的每个数据包都包含相同的 stream_number. stream_number 可以用来区分哪些数据包属于哪个对应的物理流.当 object_version 为 0 时,会存在此字段,32 位长度
max_bit_rate	通过网络传送此流所需的最大比特率.当 object_version 为 0 时,会存在此字段,32 位长度
avg_bit_rate	通过网络传送此流所需的平均比特率.当 object_version 为 0 时,会存在此字段,32 位长度
max_packet_size	媒体数据流中最大数据包大小,以字节为单位.当 object_version 为 0 时,会存在此字段,32 位长度

数据域	含　　义
avg_packet_size	媒体数据流中的平均数据包大小,以字节为单位. 当 object_version 为 0 时, 会存在此字段,32 位长度
start_time	需要添加到物理流中每个数据包的时间戳上的时间偏移量,以毫秒为单位. 当 object_version 为 0 时,会存在此字段,32 位长度
preroll	从物理流中每个数据包的时间戳中减去的时间偏移量,以毫秒为单位. 当 object_version 为 0 时,会存在此字段,32 位长度
duration	流的持续时间,以毫秒为单位. 当 object_version 为 0 时,会存在此字段,32 位长度
stream_name_size	流名称 stream_name 的长度,以字节为单位. 当 object_version 为 0 时,会存在此字段,32 位长度
stream_name	流的非唯一别名或名称,大小可变
mime_type_size	mime_type 字段的长度,以字节为单位. 当 object_version 为 0 时,会存在此字段,8 位长度
mime_type	与流关联数据的非唯一 MIME 样式类型/子类型字符串,大小可变
type_specific_len	type_specific_data 的长度,以字节为单位
type_specific_data	数据类型渲染器通常使用 type_specific_data 对其进行初始化,以处理物理流

4. 内容描述标题(Content Description)

内容描述标题包含 RM 文件的标题、作者、版权和评论信息,所有文本数据均为 ASCII 格式.以下伪结构描述了内容描述头:

```
Content_Description
{
        UINT32       object_id;
        UINT32       size;
        UINT16       object_version;
        if (object_version == 0)
        {
        UINT16       title_len;
        UINT8[title_len]     title;
        UINT16       author_len;
        UINT8[author_len]    author;
        UINT16       copyright_len;
        UINT8[copyright_len]   copyright;
        UINT16    comment_len;
        UINT8[comment_len]    comment;
        }
}
```

表 9.22 给出了内容描述标题的参数说明.

表 9.22 内容描述参数说明

数据域	含　义
object_id	内容描述标头(简称 CONT)的唯一对象 ID,32 位长度
size	CONT 的大小,以字节为单位,32 位长度
object_version	CONT 对象的版本,16 位长度
title_len	标题数据的长度,以字节为单位.当 object_version 为 0 时,会存在此字段,16 位长度
title	ASCII 字符数组,代表 RealMedia 文件的标题信息.当 object_version 为 0 时,会存在此字段,大小可变
author_len	作者数据的长度,以字节为单位.当 object_version 为 0 时,会存在此字段,16 位长度
author	ASCII 字符数组,代表 RealMedia 文件的作者信息.当 object_version 为 0 时,会存在此字段,大小可变
copyright_len	版权数据的长度,以字节为单位.当 object_version 为 0 时,会存在此字段,16 位长度
copyright	ASCII 字符数组,代表 RealMedia 文件的版权信息.当 object_version 为 0 时,会存在此字段,大小可变
comment_len	注释数据的长度,以字节为单位.当 object_version 为 0 时,会存在此字段,16 位长度
comment	ASCII 字符数组,代表 RealMedia 文件的注释信息.当 object_version 为 0 时,会存在此字段,大小可变

9.3.2 RM 数据段(Data Section)

数据段由一个数据块头和多个交织的媒体数据包(data packet)构成.

数据段的起始位置可以通过属性头的 data_offset 字段获取.

1. 数据块头(Data Chunk Header)

数据块头结构如下所示,其中的参数说明见表 9.23.

```
Data_Chunk_Header
{
    UINT32      object_id;
    UINT32      size;
    UINT16      object_version;
    if (object_version == 0)
    {
        UINT32   num_packets;
        UINT32   next_data_header;
    }
}
```

表 9.23　数据块头参数说明

数据域	含　　义
object_id	数据块头（DATA）唯一标识
size	数据块头大小
object_version	数据块头版本号
num_packet	数据块里所有包的数量
next_data_header	从头文件的开始到下一个数据块的偏移. 非 0 值表示到下一个数据块的偏移. 如果是 0,则表示后面没有其他的数据块了

2. 数据包（Data Packet）

一个数据块中含有 *num_packets* 个数据包,这些数据包可能来自多个流. 但是时间戳是按照升序顺序存储的. 一个数据包头的结构如下:

```
Media_Packet_Header
{
    UINT16      object_version;
    if ((object_version == 0) || (object_version == 1))
    {
      UINT16     length;
      UINT16     stream_number;
      UINT32     tinestamp;
      if (object_version == 0)
      {
        UINT8     packet_group;
        UINT8     flags;
      }
      else if (object_version == 1)
      {
        UINT16      asm_rule;
        UINT8       asm_flags;
      }
        UINT8[length]     data;
    }
    else
    {
      StreamDone();
    }
}
```

数据包头参数说明如表 9.24 所示.

表 9.24　数据包头参数说明

数据域	含　　义
object_version	数据包版本号
length	数据包的长度
stream_number	此包指向对应的流号码
timestamp	包的时间戳(单位为毫秒)
packet_group	指明此包属于哪个数据包组.如果不使用数据包组,则为 0
flags	描述了包的属性.如果设置 HX_RELIABLE_FLAG＝1,数据包将可靠地传输.若设置 HX_KEYFRAME_FLAG＝2,则数据包是关键帧的一部分,或者以某种方式标记数据流中的边界
asm_rule	给数据包指定自适应流管理 asm 规则
asm_flags	包含指定流交换点的 HX_flags
data	应用程序特定的媒体数据,大小可变

9.3.3　RM 索引段(Index Section)

RMF 文件的索引段包含了索引块.索引块里面包含了索引块头与索引记录.索引块头描述索引块内容,里面包含多少条索引记录,主要用于索引数据,快速定位流中某个时间戳的位置.

1. 索引块头(Index Chunk Header)

索引块头标识了每个索引块的开始位置.通常在 RM 文件中,每个流只有 1 个索引块.索引块头的结构描述如下:

```
Index_Chunk_Header
{
    u_int32      object_id;
    u_int32      size;
    u_int16      object_version;
    if (object_version == 0)
    {
      u_int32      num_indices;
      u_int16      stream_number;
      u_int32      next_index_header;
    }
}
```

表 9.25 给出了索引块头的参数说明.

表 9. 25　索引块头参数说明

数据域	位数	含　　义
object_id	32	数据块头,唯一标识
size	32	数据块大小,包含头
object_version	16	版本号
num_indices	32	记录有多少条索引记录
stream_number	16	流号码
next_index_header	32	下一个索引块的偏移,如果为 0,则没有下一个

2. 索引记录(Index Record)

RMF 文件的索引块包含一系列索引记录. 每个索引记录包含一些信息,通过这些信息我们可以快速地找到物理流的一个特定的时间戳. 索引记录的结构如下所示:

```
IndexRecord
    {
    UINT16      object_version;
    if（object_version == 0)
    {
      u_int32   timestamp;
      u_int32   offset;
      u_int32   packet_count_for_this_packet;
    }
}
```

表 9.26 给出了索引记录中的参数说明.

表 9. 26　索引记录参数说明

数据域	位数	含义
object_version	16	版本号
timestamp	32	时间戳
offset	32	该时间戳的包的偏移量
packet_count_for_this_packet	32	包大小

习题 9

1. 编写 AVI 010 Editor 模版解析 AVI 文件,并理解 AVI 容器构成.
2. 编写 MP4 010 Editor 模版解析 MP4 文件,并理解 MP4 容器构成.
3. 编写 RMVB 010 Editor 模版解析 RM 文件,并理解 RMVB 容器构成.
4. 调研其他类型的容器,如 FLV、ASF,并了解容器构成.
5. 调研 Microsoft DirectShow 视频解析框架,并基于 DirectShow 开发视频解码的演示软件.

参 考 文 献

［1］ https：//learn. microsoft. com/en-us/windows/win32/directshow/avi-file-format.

［2］ ISO/IEC 14496-12：2004 Information technology-Coding of audio-visual objects-Part 12：ISO base media file format.

［3］ https：//en. wikipedia. org/wiki/RMVB.

［4］ https：//blog. csdn. net/knowledgebao/article/details/125138186.